# Phänomen Naturgesetze

Der Naturwissenschaftler Dipl.-Math. Klaus-Dieter Sedlacek, Jahrgang 1948, lebt seit seiner Kindheit in Süddeutschland. Er studierte neben Mathematik und Informatik auch Physik. Nach dem Studienabschluss 1975 und einigen Jahren Berufspraxis gründete er eine eigene Firma, die sich mit der Entwicklung von Anwendungssoftware beschäftigte. Diese führte er mehr als fünfundzwanzig Jahre lang. In seiner zweiten Lebenshälfte widmet er sich nun seinem privaten Forschungsvorhaben. Er hat sich die Aufgabe gestellt, die Physik von Information, Bedeutung und Bewusstsein näher zu erforschen und einem breiteren Publikum zugänglich zu machen. Im Jahr 2008 veröffentlichte er ein aufsehenerregendes und allgemein verständliches Sachbuch mit dem Titel „Unsterbliches Bewusstsein – Raumzeit-Phänomene, Beweise und Visionen“. Er ist unter anderem der Herausgeber der Reihe „Wissenschaftliche Bibliothek“ und „Wissenschaft gemeinverständlich“.

MIX
Papier aus verantwortungsvollen Quellen
Paper from responsible sources
FSC® C105338
FSC
www.fsc.org

Klaus-Dieter Sedlacek

# Phänomen Naturgesetze

Das Geheimnis hinter den Erscheinungen der Welt

Wissenschaft gemeinverständlich Bd. 6

Bibliografische Information Der Deutschen Bibliothek:
Die Deutsche Bibliothek verzeichnet diese Publikation in der Deutschen Nationalbibliografie; detaillierte bibliografische Daten sind im Internet über
http://dnb.ddb.de
abrufbar.

Herstellung und Verlag:
BoD – Books on Demand, Norderstedt
**ISBN 978-3-7392-2218-9**

# Inhaltsverzeichnis

Abb. 1.1: Ernst Haeckel, Kunstformen der Natur. Spirographis spallanzanii (oben), CC0

# 1 Vorwort

Der Mensch unserer Zeit befindet sich in einer sehr misslichen Lage. Er empfindet es durch die ununterbrochen wechselnden Anforderungen jeder Stunde, dass er es unbedingt nötig hat, auf allen Gebieten menschlicher Einsicht Bescheid zu wissen; es wird aber niemandem ein Weg gezeigt, auf dem man sich diese nötigen Einsichten erwerben kann. Und dennoch ist das eine Aufgabe, die auf jeden wartet.

Und hier beginnen die Ziele des vorliegenden Werkes. Es erblickt seine Aufgabe darin, in einem Umfang, der sich immerhin noch durcharbeiten lässt, ein wirkliches Verständnis der Welterscheinungen zu geben, soweit die Wissenschaft ein solches überhaupt besitzt.

Es will also gerade das bieten, was man in den vielen Werken über die Welt vergeblich sucht, weil diese den Ehrgeiz haben, möglichst viele Tatsachen zu bringen, deren Verarbeitung dann dem Leser überlassen bleibt.

Hier dagegen wird ein prinzipiell anderer Weg beschritten; die Tatsachen sind nur Hilfsmittel und nicht Endzweck. Dagegen wird genau die Auswahl dessen geboten, was von dem gesamten sicheren Wissen zum Verständnis unseres naturwissenschaftlichen „Weltbildes“ notwendig ist.

Es ist ein Versuch, ein einheitliches Weltbild zu schaffen, dem jeder so kritisch gegenüberstehen mag, wie er will. Wenn es auch in manchen Details unzulänglich erscheinen mag, so verschwindet das gegen seinen Wert. Dieser liegt in einer Antwort auf die Frage: Was ist das Wesen unserer Welt?

Leider ist es mir nicht mehr möglich den bereits verstorbenen Mikrobiologen R. H. Francé und dem Physiker Felix Auerbach meinen Dank für ihre hervorragenden Beiträge auszusprechen, die sie zu diesem Werk geliefert haben. Aber was sind schon einfache Worte gegenüber der Unsterblichkeit ihrer Gedanken. Und einige davon werden hier präsentiert.

*Klaus-Dieter Sedlacek*

# 2 Auf dem Weg zum wissenschaftlichen Weltbild

Wer mit den hundert Widersprüchen, mit dem Kampf zwischen Naturwissen und geschichtlichem Verständnis der Welt, dem Wettbewerb der sich anbietenden Philosophien, der Stillosigkeit des Lebens, dem tiefen Riss zwischen der gelehrten Ethik und der herrschenden Lebensführung unzufrieden ist, wendet seit Langem schon sehnsüchtig den Blick nach den Zeiten der vorsokratischen Philosophen, namentlich der Eleaten[1].

Es hat sich eine Art romantischer Schwärmerei herausgebildet, die sagt: welch' klaffender und für uns beschämender Gegensatz zwischen dem, was man heute Wissenschaft nennt, und der selbstsicheren, abgeklärten Weisheit eines Parmenides oder Pythagoras, des dunklen Heraklit oder des seherischen Empedokles, der Nietzsche so sehr in seinen Bann schlug, dass er zuerst ihn, statt seinen Zarathustra, als Idealbild des vollendeten Menschen verherrlichen wollte!

Was aber an diesen Denkern, die nicht nur wegen ihres schon halbmythischen Alters als die Ersten gelten, so fasziniert, ist die wundervolle, abgeschlossene Einheit ihres Weltbildes. Mit welcher prachtvollen Gebärde steht einer dieser Alten vor uns, der legendenumrankte Pythagoras etwa, und sagt mit kühlen, unbeirrbaren Augen: Hier habe ich das Weltgeheimnis in den Händen. Es ist Maß und Zahl! Wirf ihr Netz über die Welt, und sie hat nichts Dunkles mehr für dich! Wie eine erhabene Statue ragt in die nervöse Unruhe und Zweifelsucht unseres Denkens ein Anaximander mit dem unvergleichlichen Gedanken. Alles Dasein werde umfasst und regiert durch etwas, das allem Veränderlichen und Bestimmten zugrunde liegt, durch eine Ur-Tatsache, gewissermaßen die Sonne, ohne welche die Welt nicht ihr Schattentheater aufführen könnte. Und die ganze schöpferische und

1 Griechische Philosophen im 6. und 5. Jahrh. v. Chr., genannt nach dem Ort Elea in Unteritalien, wo sie lehrten. Zu ihnen gehören Xenophanes, Parmenides, Zenon, Melissus. Eleatismus heiß ihre Lehre von der Einheit, Einfachheit und Unveränderlichkeit des Seins, demgegenüber Vielheit, Bewegung und Werden nur (Sinnes-) Täuschung sei.

überzeugende Kraft, die im Klang eines Wortes liegen kann, reißt uns mit, wenn er diesem Regenten der Welt den Namen gibt, einen heiligen, auch seitdem nicht gestorbenen, ewig anmutenden Namen: Das Prinzip.

Oder, wenn die Philosophen der Stadt Elea ihr unvergängliches Wort aussprechen, so zwingend, alles Denken in seinen Bann schlagend, noch immer durch nichts übertroffen, unerschütterlich, als ob es selbst eine Naturtatsache wäre! Wer kann sich diesem Zauber entziehen, wenn Xenophanes sagt: „Alles sei eins", und wenn Parmenides in seinem Gedicht von der Natur so einfach das Wort hinschreibt: der wahre Grund der Weltexistenz sei, dass sie eben da sei, „das reine Sein".

Alle diese Begriffe sind so groß, dass sie fast inhaltlos erscheinen. Das ist aber nur deshalb, weil wir so unbedingt an ihre Richtigkeit glauben, dass sie für unser Denken den Wert von Axiomen bekommen haben, von Selbstverständlichkeiten, die man nicht anzweifeln kann.

Und dennoch sind sie große Erfindungen des Menschengeistes, erstaunliche Leistungen seines Scharfsinnes und daher — fragwürdig!

Die Begriffe: es gebe Prinzipien, es existiere ein Sein; dieses Sein lasse sich in Zahlen fassen, und Alles sei eins, sind Behauptungen, und zwar gerade solche von allergrößter Tragweite. Und – sie müssen erst bewiesen werden! An sie knüpft sich erst die Frage: Ist das alles auch wahr?

Von vornherein ist es keineswegs ausgemacht, dass die Welt ein Sein haben müsse, oder dass sie einheitlich sei, durch Gesetze und Prinzipien regiert. Diese Lehrsätze sind nur so alt, uns vertraut, ins Blut übergegangen, dass sicher weitaus die größere Hälfte der Leser erst in diesem Augenblick entdeckt, sie habe da an Dinge „geglaubt", ohne sich von dem Grund dieses Glaubens Rechenschaft zu geben.

Und darin ist unser Wissen und Bewusstsein, dem antiken um ein Vielfaches überlegen. Es hat sich von den naiven und willkürlichen Annahmen freigemacht, allerdings erst stufenweise auf einem endlosen, langen, krausen, oft abbiegenden Weg, wodurch es den unbefriedigenden Anblick einer alten, bis zur Gegenwart blühenden Stadt, den aller historischen Gebilde überhaupt bietet. Wie in einer solchen Stadt uralte

Baureste, etwa ein romanischer Dom, der Rest eines römischen Tores, zwischen Bürgerbauten neuerer Zeit stehen, in wunderlichem Gemisch Stadtmauern und Fabrikeinfassungen aneinandergrenzen, alte, gotische Kapellen umgeben werden von modernen Villen, wie sich darin alte Stadtanlagen mit neueren Erweiterungen durchsetzen, dann ganze Viertel Platz machten einem ganz auf Gegenwärtiges gestellten Stadtbauplan, der aber pietätvoll die hervorragendsten Bauwerke der Vergangenheit schonte, sodass sie absonderlich als „lebende Fossilien“ in fremd gewordenes Milieu blicken — genau so unbefriedigend „historisch“ steht auch das Wissen der Gegenwart da.

Dieser Zwiespalt zwischen Historischem und Notwendigem ist es, woran es krankt. Eingespannt ist es auf weiten Strecken, ja in einigem überhaupt in Begriffe, die heute keine andere Existenzberechtigung mehr haben, als dass sie zwei- und zweieinhalbtausend Jahre alt sind und von siebzig Generationen Menschen unbesehen einander übergeben wurden. In diesem Rahmen aber sind mit jenen Voraussetzungen Ideen von ganz anderer Abkunft, nach anderen „Prinzipien“ gewonnen, verbunden. Oder — was noch häufiger ist — da sich die Verbindung solcher nicht zusammengehöriger Vorstellungen nicht vollziehen lässt, man beschränkte sich darauf, neue Einsichten sonder Zahl — sogenannte Naturtatsachen — zu gewinnen, und verarbeitete sie nicht.

So sind denn, um an dem vorigen Gleichnis festzuhalten, ganze Stadtviertel nicht ausgebaut; an ihrer Stelle liegen nur unübersehbar und unbenutzt gewaltige Massen von Bausteinen.

Vor diesen entmutigenden, wüsten Anblick tritt jeder, der größere Werke der Naturwissenschaften zur Hand nimmt. Das ist die wahre Ursache, warum der Nichtnaturwissenschaftler gar keine Möglichkeit hat, sich eine Vorstellung von der „Stadt“ — deren größerer Teil nicht gebaut ist — zu schaffen. Das ist auch die Ursache, warum selbst die Naturwissenschaftler keinen Begriff von der „Stadt“ haben — sie kennen nur Viertel und Straßen und vor allem große, ungeheure Bausteinlager (man nennt sie Einzelwissenschaften und Disziplinen) und machen aus der Not eine Tugend, wenn sie erklären, aus Gründen der Gewissenhaftigkeit nicht bauen zu wollen. Jene von ihnen tun auch gut daran, denen es überhaupt an einer Vorstellung von dem Wesen und der Organisation einer Stadt gebricht. Nicht richtig ist es freilich, wenn andere ihr Unvermögen mit der drolligen Behauptung bemänteln, die große Menge der Bausteine mache das Bauen überhaupt unmöglich.

Große und hochmögende Geister haben dennoch auch in neuerer Zeit stets versucht, aufgrund der Bausteine wenigstens Pläne zur Errichtung eines Weltgebäudes zu entwerfen.

Das älteste Werk, das mit den Begriffen moderner Welteinsicht hantiert und noch steht, ist die Kosmogenie von Kant und Laplace.

Man nennt sie gemeinhin die Welthypothese von Kant-Laplace. Das bedeutet eine Ungerechtigkeit gegen Kant, der zwar auch nicht ganz selbstständig seine Ideen fasste, was von Laplace, der allerdings sein Werk 41 Jahre später als Kant veröffentlichte, gleichfalls nicht gesagt werden kann.

Abb. 2.1: Die Entstehung des Sonnensystems nach der Theorie von Laplace (und Kant). Durch die rotierende Bewegung einer glühenden Nebelmasse entstehen eine zentrale Sonne und um sie kreisende Planeten. NASA CC0

Eigentlich gehen beide auf Buffon, den geistreichen Verfasser der „Histoire naturelle“ von 1745, zurück, der gegenüber Kants kleine Schrift kaum einen Vergleich aushält (Sv. Arrhenius).

Man ist gewöhnlich geneigt, diese Kosmogonien als ziemlich identisch zu betrachten. Aber sie unterscheiden sich in ganz grundlegenden Punkten. Will man das Wesentliche aus ihnen herausziehen, so kann man sagen, dass sie alle nur in der blinden Anhängerschaft an die Mechanik, die Newton ersonnen hat, übereinstimmen. Sonst hält Buffon die Planeten für durch Kometenzusammenstöße von der Sonne abgesplitterte „Späne", Kant aber nimmt an, dass sich das Planetensystem aus kosmischem Staub, zumindest aus einer Ansammlung kleiner Meteoriten entwickelt hat, eine Idee, die in der Gegenwart (Lockyer, Darwin) noch ihre Verfechter findet. Laplace dagegen schuf erst die von einer ganzen Generation geglaubte Hypothese, dass das Sonnensystem seinen Ursprung aus einem Nebelflecken, nämlich einer glühenden Gasmasse, nahm (s. Abb. 2.1), der von Anfang an eine wirbelnde Bewegung um ihre Achse innewohnt. Nach mechanischem Gesetz müssen dann, wie auf der seinen Theorien folgenden Zeichnung ersichtlich, sich allmählich von dem Zentrum Ringe ablösen, die sich selbstständig machen und aufrollen und dadurch zu Trabanten der zentralen glühenden Masse werden, die sich durch Abkühlung langsam zusammenzieht.

Da sich auf diese Weise ausgezeichnet die Existenz der Saturnringe (vgl. Abb. 2.2) erklärt, im Weltall sich auch viele Spiralnebel nach Art des durch Schönheit ausgezeichneten im Sternbild der Jagdhunde (vgl. Abb. 2.3) finden, den jedermann schon durch ein mäßiges Fernrohr selbst betrachten kann, außerdem glühende Gasnebel im Weltraum in großer Zahl bekannt sind, hat die laplacesche Hypothese, welche Kants Anschauungen weit besser ausführt, begeisterte Anhänger bis heute gefunden, die auch durch den gewichtigsten Einwand, den man gegen sie ins Treffen geführt hat, dass sich nicht alle Bestandteile des Planetensystems[2] gleichsinnig drehen, nicht verwirrt werden. Um sich von dieser Schwierigkeit zu befreien, hat man ganz un-

2 Es sind dies die Monde um Uranus und Neptun sowie einer der neun Saturnmonde, die den anderen entgegengesetzt laufen.

Abb. 2.2: Saturn mit Ringen. Foto NASA. CC0

bedenklich auf die alte buffonsche Vorstellung zurückgegriffen, die sich schon bei Laplace selbst findet, dass nicht zum Sonnensystem gehörige Kometen gegen Planeten stießen und diese, sowie alle anderen nicht befriedigend erklärten Abweichungen an Dichte und Temperatur der Planeten verursachten.

Dies Gedankengebäude von Laplace gehört eben auch zu der Klasse von Hypothesen, welche gewissermaßen die Wirklichkeit von ihrem Ursprung her zeichnen.

Sie notieren sich alle einer Erklärung bedürftigen Punkte, bringen sie auf möglichst wenige gemeinsame Nenner und beginnen nun mit der Voraussetzung dieser Tatsachen. Natürlich muss sich dann aus ihrer Annahme die ganze Wirklichkeit, die zuerst hineingewickelt wurde, auch wieder herauswickeln lassen, worauf die Hypothese leicht für befriedigend erklärt werden kann.

Abb. 2.3: Spiralnebel M51 im Sternbild der Jagdhunde aufgenommen mit SPITZER-Telekop. CC0

Ehrgeiz dieser Art von dialektischen Erklärungen, die eigentlich Taschenspielerkunststücke des Denkens sind, ist nur, möglichst wenig solche Nenner zu finden. Wem es gelänge, die Fülle der Erscheinungen durch dialektische „Kategorisierung" in eine einzige Begriffsschachtel einzupacken, aus der sie dann auf einen Druck hervorspränge, der wäre dann der wahre und gepriesene „Welterklärer" unter Hypothetikern, die ihr Geschäft auf die Natur der menschlichen Seele, und zwar, wie sich noch ergeben wird, mit guten Gründen, sogar mit Notwendigkeit stützen.

Alle diese Werke sind eben Ausflüsse jener kühnen, welterstürmenden Zuversicht, die das ganze 18. Jahrhundert kennzeichnet, in dem sich der Mensch unbedenklich und naiv als unbeschränkt fühlte. Sonst hätte sich nicht der Scharfsinn eines Kant an der unlösbaren Aufgabe abgemüht, aus einem Chaos das Werden eines Kosmos verstehen zu wollen.

Ein Menschenalter später war man in dieser Hinsicht schon viel kritischer — oder bescheidener.

Alexander von Humboldt, der es um 1843 wieder unternahm, ein „Weltbild" zu schaffen, ging dabei nur mehr von dem „Kosmos" aus. Ganz wie es später einmal Stallo, dieser beste der amerikanischen Erkenntnistheoretiker, forderte[3], legte er sich kein anderes Problem vor, als die einzige Frage, zu welcher eine Reihe von Erscheinungen Anlass geben kann, nämlich die nach ihrer gegenseitigen Abhängigkeit und nach ihrem Zusammenhang.

Humboldts „Kosmos" hat auf eine ganze Generation unberechenbaren Einfluss geübt in dem Sinne, in der Natur das Walten unverbrüchlicher Gesetze zu sehen, aber so sehr sein Werk auch von dem edlen Schwung des Idealismus getragen wird, hat es gerade dadurch, wie kein zweites, seine Zeit daran gewöhnt, die Welt nicht so sehr als Organismus, sondern als einen ewigen und vom Größten bis ins Kleinste wirkenden Mechanismus anzusehen. Dadurch hat es die Gemüter auf eine materialistische Weltanschauung des Berechenbaren vorbereitet.

Humboldt hat aus einem ungeheueren Tatsachenwissen eine Selektion nach dem Gesichtspunkt des Gesetzmäßigen herausgehoben; er hat im ganzen weiten Gebiet des Kosmischen, Erdgeschichtlichen, besonders des Meteorologischen und Geografischen, ebenso wie aus dem Tier- und Pflanzengeografischen (diese Wissenschaften schließt sein „Kosmos" vorzugsweise ein, gemäß dem Programm, ein „Gemälde der Natur" zu sein), überall die immer wieder-

3 *Stallo*, Concepts and theories of modern physics. 4. ed. London 1900.

kehrenden, typischen Züge hervorgehoben und ist letzten Endes dem Problematischen aus dem Wege gegangen.

So entstand zwar eine unübertreffliche Eleganz, Abklärung und Harmonie der Darstellung, eine bestrickende Sicherheit und Vertrauenswürdigkeit, geeignet, den Stolz zu wecken und die Achtung vor dem Tatsachenwissen; es war aber dadurch kein eigentlicher Fortschritt der Erkenntnis erzielt.

So ist denn der „Kosmos" nicht nur in dem Sinne das Urbild aller gemeinverständlichen Literatur in deutscher Sprache, dass er dieses Genre von Schrifttum in Deutschland überhaupt erst geschaffen hat, sondern auch darin, dass seine Hauptwirkung eine ethische und volkserzieherische war: Er verbreitete Achtung und Verständnis für das Gesetzmäßige in weiten Kreisen, eine Art blinden Glauben an das Objektive und Reale, in sich Gültige von Naturgesetzen, die seitdem allgemein, wie eine Art rechtsverbindliches, ein für allemal niedergelegtes Gesetzbuch der Welt aufgefasst wurden, das nur wie eine uralte Inschrift auf den Dingen entziffert zu werden brauchte.

Humboldts „Kosmos" darf daher auch gar nicht mit den Welterklärungsversuchen der antiken Denker in einen Vergleich gezogen werden, er ist vielmehr, ins Neuzeitliche übersetzt, etwa das, was die Naturgeschichte des Plinius, mit dem die verehrungswürdige Gestalt des Berliner Naturforschers auch sonst manche Vergleichsmöglichkeiten aufweist, dem gebildeten Römer der Kaiserzeit, war.

Trotzdem durfte er in einem Werk, das die Gesetze der Welt zum Verständnis bringen will, nicht übergangen werden, da ohne die soeben erörterte Wirkung Haeckels Auftreten nicht die Resonanz gefunden hätte, die allein der Haeckelschen Welträtsellösung[4] Bedeutung gegeben hat.

Es ist nicht das Schwergewicht der Gedanken, sondern die Zahl der Gläubigen, die zur Erörterung dieses Versuches, einen Monismus zu errichten, zwingt, den man übrigens den „einzigen wirklichen Versuch einer Enträtselung der Welt aufgrund der modernen Naturwissenschaft" genannt hat.

4 In dem Werk „Die Welträtsel" stellt Haeckel sein monistisch geprägtes Weltbild mit der darwinschen Evolutionstheorie als Grundprinzip, einer breiten Öffentlichkeit vor.

Abb. 2.4: Ernst Haeckel (1834-1919).

Ernst Haeckel machte den unbefriedigend gebliebenen Versuch, die Welt bloß aus Kraft und Stoff aufzubauen, indem er den Einwendungen von denkerischer Seite durch Aufnahme philosophischer Gedanken zu begegnen suchte. Bei dem Suchen danach geriet er auf den von Spinoza zuerst aufgebrachten, dann von Kant in den Mittelpunkt seiner Philosophie gerückten Gedanken eines „Dinges an sich".

Ganz richtig betont er damit die Notwendigkeit, sich bei Beurteilung der Weltphänomene nicht auf den reinen Sinneseindruck und seine Kritik allein zu verlassen, sondern sich die große Vorfrage zu stellen: Was kann ich überhaupt wissen?

Damit hat die Naturwissenschaft gegenüber dem naiven Glauben an die Realität des Erforschten einen ungeheuren Fortschritt vollzogen. Zum ersten Mal seitdem sind in einem gewissen Sinne die Vorsokratiker überholt worden. Eine Naturbetrachtung, welche trachtet, die Dinge auch in ihrer von den subjektiven Anschauungs- und Denkformen unabhängigen Beschaffenheit zu erkennen, war vor Haeckel noch nicht da gewesen. Dieses Streben ist ein Verdienst, das ihm unter allen Umständen zugebilligt werden muss, man mag sich zu dem, wie er die „Dinge an sich“ darstellte, verhalten, wie man will.

Kant sagte bekanntlich, das wahre Bild der Welt sei für einen menschlichen Intellekt überhaupt nicht zu erkennen. Schelling, Schopenhauer, Hartmann, Herbart und andere widersprachen dem und glaubten, auf verschiedenem Wege das Wesen der Welt dennoch bestimmen zu können. Dieser Glauben ist also an Haeckel nicht neu. Neu ist nur, dass Naturwissenschaft überhaupt einmal den Standpunkt des naiven Realismus verlassen hat und mit der Möglichkeit rechnet, das, was sie erkennt, sei gar nichts Endgültiges und Wirkliches. Man muss diesen Satz herausschälen und beleuchten, denn an ihn hat man bisher noch nicht gedacht, und doch ist gerade er der einzige und prinzipielle Fortschritt, den Haeckel gegenüber Laplace oder Buffon oder Humboldt bedeutet.

Man gerät in eine tragische und daher rührende Welt, wenn man nun mit diesen Ansprüchen und Hoffnungen das Weltbild betrachtet, das Haeckel sich und seinen Anhängern namentlich in den zwei Werken „Die Welträtsel“ und „Kristallseelen“ erbaut hat.

Bringt man die große Menge der von ihm mit Virtuosität geschaffenen lateinisch-griechischen Sonderausdrücke auf ihre einfachste Form, so entstehen folgende Vorstellungsreihen.

Das Weltall ist unendlich, aber von Substanz erfüllt. Diese Substanz ist das spinozistisch-kantische „Ding an sich“ und besitzt drei „fundamentale Attribute": a) Raumerfüllung oder Ausdehnung, Stoff (= Materie); b) Bewegung oder Mechanik, Kraft (= Energie) und c) Empfindung oder Weltseele, Geist (= Psychom). Das „sind ganz allgemeine Grundeigenschaften aller Körper. Die Summe von Materie, Energie und Empfindungen im unendlichen Weltraum ist unveränderlich".

Die drei Attribute stehen nebeneinander, also ist der Monismus der Welt, der sich aus seinem „Substanzgesetz“ ergibt, eigentlich eine Trinität. Nur sind nicht alle Eigenschaften der Substanz, besonders nicht die psychischen, jederzeit in allen Körpern vorhanden, sondern sie sind in „Entwicklung“ begriffen, wie denn überhaupt der Welt ein durchaus sich entwickelndes Sein zukommt.

Man hat diese Weltanschauung, welche als ethische Forderung einen Kultus „des Wahren, Guten und Schönen“ fordert, als den menschlichen Intellekt befriedigend erklärt, man hat sie sogar für „schön“ gehalten und ihr eine bildende, von Irrtümern befreiende Kraft zugeschrieben.

Das haeckelsche Weltbild befriedigt aber dennoch nicht. Und zwar aus folgenden Gründen:

Nachdem durch die Aufnahme des Begriffes „Ding an sich“ feierlich erklärt wurde, es seien zwei Welten zu unterscheiden, die eine der bloßen Sinneseindrücke, deren Maße und Zahlen die Naturwissenschaft festzustellen trachtet, und eine von der Existenz menschlicher Einsicht unabhängige, gewissermaßen wirkliche, folgert der haeckelsche Monismus dennoch so, als könne man mit menschlichem Verstand und den Hilfsmitteln der Sinne etwas über die wirkliche Natur der Dinge aussagen.

Das kann man nicht, und daher beziehen sich seine sämtlichen Behauptungen natürlich nur auf die Sinnenwelt. Die Verwendung des Begriffes „Ding an sich“ ist irrtümlich; sein Wollen, tiefer zu sehen als die ionischen Naturphilosophen oder Laplace und Humboldt, blieb bei dem bloßen Wunsch stecken, und Haeckels Monismus hat die Menschheit in dieser Beziehung nicht gefördert, wohl aber sicher durch diese Konfusion viele schwache Gehirne verwirrt. Er putzt sich hier mit Dingen auf, die er nicht versteht.

Wieder stellt sich da ein menschlicher Intellekt vor die Fülle seiner Sinneseindrücke und glaubt, einen Teil von ihnen als Werkzeug benützen zu können, um hinter die anderen zu kommen. Ganz ungeprüft und gläubig übernimmt dieses monistische Denken von den griechischen Philosophen die Begriffe Sein, Gesetze und Welt als Wirklichkeiten, wie wenn das irgendwo zu besteigende und abzumessende Berge wären, die nur von jenen falsch beschrieben, jetzt aber besser abgemessen wurden und nur richtiggestellt zu werden brauchten, um von nun an als „Götter", nämlich als unveränderliche, ewige und weltbeherrschende „Dinge“ zu gelten.

Nirgends taucht in dem haeckelschen Gedankengebäude die Frage auf: Welche Gewissheit geben mir denn meine Sinne und das aus ihnen abgeleitete Denken? Wie entsteht denn überhaupt mein Wissen? Hätte sich Haeckel diese Frage gestellt, so hätte er bald als der scharfsichtige und gut beobachtende Naturforscher, der er war, bemerken müssen, dass „Wissen“ nie etwas anderes ist als eine Kombination von entweder persönlichen oder vererbten Erfahrungen, dass also auch das schärfste und abstrakteste Denken auf keiner anderen Grundlage als der der Sinnenwelt steht. Ein Kollege hat einmal Haeckel gefragt, wie er zu der Ansicht gekommen sei, durch Denken etwas über seine „Substanz“ zu erfahren. Und er antwortete mit siegessicherem Lächeln: „Denken ist doch eine der Funktionen der Weltmaterie! In mir denkt die Welt; sie wird sich ihres Wesens bewusst, kann also wohl darüber etwas erkennen.“

Keinen Augenblick kam ihm also der Gedanke, die subjektiven Anschauungs- und Denkformen irgendwie von ihrer Ursache zu trennen. Er sah gar nicht, dass hier ein Problem vorliegt.

Vor allem erkennt man in seinen Werken nirgends Spuren der Einsicht, dass Abstraktionen nur durch vergleichendes Zusammenlegen von konkreten Erfahrungen gewonnen werden, dem Wesen nach also das gleiche wie jene sind. Man beobachtet hundert oder tausend Dinge und stellt fest, dass sie im Verlauf dieser Arbeit nicht unverändert blieben. Die Wolken nahmen andere Formen an, das Wasser warf Wellen; bei feinster Beobachtung traten Änderungen in der Zusammensetzung des Salzes ein usw. Ich bringe diese Änderungen nur der Einfachheit halber unter einen einzigen Begriff, wenn ich allen beobachteten Dingen Bewegung zuschreibe. Ich habe dadurch nichts erfahren von den Wirklichkeiten, sondern nur Ordnung und Vereinfachung in meine Erlebnisse gebracht. So geht es mit den abstrahierten Begriffen Stoff, Geist, Kraft, Wellen, Feld und allen anderen.

Und das erklärt Haeckel für eine Einsicht in das, was hinter seiner Beobachtung und Denkfähigkeit steckt; er hält es für Eigenschaften des Dinges an sich! Was von der Hypothese des Laplace gesagt werden musste und im Grunde genommen das Wesen der wissenschaftlichen Hypothese überhaupt trifft, gilt in dem gleichen Maße von dem Lehrgebäude des großen Forschers aus Jena, das keinen größeren Wert als den einer echten Hypothese besitzt. Auch er wickelt die Welträtsel zuerst in einige Begriffe, nämlich in die Worte Ausdehnung, Bewegung und Empfindung, die er für gemeinsame Nenner aller „seienden“ Dinge hält, und ist gewissermaßen triumphierend erstaunt, dann alle Erscheinungen auf Ausdehnung, Bewegung und Empfindung zurückführen zu können. Das Unerklärte und Unerklärliche wird zu „Attributen“ gemacht, der übrig gebliebene Bodensatz seiner Analyse der Erscheinungen wird als „Ding an sich“ bezeichnet, schlechthin als das dem Bewusstsein Gegebene dekretiert, und es wird ganz übersehen, dass damit nur über die unverdaulichen Reste unserer Denkfähigkeit etwas ausgesagt ist, was an sich mit dem Problem Welt oder Sein noch gar nichts zu tun hat.

Man könnte natürlich mit der gleichen Methode alle Erscheinungen auch auf die ihnen gemeinsamen Kategorien Sein, Unbeständigkeit (Wechsel der Form) und Zweckmäßigkeit zurückführen und diese als Attribute eines Gottes bezeichnen, um damit eine Theodizee[5] zu begründen.

In Wirklichkeit sind weder mit dem einen, wie mit dem anderen, tiefere Einsichten erzielt worden. Es gab nur Umgruppierungen, Verpackungen gewisser Tatsachengruppen unter bestimmter Etikettierung, eine Kategorisierung; letzten Endes ist es eine gewisse Spielerei für Köpfe, die nicht das Ganze durchschauen.

Haeckels angebliche erkenntniskritische Selbstbesinnung ist nur ein Ausspruch, dem keine Tat folgte; sein Monismus bleibt auf derselben oberflächlichen Stufe des Denkens wie das Grübeln der ionischen Naturphilosophen, also etwa eines Thales. Es ist gleichwertig, wenn dieser erklärt, das Wasser sei der Ursprung aller Dinge, oder wenn Haeckel sagt, die „Substanz“ sei die Ursache der Welt.

Deshalb muss ich die „Erklärung“, welche Haeckel von den Gesetzen der Welt gibt, ablehnen.

Neben ihm steht aber noch ein weiterer großzügiger Versuch, ein, alles Wissen zur Einheit verschmelzendes Weltbild, zu schaffen. Wenn er auch in letzter Zeit stark zurückgetreten ist, so hat er seinen Anspruch, das besser zu machen, was Haeckel nicht leisten konnte, noch nicht aufgegeben. Das ist die Energetik von Wilhelm Ostwald.

Diese Weltanschauung des in Leipzig wirkenden großen baltischen Chemikers gebärdet sich als ein Bruder des Haeckelismus, zumindest als ein Monismus, weshalb sich auch eine Art Verbrüderung und taktischer Zusammenschluss zwischen Jena und Leipzig vollzogen hat.

Ostwalds Ansicht lässt sich in folgende Kernsätze zusammenfassen: Es ist kein Vorgang in der Natur ohne

5 Der Begriff „Theodizee“ geht auf den Philosophen der Aufklärung Gottfried Wilhelm Leibniz zurück. Konkret geht es um die Frage, warum ein Gott das Leiden in der Welt zulässt, wenn er doch die „Allmacht“ und die „Güte“ besitzen müsste, das Leiden zu verhindern.

Änderung von Energien denkbar. Alles, was „geschieht“, alle „Vorgänge“ sind Energieumwandlungen. Davon ist auch das geistige Leben nicht ausgenommen, da es gleichfalls auf „psychischer Energie“ beruht, die sich in alle anderen Energien umwandeln lassen müsste. Wenn es heute noch nicht gelingt, so sei das nur Schuld unserer Methoden; eines Tages werde der Nachweis dieser Umwandlung gelingen.[6]

Da sich nun auch der Begriff der Masse sehr wohl in Begegnungen von Energieströmen auflösen lasse und nur eine Täuschung der wissenschaftlich nicht geschärften Sinne sei, vermag man begrifflich die Welt auf den gemeinsamen Nenner Energie zurückzuführen und sie als die denknotwendige Einheit zu fassen.

Wenn trotz dieser im ersten Augenblick blendenden Erklärung Ostwalds Energetik niemals wirklich Fuß fassen konnte im wissenschaftlichen Denken, so lag das an der jedermann offenbaren Unzulänglichkeit, auf einem Grund bauen zu wollen, der noch nicht vorhanden war. Die leere Hoffnung, es werde gelingen, seine ganz undefinierte „Nervenenergie“ in Licht, Wärme, kinetische Energie usw. zu transformieren, so wie es leicht ist, die lebende Energie eines Wasserfalles in Elektrizität zu Beleuchtungs-, Heizungs- und Betriebszwecken auszuwerten, gestattete es zu seiner Zeit einfach nicht, ein Weltgebäude auf dem Begriff der Energie aufzubauen.

Inzwischen aber ist die Naturerkenntnis weitergegangen, bevor jemand auf den Gedanken geriet, Ostwalds Ideen zu benützen. Denn die in der Physik der Gegenwart siegreich durchdringende Quantentheorie von Max Planck und Sommerfeld zwingt zu der Notwendigkeit, den Satz der gleichmäßigen Energieverteilung zu verlassen und der Energie eine diskrete Struktur (d. h. Quanten = kleine Energiepakete) zuzuschreiben, so wie bereits die Elektronentheorie das gleiche für den Begriff der Elektrizitätseinheit gefordert hatte. Damit allein ist ein energetisches Weltbild wieder in ein atomistisches umgewandelt — der Bau ist abgetragen, bevor er richtig errichtet war. Es ist daher nicht

6 Siehe auch Klaus-Dieter Sedlacek: *„Äquivalenz von Information und Energie“*. Norderstedt (2009); und *„Leben nach dem Leben“*, Norderstedt (2016), S. 88 ff.

notwendig, sich mit dieser Idee des sonst so verdienstvollen Chemikers weiter zu beschäftigen.

Um so weniger, als auch sie nicht genügend tief schürft und Sein, Welt, Gesetz als absolute, feststehende, axiomatische Werte voraussetzt.

Zwischen den beiden Polen Haeckel und Ostwald pendeln aber alle übrigen in engeren Kreisen bekannt gewordenen Versuche, das durchgehende Gesetz in der menschlichen Erkenntnis zu finden[7], denen bei aller großen Mannigfaltigkeit dennoch eines gemeinsam eignet, nämlich das Bedürfnis, „das Weltall der Erkenntnisse" einheitlich zu beurteilen. Das ist das Einigende in aller Verschiedenheit.

Aber gerade dieses Einigende ist so alt wie das Denken selbst — denn es ist eine Denknotwendigkeit, die aus der Technik des Denkens selber folgt, wie noch des näheren zu erörtern sein wird.

Um so besser eröffnet sich nun gerade dadurch das Verständnis für den wahrhaftigen wissenschaftlichen „Weltuntergang", der sich im 20. Jahrhundert vollzog, da nicht nur — um im vorigen Bild zu bleiben — die Bausteine ausgewechselt wurden, sondern auch der Einheitlichkeit des zu errichtenden Gebäudes Gegengründe in den Weg gestellt wurden.

Alle Bilder vom Weltgebäude, alle Weltanschauungen der Vergangenheit scheinen entwertet, seitdem die Beweise der Relativitätstheorie anerkannt werden. Hat bereits die Entdeckung der Radioaktivität und des Zerfalls der sogenannten Elemente alle jene Folgerungen, die sich auf die klassische Chemie aufbauten, um ihre Beweiskraft gebracht, so ist durch die Quantentheorie von Planck und Sommerfeld und die Vorstellungen von Rutherford und Bohr über den Bau der Atome einer allein energetischen Deutung der Erscheinungswelt der Boden entzogen, und während der kaufmannsche Versuch den Begriff der Masse selbst in Vorstellungen auflöste und ihm jede Realität entzog, stießen Lorentz und in seinem Gefolge Einstein überhaupt die

7 Sogar nach der Medienhype über die sogenannte Weltformel, – eine hypothetische Theorie gebildet aus theoretischer Physik und Mathematik, die alle physikalischen Phänomene im bekannten Universum verknüpfen und präzise beschreiben soll – ist es wieder still geworden. Gefunden wurde die Weltformel nicht.

Grundlagen der Mechanik um, auf denen sich der Begriff mathematischer Gewissheit aufbaute. Der euklidischen Geometrie des dreidimensionalen Raumes setzte Minkowski die Welt vierdimensionaler Vorstellungen entgegen; die Begriffe Raum und Zeit werden mehrdeutig, ja selbst der „unmittelbar gewisse“ Sinneseindruck einer Formenwelt wird aufgehoben durch die Erklärung, dass die geometrischen Eigenschaften des Raumes nicht selbstständig seien, sondern durch die Materie bedingt, die wieder andererseits als irreal und nur als Vorstellungskomplex erkannt ist.

Seit Jahrtausenden ist nun die Menschheit bestrebt, die Welt, in der sie lebt, kennen und erkennen zu lernen. Das Kennenlernen ist Sache der Erfahrung und beruht auf den Sinnesorganen, die dem Menschen mit vielen andern Lebewesen gemeinsam sind; die Erkenntnis ist Sache des Geistes, der — in dem hier verstandenen höheren Sinne — sein Eigentum ist. Die Erfahrung führt zu einem nach und nach ins Ungeheuere wachsenden Tatsachenmaterial; die Erkenntnis führt zu einem sich fortwährend verändernden Weltbild; und das Weltbild, das sich ergibt, hängt begreiflicherweise in erster Linie von dem Tatsachenmaterial selbst ab und erst in zweiter von der Denkungsart und der Einstellung dessen, der es herstellt. Erfahrung sammeln ist immerhin mühselig und in der Form der Beobachtung oder gar des Experiments erst spät zur Geltung gekommen. Im Gegensatz dazu wohnen die Gedanken nahe, fast möchte man sagen, allzu nahe beieinander. So kommt es uns, ungeachtet aller Verehrung und Bewunderung der Philosophen des Altertums, heute beinahe lächerlich vor, dass sie es unternahmen, aus einem, wie wir jetzt wissen, so überaus winzigem Tatsachenmaterial, das ihnen zur Verfügung stand, schon ein Weltbild zu entwerfen; und so darf man sich nicht wundern, dass es durch jeden neu aufgefundenen Tatsachenkreis aufs Empfindlichste erschüttert wurde. Und das hat sich dann in der mittleren, neueren und neuesten Zeit immer wiederholt; es genügte oft eine einzige epochemachende Tatsache, um das Erkenntnisgebäude nicht nur zu erschüttern, sondern umzuwerfen.

Man denke nur an die Kugelgestalt der Erde, an das Kopernikanische System, an die Newtonsche Gravitation, an die Entdeckung kleiner und kleinster Lebewesen, an die Entstehung der lebenden Arten durch natürliche Zuchtwahl, an das periodische System der Elemente, an die Radioaktivität und den Zerfall der Moleküle, an die Vereinheitlichung von Raum und Zeit, schließlich an alle jene großen und umwälzenden Entdeckungen, die im Laufe der Zeit hinsichtlich der Natur des Menschen — und nicht nur seines Körpers, sondern ganz besonders auch seines Geistes — gemacht worden sind. Und immer, wenn etwas derartig Neues gefunden wurde, und wenn sich dann zeigte, dass es zu dem Alten gar nicht stimmen wollte, hieß es: Die Wissenschaft ist in einer Krisis, oder gar: Die Wissenschaft ist am Ende ihrer Weisheit. Wer so spricht, bedenkt nicht, dass die Wissenschaft ihrer Natur nach fortwährend in einer Krise ist. Und es wäre schlimm, wenn dem nicht so wäre; denn dann könnte man mit viel größerem Recht sagen, dass sie mit ihrer Weisheit am Ende ist. Dass die Welt ungeheuer kompliziert aufgebaut ist und dass sie uns fortwährend neue Rätsel aufgibt, kann man desto weniger bezweifeln, je reicher und merkwürdiger das Tatsachenmaterial geworden ist; und wenn die Erkenntnis lange Zeit der Kenntnis voraneilte, wenn sie dann hinter ihr zurückblieb, so wird es um so dringender, endlich einmal soweit zu kommen, dass sie mit der Kenntnis der Tatsachen gleichen Schritt halte. Natürlich ist es ein Unterschied, ob sich der Erkenntnistheoretiker an seinesgleichen wendet, oder ob er es auf die Laienwelt abgesehen hat, soweit sie für ein derartiges allgemeines Problem empfänglich ist. Und gerade um dieses letztere handelt es sich schließlich, soll die Erkenntnistheorie sich nicht vollständig in sich zurückziehen, nach dem gefährlichen Satz „l'art pour l'art".

Wer ist eigentlich Fachmann, wer ist denn berufen, um ein allen Anforderungen an Sachlichkeit und Vollständigkeit entsprechendes Weltbild zu schaffen? Bei der Stellung dieser Frage wird man natürlich nicht an vollkommene Objektivität und erschöpfende Allgemeinheit denken dürfen; man wird nur verlangen, dass die Darstellung sich diesen Idealen nach Möglichkeit nähere, indem alles Subjektive und alles Spezielle zwar naturgemäß benutzt, aber aus dem Ergebnis schließlich doch ausgeschaltet werde.

Da wird man nun zunächst an die Vertreter derjenigen Wissenschaft denken, die in früheren Zeiten weitaus an der Spitze aller Fakultäten stand: Die Theologen. Indessen tritt hier sogleich eine entscheidende Frage in den Vordergrund, die sich auf die nähere Kennzeichnung des Themas bezieht. Was soll das heißen: Weltbild? Und die Antwort lautet: Die Welt, deren Bild wir entwerfen wollen, ist unsere diesseitige Welt, in der wir von der Geburt bis zum Tode leben. Die jenseitige Welt wollen wir nicht erfassen, nicht etwa, weil wir von ihr nichts wissen wollen, sondern, weil wir von ihr nichts wissen können, weil sie kein Gegenstand wissenschaftlicher Forschung im gewöhnlichen Sinne des Wortes ist. Die Theologen freilich behandeln sie als Objekt wissenschaftlicher Betrachtung; aber diese Betrachtung ist mehr eine fantastische und künstlerische als eine wissenschaftliche; sie ist keine Anschauungs- und Denksache, sondern eine Glaubenssache. Und auch der praktische Teil der Theologie, der sich auf die Normung des diesseitigen Lebens mit Rücksicht auf das zukünftige bezieht, geht uns hier nichts an, weil wir das Weltbild als rein wissenschaftliches Ganzes aus den im Diesseits gegebenen Faktoren malen wollen.

Übrigens werden wir hierauf im Verlaufe unserer Betrachtungen noch zurückkommen, und dann wird sich in einem gewissen Sinne sogar eine positive Folgerung ergeben. In zweiter Linie — und in manchem Sinne sogar in erster — stehen die Philosophen. Wird doch die Philosophie mit Recht nicht nur von ihren Vertretern als die Wissenschaft an sich, als die Königin im Reiche des wissenschaftlichen Geistes, bezeichnet. Durch Jahrtausende bestand diese Einschätzung völlig zu Recht, nicht nur im Altertum, zu den Zeiten eines Platon und Aristoteles, sondern auch im Mittelalter und in den ersten Jahrhunderten der Neuzeit, wo ein Professor der Beredsamkeit, der Philologie oder der Mathematik glücklich war, wenn die Lehrkanzel der Philosophie frei wurde und er sie besteigen durfte.

Im Altertum beherrschte der Philosoph, wenn er umfassenden Geistes war, das gesamte Wissen der Zeit und versuchte, es in einen einheitlichen Zusammenhang zu bringen. Wohl niemals wieder hat es einen Polyhistor gegeben wie Aristoteles und niemals wieder eine Begabung, tausend auseinanderliegende und sich scheinbar widersprechende Einzelheiten zu einem System zu gestalten. Ist er doch noch das ganze Mittelalter hindurch die unbestrittene Grundlage aller Erörterungen geblieben und hat selbst im Reich der Theologie in dieser Hinsicht der Bibel nur wenig nachgegeben. Nur war das Verhältnis der Philosophie zur Theologie das der Magd zur Herrin, und deshalb konnte die Philosophie (genauer gesagt: die Scholastik) in dieser Zeit keine selbstständige Rolle spielen. Das wurde in der Neuzeit, seit Bacon und Descartes, Spinoza und Leibniz freilich anders; und im Zeitalter Kants erstand jener zweite Große, der die Arbeit des Aristoteles wieder aufzunehmen und mit den Methoden moderner Analyse zu fundieren bereit und fähig war, wobei sich freilich zeigte, dass in den vergangenen zwei Jahrtausenden das Problem schon fast über die Grenze menschlichen Bereichs hinausgewachsen war.

Als nun im neunzehnten Jahrhundert das Zeitalter der Naturwissenschaft anbrach, bekam das Problem ein ganz neues Gesicht. Die Tatsachen der Naturwissenschaften und die Fülle der daran geknüpften Theorien waren so überwältigend geworden, dass es dem Philosophen beim besten Willen nicht möglich war, die Gesamtheit wirklich zu beherrschen. Dieser Zustand hat, wenn auch scheinbar gemildert, durch die Anknüpfungsversuche gegenseitiger Verständigung, bis zum heutigen Tage nicht grundsätzlich geändert. Es ist so (um ein Bild zu gebrauchen), als ob der Philosoph und der Naturforscher, vom besten Willen beseelt, aufeinander zugingen, um sich an der entscheidenden Stelle zu treffen. Aber je mehr sie sich diesem Ziele nähern, desto deutlicher werden sie es gewahr, dass sie die Richtungen nicht hinreichend genau eingehalten hatten, dass sie sich windschief gegeneinander bewegten, schließlich in respektvoller Entfernung aneinander vorbeigingen.

Es gibt allerdings auch einige Philosophen, die sich mit großem Eifer und bewundernswertem Verständnis das naturwissenschaftliche Tatsachenwissen angeeignet haben, wie z. B. Moritz Schlick in Wien und der ja selbst von der Naturwissenschaft herkommende Theodor Ziehen. Aber im Ganzen hat man doch den Eindruck, dass es sich bei den meisten Philosophen nur um ein halbes Verständnis der Tatsachen handelt und dass deshalb auch die erkenntnistheoretischen Schlüsse, die dann gezogen werden, höchstens halb richtig sind; höchstens, weil sich der Prozentsatz des Richtigen auf dem Wege zur philosophischen Deutung leicht noch um ein merkliches verringern wird. An einigen Beispielen werden wir das gelegentlich noch näher erläutern können.

Auf die Weltbilder des Historikers und des Politikers, des Juristen und des Nationalökonomen wollen wir hier nicht eingehen. Es leuchtet von vornherein ein, dass sie in irgendeinem Sinne einseitig sind und sein müssen, und dass sie infolge des zweifelhaften Charakters der benutzten Grundlagen und Hypothesen zu ganz verschiedenen, ja geradezu entgegengesetzten Ergebnissen führen müssen; je nach den subjektiven Imponderabilien oder Ponderabilien, die bei dem Gedankengange mitwirken, kann man mit ungefähr gleichem Rechte ein kapitalistisches, ein sozialistisches und ein bolschewistisches Weltbild begründen. Auch ist hier der Mensch der alleinige Mittelpunkt, um den sich alles dreht, und wenn natürlich auch für uns der Mensch die Hauptperson des Dramas ist, so wollen wir ihn doch in das Naturganze hineinstellen und aus dessen Eigengesetzlichkeit heraus entwickeln. Wir übergehen also diese Klassen von Weltbildern, betonen aber schon jetzt, dass sich aus unseren Feststellungen ganz naturgemäß die vielfältigsten und bedeutsamsten Schlüsse werden ziehen lassen auf die Probleme auch dieser Wissenschaften.

Wenn wir uns jetzt zu dem Weltbild des Naturforschers wenden, so haben wir die unerfreuliche Tatsache festzustellen, dass die im Laufe des neunzehnten Jahrhunderts von Naturforschern aufgestellten Weltbilder sehr bald einer scharfen Kritik verfallen sind und daraufhin ihren Ruf fast völlig eingebüßt haben, wie wir weiter oben gesehen haben.

Etwas besser steht es mit anderen Darstellungen; aber auch sie haben nicht entfernt diejenige Wirkung gehabt, die man sich von dem Angriff eines so entscheidenden Problems erhoffen durfte. Jahrzehntelang sind es nämlich fast ausschließlich die Biologen gewesen, die sich an die vorliegende Aufgabe herangewagt haben, Botaniker und Zoologen, Anatomen und Physiologen. Und bei einiger Überlegung wird man die Frage, ob dies der reine Zufall gewesen sei, entschieden verneinen und erkennen, dass es in dem Charakter der betreffenden Wissenschaften begründet ist. Die biologischen Fächer gehören weitgehend zu den sogenannten „beschreibenden“ Naturwissenschaften, und es stehen ihnen die „exakten“ Naturwissenschaften gegenüber. Nun ist der eine von diesen beiden Ausdrücken gewiss schlecht gewählt und zum mindesten längst veraltet. Denn erstens kann es natürlich überhaupt keine Naturwissenschaft geben, die nicht mit der Beschreibung der Tatsachen anfinge und dann erst, soweit möglich, die Erklärung hinzufügte, und zweitens gibt es, wie schon Kirchhoff und Mach betont haben, im Grunde keine wirkliche Erklärung, weil man die Elemente der Erklärung wiederum erklären müsste, und weil man bei der Verfolgung dieser Kette sehr schnell an die Grenzen menschlicher Erkenntnis käme.

Erklärung ist nur vertiefte und in Zusammenhang gebrachte Beschreibung einer ganzen Gruppe von Tatsachen auf die denkbar einfachste Weise, und zwar eine Beschreibung, die den besondern Anspruch erhebt, exakt zu sein. Und das bringt uns auf den zweiten der oben einander gegenübergestellten Ausdrücke: Exakte Wissenschaften. Im höchsten Sinne exakt kann eine Beschreibung, die zugleich eine Erklärung ist, nur dann sein, wenn sie sich der Sprache der Mathematik bedient; denn zur Exaktheit gehört quantitative, nicht bloß qualitative Erfassung, auch wenn es sich um Erscheinungen handelt, die anscheinend rein qualitativer Art sind. Dieser quantitativen Erfassung ist die Wortsprache nur in begrenztem Maß fähig. Noch dazu ist sie weitschweifig und von schwebender Begriffs- bzw. Wortbildung, um irgendwelche Exaktheit gewährleisten zu können. Man ersieht das ja am besten aus der Geschichte der Philosophie, wo jeder Folgende den Vorgänger missversteht, weil er die begrifflichen Worte anders nimmt; und noch anderthalb Jahrhunderte nach Kant kann ein scharfsinniger Philosoph behaupten, dass man den Sinn der Kritik der reinen Vernunft bisher immer missverstanden habe.

Was aber das Verhältnis des Qualitativen zum Quantitativen betrifft, worauf wir ja noch öfters zurückkommen werden, so mag es hier an dem einfachen Beispiele der Farbe genügen, die zunächst, und mit vollem Recht, als die qualitative Mannigfaltigkeit des Lichts bezeichnet wird, die aber dann der exakte Physiker auf die quantitative Größe der Wellenlänge und außerdem, wenn es sich nicht um eine reine Spektralfarbe, sondern um eine Mischfarbe handelt, auf weitere quantitative Elemente zurückführt, seien es nun die Wellenlängen der Einzelfarben oder die Anteile des Weißgehalts und des Schwarzgehalts.

Nun wird man auch verstehen, warum die exakten Naturforscher sich lange Zeit hindurch nicht recht getrauten, an das Weltbild in seiner Gesamtheit heranzutreten; denn für den exakten Aufbau fehlten noch zu viel, und zwar großenteils gerade die grundlegenden Bausteine; erst in neuerer Zeit sind sie in die Lage gekommen, den Aufbau guten Muts zu wagen. Die Biologen sind großenteils keine verantwortlichen Baumeister; sie fangen oft mit dem Dach oder in der Luft an und laufen daher Gefahr, ein reines Luftgebilde herzustellen. Trotzdem haben die Biologen als Schöpfer von Weltbildern ihr unbestreitbares Verdienst: sie sind die Pioniere gewesen, die die Bahn freigemacht haben; und wer erst einmal Haeckels Welträtsel, dank der Leichtigkeit und Gewandtheit der Sprache, gelesen und dabei erkannt hat, wie viel Willkürliches oder geradezu Unrichtiges darin steht, der wird, für das Thema einmal gewonnen, nun auch gern, und sogar erst recht gern, zu den entsprechenden, freilich mehr Anforderungen an das Auffassungsvermögen stellenden Darstellungen exakter Naturforscher greifen.

Wie also muss der exakte Naturforscher, in erster Linie natürlich der Physiker, beim Entwurf des neuen Weltbildes ans Werk gehen? Er ahmt den Baumeister nach und schafft zunächst die Fundamente; dazu muss er wie jener tief schürfen, und er hat dabei die große Schwierigkeit, dass er es nicht mit Erdarbeiten zu tun hat, sondern mit erkenntnistheoretischer Analyse. Er muss in gewissem Betracht auch Philosoph sein, aber dabei sich hüten, in Spekulationen zu verfallen, die nicht in der geraden Linie seines Aufbaus liegen. Er muss in jedem Augenblick exakter Naturforscher bleiben und sich immer bewusst sein, dass er der Wissenschaft dient. Wo er etwa an ihre Grenzen gelangt und diese nicht auf wissenschaftlichem Weg überwinden kann, da muss er haltmachen und sagen: hier ist die wissenschaftliche Erkenntnis zu Ende. Überwindet er aber auf wissenschaftlichem Weg die bisherigen Grenzen, darf er mit gutem Gewissen hinzufügen: Wo nun der Glaube aufhört, da fängt die neue Wissenschaft an.

# 3 Wie lassen sich die Erscheinungen der Welt erklären?

## 3.1 Raum und Zeit

### 3.1.1 Die drei Fundamentalbegriffe, mit denen man die ganze Welt beschreibt

Die Naturwissenschaft hat im Laufe der Jahrtausende eine kaum übersehbare Menge von Begriffen angehäuft, die ihr Skelett bilden. Diese Begriffe sind von sehr verschiedenem Charakter, und man kann schon mit dem einfachen Verstand allgemeinere und speziellere, grundsätzliche und empirische unterscheiden, ohne dass man jedoch damit einer Klärung des Gegenstandes wesentlich näher käme. Vielmehr wird sich das entscheidende Problem dahin präzisieren lassen, dass man sich fragt, welche von den zahllosen Begriffen sich auf andere, einfachere oder ursprünglichere zurückführen lassen und welche dann, sobald man dieses Reduktionsverfahren soweit wie möglich durchgeführt hat, als irreduzible übrig bleiben; jene wird man dann als abgeleitete, diese als Grund- oder, um einer sprachlich naheliegenden Verwechslung zu entgehen, als Fundamentalbegriffe bezeichnen.

Nun ist soviel klar, dass man versuchen wird, möglichst viele Begriffe auf möglichst wenige Fundamentalbegriffe oder gar auf einen zurückzuführen. Es wird sicherlich Heißsporne geben, die sich nicht beruhigen werden, bis es nicht gelungen ist, alle übrigen Begriffe abzustoßen, so dass nur ein einziger bleibt; man könnte diese Leute als Begriffsmonisten bezeichnen. Dabei entstehen zwei wichtige Fragen, die getrennt untersucht werden müssen, sich aber doch schließlich zu einer einzigen zusammentun: erstens die Frage, ob es möglich sei, dieses Ziel zu erreichen, und zweitens die Frage, ob das überhaupt wünschenswert sei. Die erste Frage ist schon oft erörtert worden, und zwar immer wieder in neuem Sinne, je nach den veränderten Grundanschauungen, die inzwischen auf dem Gebiet der theoretischen Naturlehre eingetreten waren. Die Möglichkeit einer derartigen radikalen Reduktion ist dabei durchaus erkannt worden, zugleich aber auch die dabei entstehende Komplikation und Unanschaulichkeit des Weltbildes, also gerade das Gegenteil von dem, was man eigentlich beabsichtigt hatte. Und wenn damit zugleich die zweite Frage schon im negativen Sinne beantwortet ist, so kann man sich dabei noch auf weitere Erwägungen beziehen, die hier, da eine eingehende Erörterung zu weit abführen würde, nur durch ein Gleichnis — das natürlich nichts beweist — angedeutet werden können: aus einem Menschen wäre nie ein Menschengeschlecht entstanden, zur Befruchtung gehören zwei: das befruchtende und das befruchtete. Und hier, im Reich der Begriffe, kommt aus Gründen, die wir noch einsehen werden, zu dieser Zweiheit noch ein Drittes hinzu. Wir legen also das monistische Begriffssystem, aber auch das dualistische, als unbrauchbar oder unwünschbar beiseite und gelangen so zu dem trialistischen System der Grundbegriffe, die sich im großen ganzen außerordentlich bewährt hat und deshalb bis zum heutigen Tag herrschend geblieben ist.

Welches also sind die drei Fundamentalbegriffe? Darauf ist keine einfache und einheitliche Antwort zu geben, sondern die folgende: Zwei von den Begriffen sind zwangsläufig gegeben, bei dem dritten steht uns eine freie Entscheidung zu, und diese lässt sich auf drei verschiedene Arten treffen. Je nachdem man diese Wahl in dem einen, zweiten oder dritten Sinne trifft, gelangt man zu drei verschiedenen Weltbildern. Jedoch müssen diese Andeutungen zunächst noch etwas näher erläutert werden.

Woran erkennt man einen Fundamentalbegriff? Erstens, nach dem bereits Gesagten daran, dass es auf keine Weise gelingt, ihn auf einfachere Begriffe zurückzuführen oder aus solchen zusammenzusetzen. Aber es gibt noch eine ganz andersartige Probe, die man am wirksamsten mit einem schon einigermaßen verständigen Kinde anstellt. — „Kannst du dir den Tisch, der hier steht, wegdenken?“ — „Ja, das kann ich.“ — „Was ist denn jetzt an der Stelle, wo der Tisch stand?“ — „Vielleicht gar nichts, aber nein, es muss Luft an seiner Stelle sein; denn sonst würde ja die umgebende Luft von allen Seiten einströmen.“ — „Kannst du dir alle Gegenstände wegdenken?“ — „Jawohl, dann ist eben im ganzen Raum nur Luft.“ — „Kannst du dir auch noch die Luft wegdenken?“ — „Ja, dann ist eben überall nur noch Raum.“— „Kannst du dir auch den Raum selbst wegdenken?“ — „Nein, das kann ich nicht; denn es würde dann gleich wieder der ganze Raum entstehen.“ — Dieses Gespräch zeigt deutlich, dass man zwar alles andere, aber nicht den Raum selbst wegdenken kann. Er ist gar nichts Materielles, das man, wenigstens in Gedanken, wegschaffen kann; er ist etwas rein Formales; er ist, wie Kant es ausgedrückt hat, die Form unserer äußeren Anschauung, die Form, in der uns Menschen die Gegenstände der Außenwelt erscheinen, während wir von ihrer absoluten Natur gar nichts wissen können. Der erste Fundamentalbegriff ist also der Raum.

Ganz entsprechend steht es mit dem zweiten Fundamentalbegriff, mit der Zeit. Auch sie kann man sich auf keine Weise wegdenken; man müsste sie, wenn man sie sich wegdächte, sofort wieder an ihre eigene Stelle setzen. Sie ist auch ihrerseits nichts Materielles, sondern nur eine Form unserer Anschauung. Und doch ist sie von anderer Art als der Raum; sie hat keine grundsätzliche (nur eine praktische, wie wir sehen werden) Beziehung zur Außenwelt; ich kann die Augen schließen, mich gegen die Außenwelt verschließen und werde trotzdem das volle Gefühl des Zeitablaufs haben. Man kann also, um es mit Immanuel Kant kurz zu fassen, sagen: Die Zeit ist die Form unserer inneren Anschauung.

Was dann den dritten Fundamentalbegriff betrifft, so mag es, da wir zunächst auf Raum und Zeit unsere ganze Aufmerksamkeit richten wollen, vorläufig mit einer kurzen Andeutung sein Bewenden haben. Als dritten Fundamentalbegriff kann man entweder die Materie wählen, die die Körperwelt bildet, und erhält dann ein Weltbild, das man als das materialistische bezeichnen kann, ohne damit zunächst die Tendenzen zu verbinden, unter denen der Materialismus ein berühmtes oder berüchtigtes Schlagwort geworden ist. Oder man kann die Kraft wählen, die sich in den verschiedensten Formen und besonderen Ausgestaltungen in der Welt betätigt, und erhält dann das dynamische Weltbild, oder endlich, und das wird sich als die vollkommenste Wahl erweisen, man wählt die Energie (von deren exakter Definition natürlich später ausführlich die Rede sein wird) und erhält dann das energetische Weltbild. Aber diese Bemerkungen müssen für jetzt genügen;

vorläufig gehen uns nur die beiden ersten Fundamentalbegriffe an.

### 3.1.2 Der Raum: wieso sich linke und rechte Handschuhe nicht decken

Der Raum also ist die Form unserer äußeren Anschauung; er ist unsere Fähigkeit, die Dinge in einem gewissen gesetzmäßigen Zusammenhange des Nebeneinanders zu sehen, sowohl was ihre einzelnen Teile, als was die verschiedenen Dinge betrifft. Da haben wir nun sogleich ein neues Problem: Ist uns diese Fähigkeit angeboren, hat sie von vornherein bestimmte Normen, an denen sich, wenn Generation auf Generation folgt, oder wenn sich das Kind zum Erwachsenen entwickelt, nichts mehr ändert? Oder wird diese Fähigkeit von geringen und angeborenen Ansätzen aus allmählich durch die Erfahrung, die wir mit der Außenwelt machen, erst zur Durchbildung gebracht? Die eine Theorie der Raumvorstellung kann man die nativistische, die andere die empiristische nennen. Hier sind wir nun an einem der Punkte angelangt, wie wir sie noch wiederholt erreichen werden, wo wir uns, um nicht ins Ungemessene zu fallen, eine große Beschränkung auferlegen müssen. Denn zu der Frage, ob die Raumanschauung angeboren oder erworben sei, liegt ein so ungeheures Material vor, die Teilnehmer an der Diskussion nehmen so verschiedene Standpunkte ein, vom extrem nativistischen durch alle vermittelnden Zwischenglieder hindurch bis zum extrem empiristischen, ja, vielfach gehen bei einem und demselben Autor beide Annahmen so wirr durcheinander, dass wir uns nach irgendeinem Ankermast umsehen müssen, an dem wir unser Fahrzeug in einer für unsere Absichten ausreichenden Weise befestigen können. Und dazu soll uns eine besondere Fragestellung dienen: Gibt es nur einen möglichen Raum oder gibt es mehrere verschiedene Räume? Die Antwort fällt entgegengesetzt aus, je nachdem wir die Frage deutlicher dahin präzisieren, ob wir verschiedene Räume anschauen oder ob wir sie nur mit dem Verstande denken können; im ersten Fall lautet sie: es gibt nur einen Raum, im anderen: wir können uns sehr verschiedene Räume verstandesmäßig denken und auf Grund dieser Verstandesarbeit sogar bis zu einem gewissen, wenn auch sehr unvollkommenen Grad vorstellen. Um das einzusehen, wollen wir ein sehr aufschlussreiches Verfahren anwenden, von dem wir noch wiederholt Gebrauch machen werden: das Verfahren des Analogieschlusses von niederen auf höhere Verhältnisse.

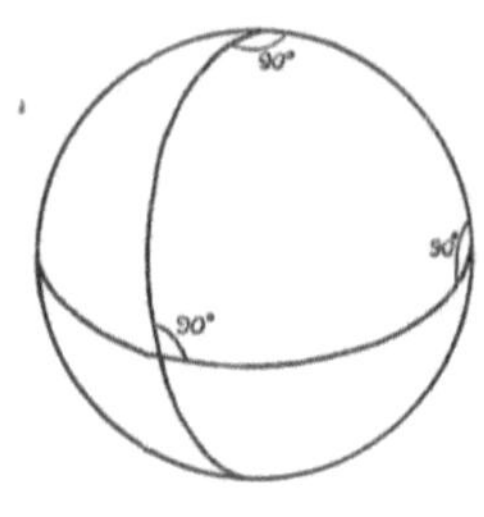

Abb. 3.1

Vorauszuschicken ist, dass wir Menschen eine dreidimensionale Raumanschauung besitzen; dem Raum kommt eine dreifache Mannigfaltigkeit zu, die ich von meinem Standpunkt aus (und jeder von dem seinen) als die Mannigfaltigkeit des Links und Rechts, des Oben und Unten, des Vorn und Hinten bezeichnen kann. Nun wollen wir annehmen, es gebe intelligente Wesen, die nur über eine zweifache Mannigfaltigkeit der Raumanschauung verfügten, also etwa Schattenwesen, die selbst körperlich zweidimensional seien und in einer Fläche lebten. Diese Fläche sei ihre Gesamtwelt, außerhalb dieser Fläche sei für sie nichts anschaubar, nichts erreichbar, nichts vorhanden. Nun kann ja diese Fläche, von unserem dreidimensionalen Standpunkt aus gesehen, sehr verschiedene Gestalt haben, es kann eine Ebene sein oder eine Kugelfläche oder eine Eifläche usw. Die Schattenwesen können natürlich diese Unterscheidung nicht machen, für sie ist ihre Fläche die einzige, die es gibt. Aber sie können Erfahrungen machen, die sie eines Besseren belehren. Die Schatten in der Ebene z. B. können immer geradeaus gehen und kommen nie ans Ende; die Schatten in der Kugelfläche dagegen gelangen, wenn sie immer geradeaus gehen, nach einer gewissen Zeit wieder zum Ausgangspunkt zurück. Es hängt das damit zusammen, dass die Ebene die beiden Eigenschaften der Unendlichkeit und der Unbegrenztheit hat, die Kugelfläche dagegen zwar ebenfalls unbegrenzt ist — denn man kommt nie an einen Rand — aber doch mit allen ihren Teilen in der Endlichkeit liegt. Wenn ferner in der Ebene zwei Wesen von verschiedenen Punkten ausgehen und in derselben Richtung, z. B. nach Norden, wandern, so bleiben sie immer in derselben Entfernung voneinander, sie bewegen sich in parallelen Linien, und diese schneiden sich niemals. Wenn dagegen auf der Kugelfläche die beiden Wanderer etwa von verschiedenen

Punkten des Äquators ausgehen und nach Norden fortschreiten, so treffen sie im Nordpol zusammen. Zwischen zwei Punkten der Ebene gibt es nur eine kürzeste Linie, nämlich die gerade Linie, alle anderen Verbindungslinien sind länger. Auf der Kugel gibt es überhaupt keine gerade Linie, sondern nur krumme; aber unter diesen sind gewisse am wenigsten gekrümmt, nämlich die Teile eines größten Kugelkreises; man nennt sie „geradeste Linien"; und solcher gibt es beliebig viele, die gleich lang sind, z. B. zwischen Nordpol und Südpol alle Meridianlinien. Man sieht: durch solche Überlegungen kann man den Gegensatz zwischen ebener Fläche und sphärischer Fläche gedanklich erkennen. Und weiter: In der Ebene ist die Summe der Winkel eines Dreiecks immer gleich zwei Rechten, auf der Kugelfläche ist sie im allgemeinen größer, wie in dem Beispiel der Abb. 3.1, wo die drei Dreieckseiten aus zwei Meridian- und einem Äquatorquadranten drei Rechte einschließen. Wenn man nun zu der Ebene und Kugelfläche noch die Eifläche hinzunimmt, so tritt ein neues Merkmal hinzu: In der Ebene und auf der Kugelfläche bleibt eine Figur, die man verschiebt, immer sich selbst gleich; auf der Eifläche ändert sie sich, wenn man sie z. B. vom spitzen Ende nach dem flachen Ende verschiebt. Die beiden ersten Flächen bieten daher die Grundlage für das uns so selbstverständliche Messverfahren, während bei der Eifläche ein Messverfahren in diesem Sinne gar nicht möglich ist. Man sieht auch leicht ein, woran das liegt: die ebene Fläche hat keine Krümmung; die Krümmung ist, wie der Mathematiker sagt, überall null.

Die Kugelfläche hat überall Krümmung, und zwar positive, d. h. die Wölbung, die Konvexität, geht nach außen. Die Hauptsache aber ist, dass auch bei der Kugelfläche die Krümmung in allen Punkten gleich groß ist, nur dass sie hier nicht überall den Wert null hat, sondern einen ganz bestimmten Wert, einen desto größeren, je kleiner die Kugelfläche ist: Je größer ihr Radius und damit sie selbst wird, desto mehr nähert sich ihre Krümmung überall dem Nullwert. Man beobachtet das ja an der Erdoberfläche, die so groß ist, dass man noch eine Fläche von einigen Quadratkilometern beinahe als eben ansehen kann. Nun kann man sich die Frage vorlegen, ob es nicht auch eine Fläche von überall gleicher, aber negativer Krümmung gibt, d. h. eine Fläche, welche überall die konkave Seite nach außen kehrt. Mit einer

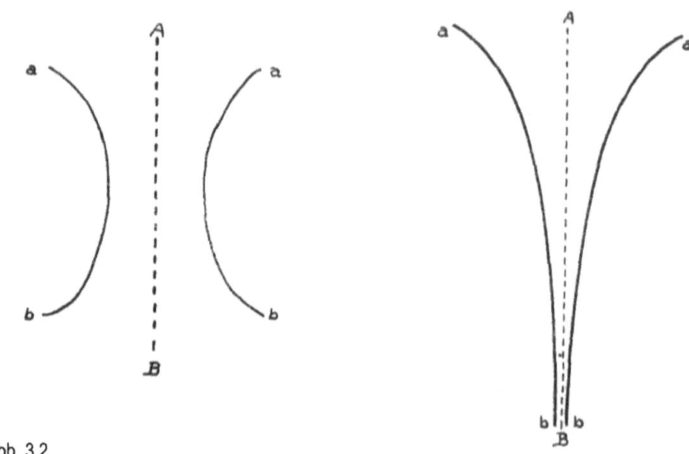


Abb. 3.2

Abb. 3.3

solchen Fläche hat sich zuerst der italienische Mathematiker und Physiker Beltrami beschäftigt und sie, als Gegenstück zur sphärischen oder Kugelfläche, die pseudosphärische Fläche genannt. Man kann nun, worauf wir hier nicht näher eingehen wollen, beweisen, dass in dieser Fläche wiederum ganz andere geometrische Grundsätze gelten, einige, die sie mit der Ebene und andere, die sie mit der Kugelfläche gemeinsam hat; z. B. kann man durch einen Punkt außerhalb einer geradesten Linie ein ganzes Bündel von geradesten Linien legen, die alle die erstgenannte Linie nicht schneiden, auch wenn man sie ins Unendliche verlängert. Was uns aber hier besonders angeht, ist dies, dass man diese Fläche, ob sie gleich ein zweidimensionales Gebilde ist, doch in unserem dreidimensionalen Räume nicht, wie die Kugelfläche, vollständig darstellen kann; man kann nur einzelne Stücke der Fläche durch ein Aufwickelungsverfahren zur Anschauung bringen, z. B. einen ringförmigen Streifen, wie er aus der Abb. 3.2 entsteht, wenn man die Linie a—b um die Achse A—B umlaufen lässt oder eine Form ähnlich einem kelchförmigen Champagnerglase mit immer dünner werdendem Stiele, aus der Abb. 3.3 ebenfalls durch Drehung um A—B erhältlich. Aber sobald wir daran gehen, die weitere Fortsetzung dieser Stücke zu ermitteln, scheitern wir, weil der für uns anschauliche Raum dazu nicht geeignet ist.

Bis jetzt haben wir die niedere Seite des geplanten Analogieschlusses betrachtet, die sich auf Flächen, also auf zweidimensionale Gebilde bezieht, und von denen jene Schattenwesen ihr ganzes Leben lang nur einen einzigen Fall anschauen, nämlich die Ebene, wenn sie in der Ebene leben, die Kugel, wenn sie auf ihr, und die pseudosphärische Fläche, wenn sie auf ihr leben; und sie sind entschieden der Meinung, dass die Flächenwelt, in der sie leben, die einzig mögliche sei, wenigstens solange sie bei der Anschauung bleiben und sich nicht auf Gedankenexperimente einlassen. Jetzt wollen wir die Schattenwesen ihrem Schicksal überlassen und an uns selbst denken, die wir dreidimensional gebaut sind und im dreidimensionalen Raum leben. Wir werden jetzt nach dem Analogieverfahren ganz entsprechende Denksätze aufstellen, müssen uns aber dabei immer bewusst sein, dass wir ihren Inhalt gedanklich verstehen, ihr aber niemals eine anschauliche Bedeutung beilegen können. Wir werden also sagen: Es gibt zunächst drei verschiedene Räume von überall gleicher Krümmung, den ebenen, den sphärischen und den pseudosphärischen Raum. Dann gibt es noch Räume von ungleicher Krümmung, z. B. den eiförmigen Raum. Dass unser A n s c h a u u n g s r a u m nicht von der letztgenannten Sorte ist, können wir mit Sicherheit sagen; denn es hat sich niemals eine Schwierigkeit bei der Vornahme von solchen Messungen ergeben, bei denen entweder die Gebilde oder die dazu benutzten Maßstäbe an andere Orte gebracht wurden. Was dagegen die drei Räume von überall gleicher Krümmung betrifft, so ist eine Entscheidung, zu welcher Art unser Raum gehöre, unmittelbar nicht zu treffen. Aus gewissen optisch-astronomischen Feststellungen würde sich folgern lassen, dass unser Raum zwar sehr nahezu ein ebener Raum ist, dass er aber doch eine gewisse minimale Krümmung aufweist, also vom Bau einer ungeheuer großen Kugel ist; woraus dann weiter folgt, dass die Welt nicht unendlich, sondern endlich ist. Die bei der Kugelfläche betonte Unbegrenztheit fällt hier weg, weil der sphärische Raum wirklich eine Grenze, eben die sphärische Oberfläche hat.

Jedenfalls ersieht man aus derartigen Betrachtungen, die zuerst von Lobatschewski und Riemann, dann aber in besonders verständlicher und anregender Weise von Helmholtz angestellt worden sind, dass die berühmten Grundgesetze der Geometrie, die man so gern als Meisterstücke des denkenden Verstandes ansieht, in Wahrheit doch auf Erfahrung zurückgehen, und dass diese Erfahrungen, gleichviel, ob sie von uns wirklich erlebt oder nur gedacht werden können, ihnen erst ihre wahre Bedeutung verleihen. Bekanntlich ist der Schöpfer und Darsteller der elementaren Geometrie, wie wir sie in der Schule lernen, der griechische Mathematiker Euklid gewesen. Natürlich hat er sich auf den Anschauungsraum beschränkt, also auf das, was wir den ebenen Raum nannten. Diese Geometrie bezeichnet man jetzt als euklidische und stellt ihr die nicht-euklidische gegenüber, die sich von den besonderen Voraussetzungen über die Natur des Raumes unabhängig macht und die Gesetze für jede Raumart zu ermitteln trachtet. Diese letztere hat natürlich rein abstrakten Denkwert, jede anschauliche Erkenntnis ihrer Sätze ist uns versagt. Es sei aber bemerkt, dass man sich trotzdem von den Gesetzen in anderen Räumen gewisse Eindrücke verschaffen kann, z. B. durch Betrachtung der optischen Erscheinungen, die man in einer jener in Gärten aufgestellten Glaskugeln sowie durch Benutzung von eigens zu diesem Zweck gebauten optischen Geräten beobachten kann; aber zu einer wirklichen Anschauung der nicht-euklidischen Gesetze führt das natürlich nicht. Immerhin wird die Erwägung, dass unser Raum doch nicht streng eben, sondern von ganz schwacher Krümmung ist, für manche, besonders optische und astronomische Fragen, von Bedeutung, z. B. pflanzt sich das Licht im ebenen Räume in geraden Linien, im sphärischen aber, wo es keine gerade Linien gibt, in Kreisen, wenn auch von ungeheuerem Radius, fort. Es muss also irgendwann einmal zum Ausgangspunkt zurückkehren, und man würde dann zu jedem Fixstern auf der entgegengesetzten Seite, wo sich alle halbkreisförmigen Lichtstrahlen wieder treffen, noch ein „Bild" des Sterns bekommen, und zwar eins, das nicht, wie die Bilder in unserm ebenen Räume durch Spiegel oder Linsen erzeugt würde, sondern ohne alle Hilfsmittel zustande käme. Freilich würde das Licht zu dieser Reise Milliarden von Jahren brauchen; wir jetzigen Menschen würden also das Bild nur unter der Voraussetzung erblicken, dass jener Stern schon vor ebenso viel Milliarden Jahren Licht ausgesandt hat.

Aber ich fürchte, mit unseren letzten Betrachtungen sind wir fast schon zu weit in die Region des Fantastischen und schwer Fasslichen gelangt, und so wollen wir jetzt wieder zu leichteren und nüchterneren Feststellungen zurückkehren, die aber nichtsdestoweniger in der geraden Linie unseres Aufbaus liegen.

Dass der Raum der erste Fundamentalbegriff ist, wissen wir. Indessen brauchen wir als Fundamentalbegriffe mathematische Größen, d. h. Begriffe, die einer exakten Messbarkeit unterliegen. Doch der Raum schlechthin ist dazu nicht geeignet. Wohl aber liefert er uns diejenigen Größen, die wir brauchen, und zwar in vierfacher Auswahl, nämlich Raumgebilde von gar keiner, einer, zwei und drei Ausdehnungen, also Gebilde, die wir gewöhnlich als Punkt, Linie, Fläche, Körper (Letzteren hier in rein geometrischem Sinn genommen) bezeichnen. Dass der Punkt von vornherein ausscheidet, weil er, jeder Dimension bar, keine Handhabe zu Messungen bietet, leuchtet ein; ebenso, dass von den drei anderen Gebilden die Linie, da sie nur eine einzige Ausdehnung hat, das einfachste ist. Man braucht nur eine Maßeinheit festzusetzen, und die Aufgabe ist gelöst. Als solche Maßeinheit für die Länge einer Linie gilt zunächst das Meter. Es war gegen Ende des achtzehnten Jahrhunderts im Anschluss an die Ausmaße unseres Erdkörpers eingeführt worden, und zwar als der zehnmillionste Teil des Meridianquadranten, d. h. des Erdbogens von einem Punkt des Äquators bis zum Nordpol. Durch sog. Gradmessung hatte man damals zuerst die Länge dieses Bogens ermittelt und daraufhin Metermaßstäbe in möglichst dauerhaftem Material hergestellt; das Original liegt in Paris; Kopien befinden sich in allen größeren Hauptstädten. Obgleich nun neuere Gradmessungen gezeigt haben, dass jene erste doch nicht recht genau war, hat man vernünftigerweise davon Abstand genommen, lauter neue Normalmeter herzustellen, sondern die alten beibehalten, obgleich dieses Meter jetzt nicht mehr der 10.000.000. Teil des Erdquadranten ist, sondern nur der 10.000.857. Teil. Das Meter hat also jetzt keine einfache Beziehung mehr zu der Erdgröße; es ist eine willkürliche, aber durch Übereinkunft in allen zivilisierten Ländern gültige Länge, die zunächst durch Normalmaßstäbe festgelegt wurde[8]. Natürlich war es trotz aller Vorsichtsmaßregeln nicht sicher, dass diese Normalstäbe erhalten bleiben und ihre Länge unveränderlich

8 Ein Meter ist heute definiert als die Länge der Strecke, die das Licht im Vakuum während der Dauer von 1 / 299 792 458 Sekunde zurücklegt.

beibehalten. In der feinsten physikalischen Messkunde misst man daher die Längen auf eine für alle Zeiten gesicherte Weise, indem man sie ausdrückt durch Vielfache der Wellenlänge einer bestimmten, durch eine feine Spektrallinie gekennzeichneten Lichtart. Doch wollen wir darauf nicht näher eingehen und ebenso wenig auf die entgegengesetzte, für ungeheuere Strecken benutzte Längeneinheit, das Lichtjahr; es ist diejenige Strecke, die das Licht in einem Jahre zurücklegt; sie hat, da schon in einer Sekunde rund 300.000 km zurückgelegt werden, einen über jede Vorstellung hinausgehenden Wert; und doch gibt es Weltkörper, die, wie die Fixsterne, viele Lichtjahre oder, wie die Spiralnebel, Hunderte und Tausende von Lichtjahren von uns entfernt sind. Übrigens hat man auch das Meter als Längeneinheit nicht beibehalten, sondern durch seinen hundertsten Teil, das Zentimeter oder cm, das für die meisten wissenschaftlichen Zwecke bequemer ist, ersetzt. Wie man daraus größere Vielfache und kleine Bruchteile bis hinab zum Mikrometer (µm, µ sprich mü) und Nanometer (nm), d. h. Tausendstel bzw. Millionstel mm, wie man ferner aus diesem Längenmaß das Flächenmaß (qcm = $cm^2$) und das Raummaß (cbcm = $cm^3$) bildet, ist zu bekannt, als dass darüber ein Wort zu verlieren wäre. Jedoch leiten uns die letzten Betrachtungen auf eine wichtige Frage hinüber. Rein begrifflich ist natürlich der Punkt von allen Raumgebilden das einfachste, nächst ihm die Linie, dann die Fläche und schließlich der Körper. Wenn wir aber diese Angelegenheit von der Seite der Erfahrung betrachten, so kommen wir zu einem wesentlich anderen Schluss.

Zur Raumanschauung gelangen wir doch durch unsere Sinnesorgane; und zwar spielen hier zwei von ihnen die Hauptrolle, ja man kann beinahe sagen, die einzige Rolle: der Gesichtssinn und der Tastsinn. Wenn der Raum etwas Reales wäre, müsste man natürlich erwarten, dass man mittels beider Sinnesorgane zu denselben Raumanschauungen käme. Da er aber die Form unserer Anschauung ist, so ist es immerhin möglich, dass man mit dem Auge zu einer im einzelnen anderen Raumanschauung gelangt als mit dem Tastsinn. Das ist auch tatsächlich der Fall, wenn sich auch schließlich, was das Ganze angeht, beide Organe in demselben Ergebnis treffen. Da das Auge weitaus das wichtigste hier in Betracht kommende

Sinnesorgan ist, wollen wir untersuchen, wie der Raum durch seine Wirkung zustande kommt; diesen Raum werden wir dann passend den *Sehraum* (im Gegensatz zum Tastraum) nennen. Ich stelle mir also vor, dass ich auf einer Alpenwiese auf dem Rücken liege und den wolkenlosen Himmel betrachte. Wenn ich ganz still liege, *erscheint er mir naturgemäß als eine Fläche*; denn er ist ja das nach außen projizierte Flächenbild auf meiner Netzhaut. Jetzt drehe ich mich etwas zur Seite und erblicke etwas Neues: *eine andere Fläche, die sich von der ersten scharf abhebt* (es geschieht das dadurch, dass die erste, der Himmel, blau, die zweite, das Schneefeld, weiß ist). Sofort bemerke ich ein neues Gebilde: die Linie, als Grenze der beiden Flächen. Eine Linie entsteht also da, wo zwei Flächen aneinander stoßen. So entsteht z. B. da, wo zwei Seitenflächen eines Würfels zusammenstoßen, eine Kante. Diesen Fall können wir dazu benutzen, in der Entwicklung fortzufahren und sagen: wo zwei Kanten zusammenstoßen, entsteht eine Ecke, d. h. ein Punkt. Auf diese Weise sieht man ein, dass *im Sehraum die Fläche das Ursprüngliche ist*, und dass man von ihr aus in absteigender Folge zur Linie und zum Punkt gelangt. *Wo aber bleibt das dreidimensionale Gebilde, der Körper?*

Auf der Netzhaut ist alles flächenhaft. Wie entsteht das Körperliche, also die dritte Mannigfaltigkeit? Auf welche Weise bildet sich außer dem Nebeneinander in der Fläche, wo es nur ein Links und Rechts, (In Oben und Unten gibt, noch ein dritter Gegensatz aus, das Vorn und Hinten. Wie kommt das, was man die Tiefe nennt, zustande? Jedenfalls nicht primär, sondern erst durch sekundäre Begleitwirkungen. Und zwar sind es im wesentlichen drei: das Sehen mit zwei Augen, die einen gewissen Abstand voneinander haben, und in denen sich daher derselbe Gegenstand an anderer Netzhautstelle bildet. Um diese Bilder einheitlich in die Außenwelt zu werfen, muss man die Augen in bestimmtem Sinne anstrengen, und daraus schließt man auf ein mehr oder weniger des Vorn oder Hinten. Dazu kommen zweitens die Augenbewegungen und als drittes und wirksamstes die Änderung, die das Bild der Außenwelt erfährt, wenn wir uns mit dem ganzen Körper von Ort zu Ort bewegen. Man nennt diese Änderung, die in einer relativen seitlichen Verschiebung besteht, *Parallaxe. Je größer diese ist, desto mehr*

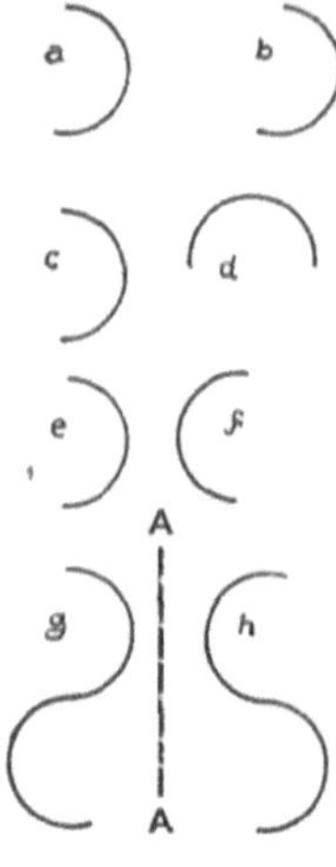


Abb. 3.4

verlegen wir den Gegenstand nach vorn, desto näher schätzen wir ihn also. Natürlich haben wir als erwachsene Menschen alle diese Wirkungen längst so in uns aufgenommen, dass wir uns nicht wundern dürfen, wenn wir jetzt auch beim einäugigen Sehen tiefenplastisch sehen, soweit uns die Verhältnisse der Landschaft einigermaßen vertraut sind. Das bedeutet, dass der Sehraum erst im Kopf (bzw. Bewusstsein) entsteht und nichts Reales ist.

Wie entscheidend das Zusammenwirken beider Augen ist, lehren uns die zweiäugigen optischen Instrumente, also das Stereoskop und ganz besonders der stereoskopische Entfernungsmesser, durch den man von zwei Schornsteinen, die man ohne Apparat nebeneinander sieht, sofort den einen als vorn, den andern weit hinten liegend erkennt.

Bei dem Tastraum ist es etwas anderes; zwar steht auch hier die Fläche als das Primäre in gewissem Sinne im Vordergrund; aber ihre Vorherrschaft ist bei Weitem nicht so auffallend wie im Sehraum. Im Übrigen können wir natürlich nicht alle grundsätzlichen Fragen des Raumes in unsere Betrachtung einbeziehen. Dazu ist die Mannigfaltigkeit der räumlichen Gebilde zu groß und die Gesetzmäßigkeit ihrer Beziehungen zu verwickelt. Nur eine solche Frage wollen wir hier herausgreifen, weil sie auch gerade wieder die Unterschiedlichkeit der Dimensionen klar erkennen lässt. Ein besonderes Kennzeichen eines Raumgebildes ist seine Gestalt; eine Linie kann gerade oder krumm, einfach krumm oder geschwungen oder geschlängelt sein, und es werden daher im Allgemeinen zwei Linien durchaus wesensverschieden sein. In dem besonderen Fall, wo sie es nicht sind, wo man also die eine mit der andern zur Deckung bringen kann, nennt man sie

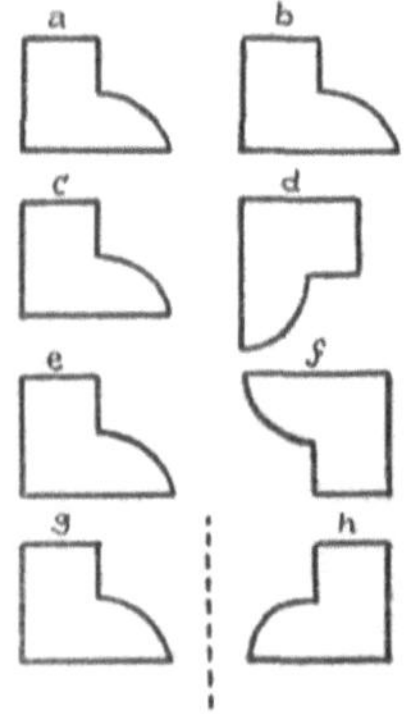


Abb. 3.5

kongruent. Die beiden Linien a und b der Abb. 3.4 kann man zur Deckung bringen, indem man die eine von ihnen verschiebt, die Linien c und d oder e und f nur dadurch, dass man eine von ihnen außer der Verschiebung noch um 90 oder gar um 180 Grad dreht. Wie aber ist es mit g und h? Auch diese kann man zur Deckung bringen, aber nur indem man eine von ihnen aus der Ebene herausbringt und um die Achse A—A um 180 Grad dreht, so dass sie wieder in der ursprünglichen Ebene liegt. Ganz Entsprechendes gilt bei Flächen (Abb. 3.5). Auch hier ist eine Deckung im letzten Fall (g h) ohne Verlassen der Ebene nicht durchführbar.

Jene Schattenwesen, von denen wir vorhin sprachen, und die nicht aus ihrer Ebene herauskönnen, vermöchten sie also überhaupt nicht zur Deckung zu bringen. Wenn wir sie jedoch deshalb von oben herab ansehen, so sind wir doch bei Körpern in der gleichen Not: Bei gewisser Lage können wir Körper zur Deckung bringen, bei anderer aber auf keine Weise; wir könnten es, wenn wir den einen von ihnen aus unserem dreidimensionalen Raum in die vierte Dimension bringen könnten, um ihn nach geeigneter Drehung wieder in unseren Raum zurückzuführen; das aber ist uns versagt. Man denke nur an einen linken und einen rechten Handschuh oder gar an die linke und die rechte Hand; bei den Handschuhen besteht noch eine Möglichkeit, weil sie eigentlich flächenhaft, d. h. innen hohl sind; wir können deshalb unser Ziel erreichen, indem wir den einen von ihnen umstülpen. Aber bei den Händen, die voll körperlich sind, können wir das nicht tun, und folglich sind sie auf keine Weise zur Deckung zu bringen. Man nennt solche Körper, im Gegensatz zu den kongruenten, enantiomorph und haben dafür in zahlreichen Kristallen schöne Beispiele; es gibt linke und rechte Quarz- oder Zuckerkristalle, die für alle Zeiten das bleiben, was sie sind und nie in die anderen übergeführt werden können. Hier sieht man also wieder, wie viel man in der niederen Welt leisten kann und wie stark man in der eigenen beschränkt ist; nur in der dreidimensionalen gibt es den merkwürdigen Fall der Enantiomorphie mit der Unmöglichkeit, sie je zu beseitigen.

### 3.1.3 Warum die Zeit als vierte Dimension des Raumes aufgefasst werden kann

Die Zeit als Form unserer inneren Anschauung ist in gewisser Hinsicht sehr viel einfacher als der Raum, weil sie nur eine einzige Dimension aufzuweisen hat. Es gibt also hier nur zwei Begriffe, nämlich den Zeitpunkt, dem Raumpunkt vergleichbar, und die Zeitstrecke, der Raumstrecke oder Linie vergleichbar. Und gerade diesen Gegensatz zwischen Punkt und Linie kann man benutzen, um sich über einen wichtigen und in unserer Zeit besonders aktuell gewordenen Gegensatz aufzuklären. Ein Ort im Raum, also die Lage eines Punktes, hat an sich keinen Sinn, sie erhält ihn erst durch die Beziehung zu einem irgendwie gewählten anderen Punkt, dem Bezugspunkt. So hat z. B. der Ort von Jena keinen absoluten Sinn, er kann nur relativ zu einem anderen Orte gekennzeichnet werden, z. B. indem man sagt: Jena liegt 250 km südwestlich von Berlin und 140 m über dem Meeresspiegel. Ebenso hat ein Zeitpunkt nur einen relativen Sinn; das kommt in unserer Zeitrechnung dadurch zum Ausdruck, dass man Christi Geburt als Bezugspunkt wählt und dann sagt: wir leben jetzt im Jahre 1932 nach Christi Geburt. Dagegen hat eine Strecke, gleichviel ob Raum- oder Zeitstrecke, absoluten Sinn, ganz unabhängig von jedem Bezugspunkt. Der Dreißigjährige Krieg hat dreißig Jahre gedauert, ob man nun von Christi Geburt oder von Mohammeds Flucht ausgeht; und die Entfernung zwischen Jena und Berlin beträgt immer 250 km.

Andererseits ist die Zeit schwerer zu behandeln als der Raum, weil ihr jede unmittelbare Beziehung zur Außenwelt fehlt. Man müsste also, um ein Maß für sie zu gewinnen, sich an die inneren Erlebnisse halten; aber bei dem Versuch, auf diese Weise Zeit zu messen, scheitert man gänzlich. Selbst rohe Schätzungen sind sehr gewagt und schon deshalb unbrauchbar, weil das Ergebnis stark von den Umständen abhängt, z. B. davon, ob in der betreffenden Zeit viel oder wenig oder gar nichts sich ereignet. Deshalb spricht man ja von Kurzweil und Langeweile; und selbst exakte und raffinierte Versuche an vielen Menschen haben gezeigt, dass man auf diese Weise nicht zum Ziel kommt. Man muss also den Umweg über äußere

Erscheinungen machen, wozu man die Umdrehung der Erde um ihre Achse gewählt hat, die zunächst zum Tag als Zeiteinheit führt. Auf die Frage, wie man den Tag bestimmen soll, ob als Sterntag oder als mittleren Sonnentag, wollen wir hier nicht eingehen; auch nicht auf die entscheidende und an sich höchst interessante Frage, ob denn der Tag im Laufe der Jahrtausende immer dieselbe Länge behalte, was doch gefordert werden muss, wenn er als Zeitmaß dienen soll. Nur soviel sei gesagt: Verschiedene Umstände sprechen für eine Veränderlichkeit des Tages. Die Vergleichung der Himmelsbeobachtungen (Sonnenfinsternisse) im Laufe von drei Jahrtausenden hat hierfür ergeben, dass sich in diesem Zeitraum die Tageslänge höchstens um einen ganz unmerklichen Betrag geändert haben kann und dass diese Änderung wahrscheinlich erst nach hunderttausend Jahren sich in irgendwie erheblicher Weise geltend machen würde. Übrigens leitet man aus dem Tage erst die wirkliche Zeiteinheit, die Sekunde, ab, indem man ihn in 24 Stunden zu 60 Minuten, zu 60 Sekunden teilt. Dem cm als Längeneinheit steht also die sec als Zeiteinheit zur Seite.

Nun aber steht uns noch eine letzte und bedeutsame Untersuchung bevor, und zwar eine, die sich auf Raum und Zeit zugleich, d. h. auf die Frage bezieht, ob das wirklich zwei völlig getrennte und selbstständige Begriffe seien, oder ob es nicht doch möglich sei, sie zu einer Einheit zu verschmelzen. In rein formaler Weise geschieht das in der mathematischen Physik ohnehin: zu den drei Mannigfaltigkeiten des Raumes, x, y, z, die man als seine Koordinaten bezeichnet, tritt als vierte Mannigfaltigkeit die Zeit t (Tempus) hinzu. Durch diese vier Größen wird ein Zustand gekennzeichnet, z. B. der Ort, den ein Punkt zu einer bestimmten Zeit einnimmt. Aber dieses rein formale Verfahren ändert natürlich nichts daran, dass wir die Zeit als wesensverschieden vom Raum empfinden und dass wir zwischen der Mannigfaltigkeit des Nebeneinander und der des Nacheinander einen klaffenden Abgrund sehen. Hier hilft uns nun wieder das schon früher benutzte Verfahren des Analogieschlusses von niederen auf höhere Verhältnisse.

Wir erneuern unsere Bekanntschaft mit den zweidimensionalen Schattenwesen, die in einer Ebene leben. Von dieser Ebene nehmen wir jetzt an, dass sie sich, parallel mit sich selbst, durch unseren dreidimensionalen Raum hindurch bewege; ein Vorgang, von dem die Schattenwesen selbst natürlich nicht das mindeste bemerken. Stößt nun die Ebene bei ihrem Fortschreiten, Abb. 3.6, auf eine mit ihr parallele gerade Linie, so taucht diese für sie plötzlich auf und verschwindet ebenso plötzlich. Ganz anders, wenn es eine schräge Gerade a—b ist; dann haben sie die Erscheinung, dass sich ein Punkt von a nach b' bewege, also eine Erscheinung des Nacheinander, wo es für uns ein Gebilde des Nebeneinander ist. Wenn die Ebene auf ein Dreieck pqr stößt, so nehmen sie die Erscheinung wahr, dass ein Punkt p wächst, bis er schließlich zu der Linie r'pq' geworden ist; der geometrische Begriff des Dreiecks ist also für die Schattenwesen der zeitliche Begriff des Wachstums. Und ganz entsprechend wird für sie die geometrische Figur einer Schlangenlinie zum zeitlichen Phänomen einer Schwingung. Wenn wir jetzt auf uns selbst schließen, so müssen wir uns darüber klar werden, dass das, was wir in unserm dreidimensionalen Raum als Zeit erfassen, in einem höheren Sinn nichts andres ist als eine vierte Dimension des Raumes, nur dass wir für dieselbe keiner äußeren Anschauung fähig sind.

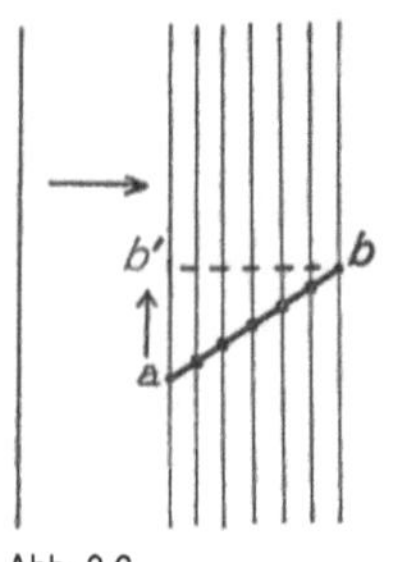


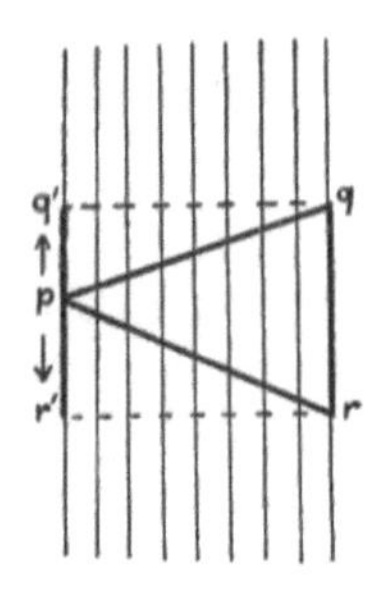


Abb. 3.6

Es ist interessant festzustellen, dass dieser Gedanke schon vor Jahrhunderten zwar nicht die Gelehrten, wohl aber die Dichter beschäftigt hat. So liest man bei Dante:

*„Der Lauf der Dinge, der nicht Raum und Zeit,*
*Das Buch der Elemente überschreitet,*
*Steht ganz vor Gottes Aug' abkonterfeit“*

und

*„Daß du die zufäll'gen Ding', eh' sie geschehn,*
*Erkennen magst, von jenem Licht erhellt,*
*Vor dem wie Gegenwart die Zeiten stehen."*

Und unser deutscher Dichter Angelus Silesius sagt:

> *„Die Rose, welche hier dein äußres Auge sieht, die hat von Ewigkeit in Gott als geblüht."*

Die Verhältnisse im Raum legt man bekanntlich am einfachsten durch die rechtwinkligen Koordinaten x, y, z fest; aber schon das kann man in der Papierebene nur perspektivisch darstellen, und, wenn man nun noch auch die vierte Achse, die Zeitachse t hinzufügen wollte, so könnte man es auch perspektivisch nicht mehr leisten. Aber es gibt einen zwar beschränkten und doch anschaulichen Weg, zeitlich-räumliches Geschehen zu veranschaulichen. Man muss nur auf die dreifache Mannigfaltigkeit des Raumes verzichten und sich auf zwei räumliche Dimensionen oder gar auf eine einzige beschränken. Im ersteren Fall bekommt man eine perspektivisch räumliche Zeichnung, im letzteren eine wahre Zeichnung in der Ebene. In der Abb. 3.7 ist X die räumliche, T die zeitliche Achse, auf jener werden die Abstände im linearen Raum x, auf dieser die zeitlichen Abstände t gemessen. Wenn z. B. ein Punkt des linearen Raumes sich zur Zeit t im Abstand x vom Nullpunkt, dagegen zur Zeit t' im Abstände x' befindet, so stellt die Linie PP' seine wirkliche Bewegung auf der X-Achse dar, dagegen die Gesamtheit des räumlich-zeitlichen Geschehens in der XT-Ebene die Linie pp'; die Letztere sagt also mehr aus, als die Erstere, sie stellt nicht nur die Strecke, sondern auch die Geschwindigkeit der Bewegung (durch ihre Steilheit) dar.

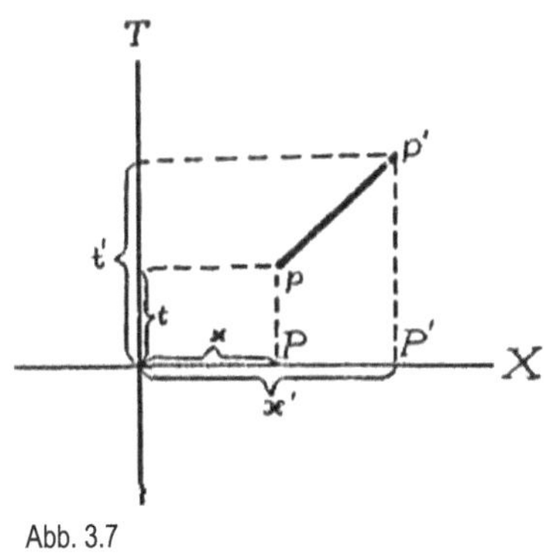

Abb. 3.7

Nur einen Haken hat die ganze Sache, und der ist von so entscheidender Bedeutung, dass man sich an ihm aufhängen müsste, wenn man ihn nicht beseitigen könnte. Die Koordinaten x, y, z werden durch ihre Entfernung von dem Bezugspunkt in cm charakterisiert, dagegen wird t, wieder im

Verhältnis zu seinem Anfangspunkt, in sec gemessen. Dieser Gegensatz muss durchaus beseitigt werden, wenn man x, y, z, t als vier wesensgleiche Dinge auffassen soll. Nun ist das Verhältnis cm/sec, wie man weiß, eine Geschwindigkeit; will man also die Zeit in cm, gerade als ob es eine Koordinate wäre, ausdrücken, so muss man die in sec ausgedrückte Zeit mit einer Geschwindigkeit multiplizieren; es fragt sich nur, mit welcher Geschwindigkeit, und da sieht man keine Möglichkeit, eine besondere und doch berechtigte Wahl zu treffen. Denn ob man die Geschwindigkeit einer Schnecke oder die eines Flugzeuges oder die des Schalles in der Luft wählt, ist an sich ganz gleich berechtigt; keine Geschwindigkeit hat eine bevorzugte Stellung. Wenigstens glaubte man bis vor wenigen Jahrzehnten, dass dem so sei. Aber der berühmte Versuch des Amerikaners Michelson hat diesen Glauben radikal umgestoßen.

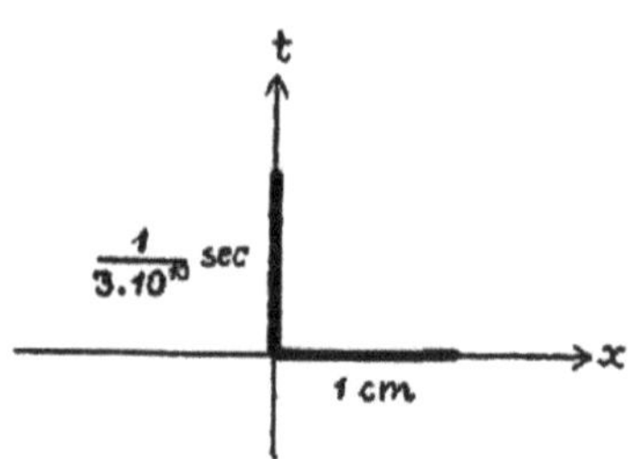

Abb. 3.8

Alle anderen Geschwindigkeiten werden modifiziert, wenn das Bezugsystem seinerseits in Bewegung ist. Wenn ich z. B. im Korridor eines D-Zuges nach vorn laufe, so habe ich, bezogen auf den Zug, eine gewisse Geschwindigkeit, in Bezug auf das Gleis dagegen eine viel größere, nämlich die Summe meiner eigenen und der Zuggeschwindigkeit. Da die Erde selbst fortschreitet, muss ich ihre Geschwindigkeit noch hinzufügen, um die meinige gegenüber einem im Raum festen Bezugspunkt zu finden. Man nennt dies das *Additionsprinzip der Geschwindigkeiten*; ihm gehorchen alle uns bekannten Geschwindigkeiten von der Schnecke bis hinauf zu der des Schalls; man musste also annehmen, dass ihm auch die größte aller Geschwindigkeiten, die Lichtgeschwindigkeit, gehorchen würde. Und gerade das hat der Versuch von Michelson und seiner Nachfolger widerlegt: *das Licht bewegt sich mit derselben Geschwindigkeit, ob es nun mit der Erde in gleicher oder darauf senkrechter oder entgegengesetzter Richtung fortschreitet; die Lichtgeschwindigkeit ist keine relative, sondern* eine absolute Größe. Und deshalb sagt die von Einstein begründete Relativitätstheorie mit Recht: Das ist die Geschwindigkeit, mit der wir die in Sekunden ausgedrückten Zeitgrößen multiplizieren müssen, um sie in cm zu erhalten. Das ist nun freilich eine ungeheuere Größe, 300.000 km oder 30 Milliarden cm in der Sekunde. Wir müssen also, wenn wir eine Raum- und eine Zeitachse nehmen und die Bewegung eines Punktes einzeichnen wollen, die Einheit auf der Zeitachse 30 Milliarden mal so groß, also die Zeitstrecken selbst ebenso viel mal so klein nehmen, wie auf der Raumachse (vgl. Abb. 3.8). Dadurch wird freilich die Umwälzung für alle mäßigen Geschwindigkeiten, selbst für die größten in der Technik vorkommenden, so gut wie null. Nur für gewisse astronomische Vorgänge sowie für die Bewegungen der kleinsten Bausteine der Materie, der Elektronen, kommt sie in Betracht. So umstürzlerisch also die Relativitätstheorie sein mag, für den Aufbau unseres Weltbildes spielt sie wenigstens an der Stelle, bei der wir jetzt halten, keine so entscheidende Rolle, dass wir schon hier Anlass hätten, ausführlich auf sie einzugehen.

## 3.2 Ruhe und Bewegung

### 3.2.1 Die einfachste Beziehung zwischen Raum und Zeit: gleichförmige Bewegung

Wir stellen uns jetzt wieder auf den nüchternen Standpunkt und fragen: Welches ist die allgemeinste tatsächliche Beziehung zwischen Raum und Zeit? Die Antwort ist in dem Satz enthalten: Ein Punkt ändert seinen Ort im Raum mit der Zeit. Diese zeitliche Ortsänderung nennt man Bewegung und erhält damit ein Bild des Geschehens in der Welt. Freilich nicht jedes Geschehens; denn es gibt auch Vorgänge, die sich zunächst nicht als Bewegungen kennzeichnen und die uns daher veranlassen, besondere Hypothesen zu machen, um sie als Bewegung zu erkennen. Und neuerdings ist man sogar grundsätzlich davon abgekommen, das frühere, noch von dem berühmten Heinrich Hertz betonte Postulat, alles auf Bewegung zurückzuführen, aufrecht zu erhalten. Hier wollen wir zunächst nur von Bewegungen sprechen, die sich ohne weiteres als solche offenbaren. Aber auch dann ist noch ein Einwand zu machen: Bewegung ist doch nur der eine von zwei entgegengesetzten Begriffen, und der andere ist der der Ruhe. Aber bei näherem Zusehen leuchtet ein, dass dies nicht zwei gleichberechtigte Begriffe sind (und nur solche darf man einander gegenüberstellen), sondern unter vielen Möglichkeiten von Bewegung die Ruhe nur der eine Spezialfall ist, wo die Bewegung nicht stark, auch nicht schwach, sondern geradezu null ist. Man kann, wenn man radikal sein will, bezweifeln, dass es den Fall der Ruhe überhaupt gibt oder ob nicht doch der alte griechische Philosoph Heraklit recht hatte mit seinem Ausspruch: Panta rhei (alles fließt) oder Panta chorei (alles bewegt sich fort). Wir werden im Laufe unserer Betrachtungen noch sehen, wie oft sich ein scheinbarer Ruhezustand schließlich doch als verborgene Bewegung entpuppt. Vorläufig genügt es, zu überlegen, dass die Erde, auf der wir leben, sich um die Sonne, diese um eine Zentralsonne und diese auch ihrerseits sich bewegt.

Überhaupt hat es keinen rechten Sinn, von einem ruhenden Punkt zu sprechen, da Ruhe und Bewegung zu jenen Begriffen gehören, die nur relativen und gar keinen absoluten Sinn haben. So ist es auch grundsätzlich verkehrt, zu sagen, Kopernikus habe das falsche Sonnensystem des Ptolemäus durch sein richtiges ersetzt. Er hat nur nicht, wie jener, die Erde, sondern seinerseits die Sonne als Zentrum der Bewegungen in unserm Planetensystem gewählt, und er hatte dazu gute Gründe und deshalb einen vollen Erfolg: Erstens ist es viel befriedigender anzunehmen, dass die kleine Erde sich um die große Sonne dreht, als umgekehrt; nachdem man einmal dieses Größenverhältnis erkannt hatte, wäre die ptolemäische Hypothese ebenso grotesk, wie jene Uhr in einem fürstlichen Schlosse, bei der sich nicht der Zeiger vor dem Zifferblatt, sondern dieses sich hinter dem feststehenden Zeiger dreht. Und zweitens zeigte es sich, dass die Bewegungen der Planeten, wenn sie auf die Sonne bezogen werden, viel einfacher werden, als sie von der Erde aus erscheinen. Hier beobachtet man die seltsamsten Stillstände und Rückläufe; von der Sonne aus gesehen sind alle Planetenbahnen einfache Ellipsen.

Mit Recht hat also das „geozentrische" dem „heliozentrischen" Planetensystem weichen müssen, und auch die anfänglich so widerstrebende Kirche hat schließlich ihren Segen dazugeben müssen. Lassen wir also die Ruhe, auf die wir übrigens später aus anderm Anlass zurückkommen werden, für jetzt beiseite und betrachten wir nur die Bewegung. Und zwar handelt es sich hier um ein zunächst formales Unternehmen, weil wir gar nicht näher darauf eingehen, was sich bewegt und welche Eigenschaften das sich Bewegende hat; wir denken uns einfach einen Punkt als Träger der Bewegung; es kann auch eine Linie oder eine Fläche sein, immer aber nur ein rein geometrisches Gebilde ohne physikalische Eigenschaften. Aber grade dadurch kommt das Charakteristische der Bewegung am reinsten zur Geltung, und eine ganze Wissenschaft, die Kinematik, hat sich dieses äußerst reiche Problem zur Bearbeitung gesetzt. Natürlich beschränken wir uns hier auf dasjenige, was für unser Weltbild wesentlich oder von besondrem Interesse ist.

Die Bewegung eines Punktes wird durch eine Strecke charakterisiert, und diese Strecke gehört zu einer besondern Art von Größen, die man, im Gegensatz zu den Skalaren, als Vektoren bezeichnet. Ein Vektor hat nämlich nicht bloß, wie der Skalar, einen Zahlenwert, sondern auch noch die Mannigfaltigkeit der Richtung. Das einfachste Beispiel eines Skalars, also einer Größe, die durch ihren auf einer Skala abgelesenen Zahlenwert vollständig bestimmt ist, ist die Temperatur; der einfachste Fall eines Vektors ist eben die Strecke. Der einfachste Fall ist also der, dass die für diese Strecke charakteristische Richtung immer dieselbe bleibt, der Punkt bewegt sich dann in einer geraden Linie. Um aber den aller einfachsten Fall zu erhalten, muss man noch eine zweite Annahme machen, und zwar eine, die sich nicht auf den Raum, sondern auf das andere Element der Bewegung, die Zeit, bezieht. Wir betrachten nämlich die in der ersten Sekunde zurückgelegte Strecke, nennen sie die Geschwindigkeit des Punktes und verlangen, dass sie in jeder folgenden Sekunde ebenso groß sei; dann ist die Bewegung nicht nur gradlinig, sondern auch gleichförmig; und das ist der gedachte aller einfachste Fall. Nur äußerst wenige Fälle der Wirklichkeit gehören hierher; die meisten Bewegungen ändern fortwährend ihre Richtung oder ihre Geschwindigkeit, viele sogar beides zugleich. So ist z. B. der freie Fall eines Körpers gradlinig, aber nicht gleichförmig, die Bewegung des Schwungrades einer Maschine ist gleichförmig, aber nicht gradlinig, die Bewegung der Erde um die Sonne weder gleichförmig noch gradlinig. Die gradlinig-gleichförmige Bewegung gehört überhaupt nicht zu den wesentlichen Zügen des Weltbildes.

### 3.2.2 Schwingungen

Abb. 3.9

Wir denken uns nun einen Punkt p an seinem natürlichen Ort (was das in Wahrheit bedeutet, geht uns hier noch nichts an) und nehmen an, dass er, wie in Abb. 3.9, sich von p nach q, von dort wieder nach p, dann ebenso weit nach der andern Seite bis r, dann wieder nach p bewege und dies dauernd fortsetze. Eine solche Bewegung nennt man eine periodische Bewegung oder, in diesem besonderen Fall, eine gradlinige Schwingung; man sieht sofort ein, dass es sehr verschiedenartige solche Schwingungen geben kann. Erstens kann die Zeit, die vergeht, bis der Punkt wieder am gleichen Ort und in der gleichen Fortschreitungsrichtung begriffen ist, verschieden sein; man nennt diese Zeit die Periode oder in diesem besonderen Fall Schwingungsdauer; und man muss darauf achten, sie richtig zu definieren; denn wenn der Punkt von p nach q und von dort nach p zurückgegangen ist, hat er zwar die natürliche Lage, aber die entgegengesetzte Fortschreitungsrichtung; erst wenn er bis nach r und von dort wieder nach p zurückgelangt ist, sind beide Forderungen erfüllt.

Man kann den Vorgang auch noch anders betrachten, indem man ihn mit der unnatürlichen Lage q beginnt; jetzt ist sofort klar, dass man unter Schwingungsdauer nicht die Zeit wählen darf, in der der Punkt von q nach r, sondern die doppelte, in der er nach r und wieder zurück nach q gelangt ist, also eine Hin- und Herschwingung. Bei den Pendelschwingungen wird leider nicht so verfahren, unter einem Sekundenpendel verstellt man dasjenige, welches zu einem Hingange allein eine Sekunde braucht. Bei den Tonschwingungen muss man bei der Vergleichung deutscher und französischer Angaben beachten, dass man in Deutschland Hin- und Herschwingungen meint, in Frankreich dagegen einfache Hinschwingungen. Nun ist die Verschiedenheit der Schwingungen in Hinsicht ihrer Periode ungeheuer groß; es gibt solche, deren Schwingungsdauer viele Jahre und andre, wo sie nur einen winzigen Bruchteil einer Sekunde ausmacht; bei raschen Schwingungen wählt man daher besser die umgekehrte Kennzeichnung, man gibt nicht die Schwingungsdauer an, sondern die Schwingungszahl oder Frequenz, d. h. die Anzahl der Schwingungen, die in der Sekunde ausgeführt werden. Beispielsweise liegt die Frequenz der verschiedenen Tonschwingungen zwischen 16 und 16.000, die der Lichtschwingungen zwischen 350 Billionen und 880 Billionen; die letzteren erfolgen also mit einer uns gar nicht vorstellbaren Geschwindigkeit.

Der gradlinigen Schwingung gegenüber steht der Fall der Rotation eines Punktes in einem um einen Mittelpunkt geschlagenen Kreis, hier ist von vornherein klar, dass man unter Periode die ganze Dauer eines Umlaufs, unter Frequenz oder Tourenzahl die Zahl der ganzen Umläufe in der Sekunde verstehen muss; bei der Erde in ihrem Umlaufe um die Sonne heißt diese Periode ein Sonnenjahr, beim Neptun beträgt sie 165 Jahre. Natürlich kann die Rotation auch in einer mehr oder weniger schmalen Ellipse erfolgen (wie es bei den Planeten tatsächlich der Fall ist); und dann ersieht man aus der Abb. 3.10, dass man schließlich zur gradlinigen Schwingung kommt, dass diese also nur ein Spezialfall der Rotation ist, nämlich die Rotation in einer Ellipse, deren kleine Achse gleich null ist.

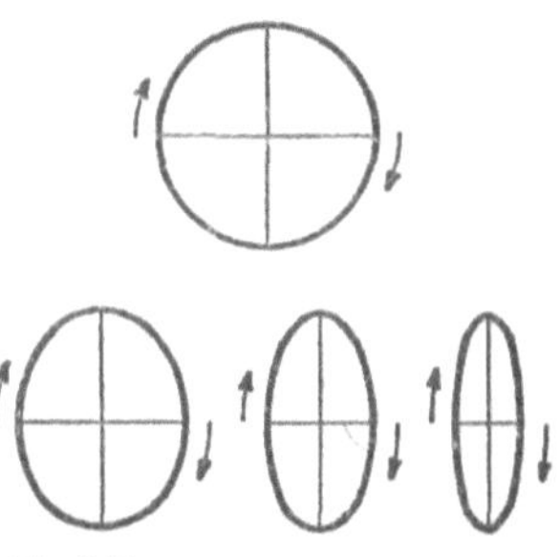

Abb. 3.10

Kehren wir jetzt zu dieser gradlinigen Schwingung wieder zurück, so erhalten wir zur Frequenz ein zweites Kennzeichen, die Amplitude, d. h. die Länge a der Strecke, um die der Punkt sich von seiner natürlichen Lage entfernt, ehe er umkehrt, also p q oder p r in Abb. 3.9.

Bei einer Kreisschwingung (Rotation) ist der Kreisradius die Amplitude, bei elliptischen Schwingungen ist sie in jeder Richtung eine andre, in den beiden Hauptrichtungen ist es die große und die kleine Halbachse der Ellipse.

### 3.2.3 Das Geschwindigkeitsgesetz der Schwingung

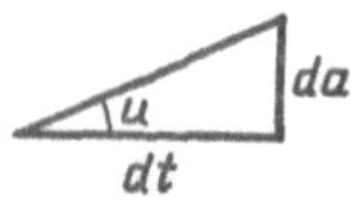


Abb. 3.11

Das dritte und interessanteste Kennzeichen einer Schwingung ist ihr Geschwindigkeitsgesetz, d. h. der Verlauf der Geschwindigkeit während der einzelnen Zeitteile einer Schwingung. Die Geschwindigkeit kann entweder während der ganzen Schwingung dieselbe bleiben, oder sie kann vom natürlichen Ort des Punktes, wo sie am größten ist, bis zum Umkehrpunkt, wo sie null ist, abnehmen, während der Rückkehr wieder zunehmen usw., oder sie kann umgekehrt in der natürlichen Lage am kleinsten, in den Umkehrpunkten am größten sein; natürlich gibt es noch beliebig viele Geschwindigkeitgesetze (z. B. erstmalige Umkehr schon auf halbem Wege usw.), aber die oben genannten sind die drei einfachen Typen. Der Abb. 3.9 sieht man nun gar nicht an, zu welchem Typus sie gehöre, der Geschwindigkeitsverlauf kommt in ihr nicht zum Ausdruck. Um das zu erreichen, wendet man ein höchst sinnreiches Verfahren an, das man als chronografische Auflösung bezeichnet, und das das zeitliche Geschehen zwingt, sich räumlich zu offenbaren. Nehmen wir zunächst einmal an, der Punkt ruhe in p, und schieben wir die Zeichenfläche, auf der wir p festlegen, mit gleichförmiger Geschwindigkeit nach links fort, so entsteht auf dem Papier, sei es mit der Feder oder sei es mit irgend einem anderen Verfahren aufgezeichnet, eine nach rechts laufende grade Linie. Führt der Punkt dagegen Schwingungen aus, so entsteht eine Linie, die sich periodisch zwischen einem um a über und einem um a unter der Grundlinie liegenden Niveau hinzieht. Aber diese Linie kann sehr verschiedene Form haben, und eben durch diese Form unterscheiden sich die verschiedenen Geschwindigkeitsgesetze. Die Geschwindigkeit wird nämlich dargestellt durch die Steilheit, mit der die Linie steigt und fällt; denn während eines kleinen Zeitraumes dt erhebt sie sich um die Strecke da, die Geschwindigkeit ist also in diesem Augenblick der Bruch da/dt, und dieser ist nach den Bezeichnungen der Trigonometrie der Tangens des Steigungswinkels u (Abb. 3.11); und umgekehrt auf dem Rückweg.

Man erhält also als äußeres Sinnbild der gleichförmigen Schwingungen die in Abb. 3.12a gezeichnete Zickzacklinie; a

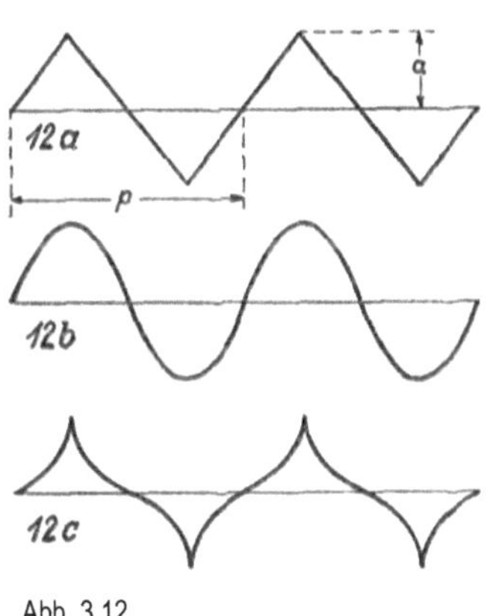

Abb. 3.12

ist die Amplitude und p die Periode. Der zweite Typus ist veranschaulicht durch eine Kurve, deren Steigung bis zum Umkehrpunkt allmählich auf null abnimmt und bei der Rückkehr wieder auf denselben Grad zunimmt. Es ist das also eine schlangenförmige Linie, und ihr wichtigster Vertreter ist die Sinuslinie, d. h. die Linie, deren Ordinate (senkrechte Höhe über der Grundlinie) gleich dem trigonometrischen Sinus der Abszisse (horizontale Koordinate) ist; sie hat die in Abb. 3.12b dargestellte Form und hat eine weit größere Bedeutung als die Zickzacklinie. Es ist auch bei näherer Überlegung einleuchtend, dass sie von einfacherer Gesetzmäßigkeit als diese ist; denn letztere besteht zwar aus graden Linien, aber die Umkehr findet plötzlich statt, und es entsteht eine Ecke, während bei der Sinuslinie der Fortgang überall, auch bei der Umkehr, durchaus stetig verläuft.

Dass die Sinusschwingung die Grundlage für den Aufbau aller übrigen Schwingungen bildet und damit große Bedeutung, z. B. für die Akustik (einfacher Ton), hat, kann hier nur angedeutet werden. Endlich ist der dritte Typus dargestellt durch eine geschwungene Linie, wie in Abb. 3.12c; jedoch kommt dieser Fall selten vor. Um auch ein Beispiel der zahllosen übrigen Möglichkeiten zu geben, sei auf Abb. 3.13 hingewiesen, bei der der Punkt zunächst nur eine Teilstrecke zurücklegt, dann eine gewisse Strecke rückwärts beschreibt, dann wieder umkehrt und jetzt erst zum wirklichen Umkehrpunkt gelangt, und ebenso im weiteren Verlauf; auch diese Schwingung kann also nach der obigen Andeutung aus Sinusschwingungen zusammengesetzt werden.

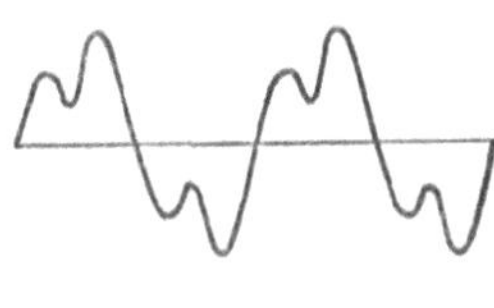
Abb. 3.13

Jetzt wollen wir annehmen, dass unser Punkt gradlinige Schwingungen nicht nur in vertikaler, sondern zugleich auch in horizontaler Richtung ausführe (wie das möglich ist, kann hier noch nicht erörtert werden). Dann können die beiden

Schwingungen gleiche oder verschiedene Perioden, gleiche oder verschiedene Amplituden, gleiche oder verschiedene Phasen haben. Von der Phase haben wir noch gar nicht gesprochen, weil sie für eine einzelne Schwingung keine reale Bedeutung hat, sondern sie erst für die Vergleichung zweier Schwingungen erhält. Jede von ihnen kann nämlich in einem andern Zeitpunkt einsetzen, diese Zeitdifferenz nennt man ihre Phasendifferenz, und man sagt: Die beiden Schwingungen haben verschiedene Phasen. Von der Verschiedenheit des Geschwindigkeitsgesetzes möge hier abgesehen und beide Komponenten als Sinusschwingungen angesehen werden.

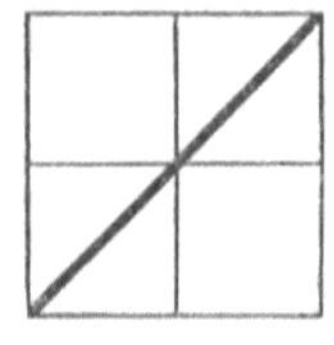

Abb. 3.14

Abb. 3.15

Sind Perioden, Amplituden und Phasen gleich, so setzen sich die beiden Schwingungen einfach zu einer gradlinigen Schwingung in der Diagonale zusammen, und dasselbe gilt auch noch bei ungleichen Amplituden, nur dass dann der Rahmen des Ganzen kein Quadrat, sondern ein Rechteck ist; man betrachte dazu Abb. 3.14 und 3.15. Ist dagegen eine Phasendifferenz vorhanden, so setzen sich die beiden gradlinigen Komponenten, wie eine leichte Überlegung und noch besser eine elementare Rechnung zeigt, zu einer elliptischen Schwingung zusammen, und zwar je nach der Phasendifferenz zu einer graden oder nach links oder nach rechts geneigten Ellipse (Abb. 3.17); nur bei einer Phasendifferenz von einer halben Periode entsteht wieder eine Diagonale, aber diesmal die von links oben nach rechts unten. Schließlich können auch die Perioden der beiden Komponenten ungleich sein, dann wird das Ergebnis nur dann von einfacher Art, wenn die Perioden in einfachem Verhältnis zueinanderstehen; bei 2:1 oder 3:1 oder 3:2 erhält man z. B. die Formen der Abb. 3.16. Nach ihrem Bearbeiter nennt man alle diese Formen Lissajous-Figuren.

a

b

c

Abb. 3.17

Es sei schon hier bemerkt, welche Bedeutung die Kennzeichen einer Schwingung auf den verschiedenen Gebieten haben, in denen man es mit solchen zu tun hat. Bei Ton-

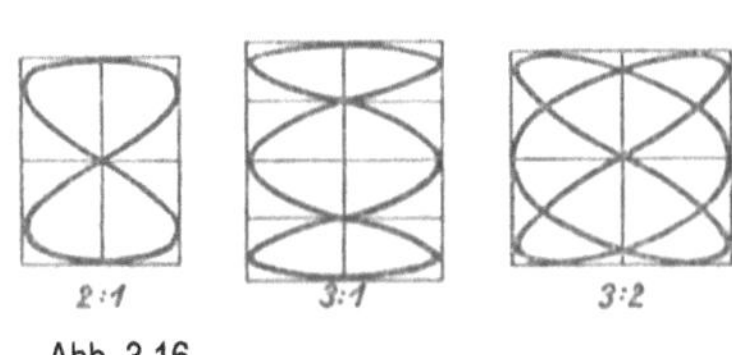

Abb. 3.16

schwingungen bestimmt die Frequenz die Tonhöhe, die Amplitude (zugleich mit der Frequenz) die Tonstärke, das Geschwindigkeitsgesetz das, was man den eigenartigen Klang des Tones nennt; die Phase hat eine verwickeltere Bedeutung, als dass wir hier darauf eingehen könnten.

Beim Licht bestimmt die Frequenz die Farbe, und zwar die steigende Frequenz alle reinen Farbarten vom äußersten Rot des Spektrums bis zum äußersten Violett; die Amplitude gibt auch hier die Helligkeit des Lichtes, das Geschwindigkeitsgesetz steht in einer bestimmten, aber recht verwickelten Beziehung zum Mischcharakter der im Spektrum nicht vertretenen Farben. Bei den elektrischen Schwingungen liegen die Dinge entsprechend, wenn auch nach der Natur dieses Erscheinungsgebietes im einzelnen etwas anders.

### 3.2.4 Wellen

Jetzt nehmen wir statt eines Punktes eine ganze Reihe dicht benachbarter Punkte, die in so innigem Zusammenhange stehen, dass jeder seinen Nachbarn durch seine Schwingung zu ebensolchen anregt; es ist das nur das aufgelöste Sinnbild einer zusammenhängenden Linie. Durch die Übertragung der Schwingungen vom ersten Punkt zu allen andern entsteht das Phänomen einer Welle. Von solchen Wellen, und zwar von den verschiedensten Typen, ist, wie man weiß, das ganze Weltall erfüllt, und es lohnt sich daher, hierauf ganz besonders einzugehen.

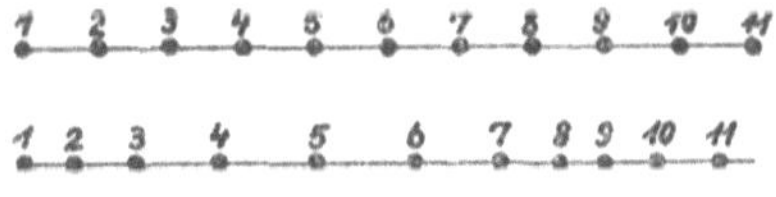

Abb. 3.18

Die erste wichtige Unterscheidung, die wir zu machen haben, betrifft die Frage, ob die Schwingungen jedes einzelnen Punktes in der Richtung der Punktreihe oder senkrecht dazu erfolgen; im ersten Fall erhält man eine longitudinale,

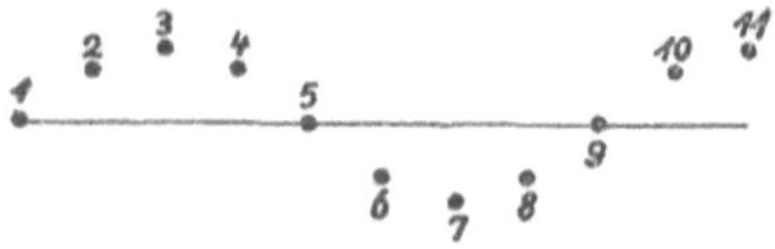

Abb. 3.19

im zweiten eine *transversale Welle*. Wie man aus den Abb. 3.18 und 3.19 ersieht, ändert die bisher gradlinige Punktreihe nur im zweiten Fall ihre Gestalt und nimmt wirklich die einer Welle an; im ersteren Fall bleibt sie grade, und es ändern sich nur die Abstände der Punkte, diese nehmen einen periodischen Charakter an, indem immer weite Abstände mit engen wechseln. Man kennt beide Arten von Wellen; zu den ersteren gehören die Wellen, die man auf Wasseroberflächen beobachtet, wenn man einen Stein hineinwirft, zu den letzteren die Schallwellen, die sich durch die Atmosphäre fortpflanzen und, wenn sie unser Ohr erreichen, in ihm abwechselnd Überdruck und Unterdruck erzeugen. Bei den Wasserwellen gibt es Berge und Täler, bei den Schallwellen Verdichtungen und Verdünnungen.

Beide Arten von Wellen aber haben einen gemeinsamen Charakter, sie schreiten fort, jede folgende Stelle wird etwas später von der Bewegung ergriffen und hat daher gegen die vorhergehende eine *Phasendifferenz*. Diesen fortschreitenden Wellen stehen nun andre gegenüber, die nicht fortschreiten, bei denen die Phase aller Punkte dieselbe ist, und die man deshalb als *stehende Wellen* bezeichnet.

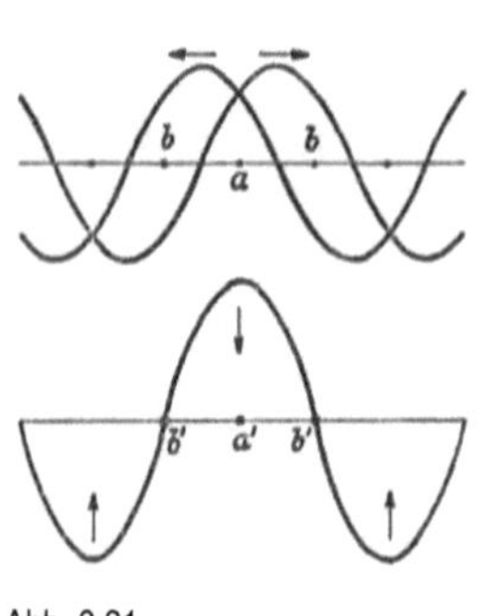

Abb. 3.21

Das verbreitetste Beispiel sind die Schwingungen einer Saite; und an ihnen kann man auch gleich erkennen, wie solche stehende Wellen zustande kommen. Beim Zupfen, Schlagen oder Streichen der Saite erregt man zunächst nur einen ihrer Punkte, von dort laufen zwei fortschreitende Wellen nach den Enden, werden aber dort zurückgeworfen, überlagern sich mit den primären, und durch diese Überlagerung wird die fortschreitende Tendenz der Welle aufgehoben, und es bildet sich die stehende; aus der Abb. 3.21 wird man das leicht entnehmen.

Die stehenden Wellen haben nun eine Eigenschaft, die den fortschreitenden abgeht: alle Punkte haben zwar dieselbe Phase, aber sie haben verschiedene Amplitude, und zwar jeder die für ihn charakteristische; diejenigen Punkte, welche die größte Amplitude haben, nennt man Bäuche, die mit der kleinsten oder gar keiner heißen Knoten. Bei einer Saite sind manchmal nur die beiden festen Enden Knoten, im allgemeinen aber gibt es auch Knoten in der Mitte oder im ersten und zweiten Drittel usw.; man betrachte die Abb. 3.20. Die Erzeugung stehender Wellen hat grade hervorragende Forscher besonders stark angereizt, und es sind hier drei epochemachende Entdeckungen zu verzeichnen: die stehenden Schallwellen in Röhren, von Kundt 1865, die stehenden elektrischen Wellen, von Hertz, 1888, und die stehenden Lichtwellen, von Wiener 1890 entdeckt; alle drei Entdeckungen im Laufe eines Vierteljahrhunderts; ein Beispiel, wie die Zeit die Wissenschaft für die Lösung bestimmter Probleme reif macht. Seitdem wissen wir, dass elektrische und Lichtwellen aller Wellenlängen den Kosmos durchsetzen, und schon haben wir angefangen, sie im einzelnen zu erforschen; die Schallwellen können uns freilich nicht erreichen, weil sie an Luft gebunden sind, und uns erscheint der Kosmos stumm, was er in Wahrheit gar nicht ist.

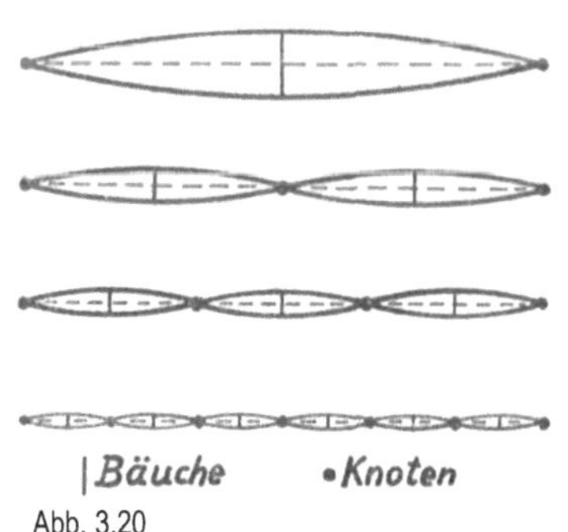

Abb. 3.20

Aber mit dem Gegensatz der longitudinalen und transversalen Schwingungen und dem Gegensatz der fortschreitenden und stehenden Wellen ist der Reichtum dieses Phänomens noch nicht erschöpft; es kommt noch eine dritte Mannigfaltigkeit hinzu. Gehen wir einmal von einer Ebene aus und nehmen wir an, dass alle ihre Punkte senkrecht zur Ebene Schwingungen gleicher Phase ausführen und in Form einer Welle fortpflanzen. Es bedarf dann keiner großen Überlegung, um festzustellen, welches denn die Orte derjenigen Punkte sein werden, die auch ihrerseits in gleicher Phase schwingen, wenn auch in andrer als die der gegebenen Ebene: es sind natürlich diejenigen Ebenen, welche mit der Ausgangsebene parallel sind; man nennt sie die Wellen-

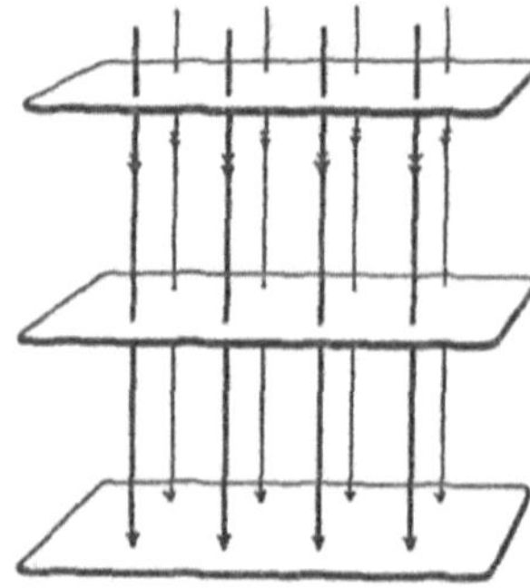

Abb. 3.22

ebenen und hat sie sich nach Art der Abb. 3.22 vorzustellen.

Geht dagegen die Erregung von den Punkten einer graden Linie aus und schwingen ihre Punkte senkrecht zu dieser Linie nach allen Seiten, so werden die Wellenflächen koaxiale Zylinderflächen mit der erregenden Linie als Achse, wie in Abb. 3.23. Ist endlich nur ein erregender Punkt vorhanden, der nach allen Raumrichtungen schwingt, so erhält man als Wellenflächen konzentrische Kugeln um ihn als Mittelpunkt, wie in Abb. 3.24. Diese drei Typen von Wellen bezeichnet man als ebene, zylindrische und sphärische und kann jetzt, ohne auf die physikalische Natur der Wellen einzugehen, allein aus räumlichen Erwägungen einen Fundamentalsatz aufstellen:

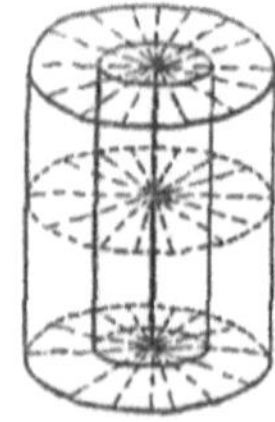

Abb. 3.23

Im geometrischen Raum bleiben ebene Wellen bei ihrer Fortpflanzung ungeschwächt, da sie sich im gleichen Bereiche halten, da also die Wellennormalen, die wir vorläufig kurz als Strahlen bezeichnen wollen, in immer gleicher Zahl auf gleiche Flächen fallen.

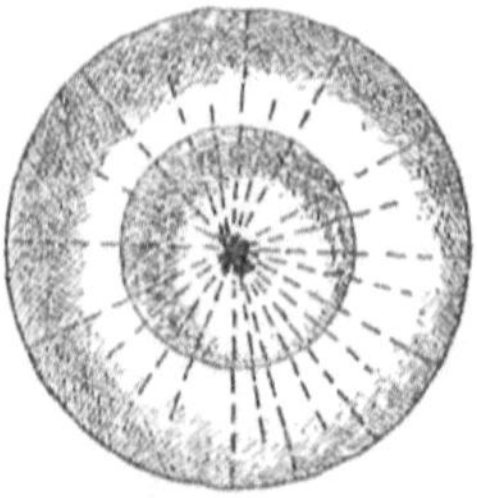

Die zylindrischen Wellen werden in demselben Maße schwächer, wie die Zylinderflächen größer werden, also im umgekehrten Verhältnis zur Entfernung von der Ausgangslinie, da sie sich auf immer größere Zylinderflächen verteilen.

Abb. 3.24

Die sphärischen Wellen schwächen sich im umgekehrten Verhältnis zum Quadrat der Entfernung vom Erregungspunkte ab, da in der doppelten Entfernung die Kugelfläche schon viermal, in der dreifachen schon neunmal so groß ist.

Am interessantesten ist natürlich der letzte Fall, und für ihn ist durch die Abb. 3.25 veranschaulicht, wie sich die Schwächung vollzieht: Auf eine gleich große Fläche treffen im Abstand 1 von der Erregungsstelle 36, in der Entfernung 2 nur noch 9 und in der Entfernung 3 nur noch 4 Strahlen. Natürlich kann zu dieser geometrischen Schwächung noch eine physikalische infolge der Eigenschaften des Mediums hinzukommen (Absorption); aber das geht uns hier nichts an.

Damit haben wir schon denjenigen Begriff vorläufig eingeführt, der zu den Begriffen der Schwingungen und Wellen als dritter hinzutritt, um das kinematische Weltbild zu vervollständigen, den Begriff der Strahlen; wir müssen jetzt auf ihn noch etwas näher eingehen. Der Laie spricht ganz harmlos und selbstverständlich von Lichtstrahlen (insbesondere von Sonnenstrahlen) und Wärmestrahlen; und auch die Wissenschaft hat sich diese einfache Vorstellung anfangs zu eigen gemacht; nach Newton sendet ein leuchtender Körper wirklich Strahlen aus, die unser Auge treffen, nur dass ihre Träger nicht wie bei Wasserstrahlen bzw. bei Luftstrahlen die Wasser- bzw. Luftteilchen sind, sondern winzige Teilchen des leuchtenden Körpers, sog. Korpuskeln, wie man sie anfangs nannte. Damit war die Emissionstheorie (oder Korpuskulartheorie) des Lichts aufgestellt; und dank der Autorität ihres Urhebers, aber auch deshalb, weil sich alle beobachteten Tatsachen mit mehr oder weniger Geschicklichkeit in diese Theorie einordnen ließen, blieb sie anderthalb Jahrhunderte herrschend.

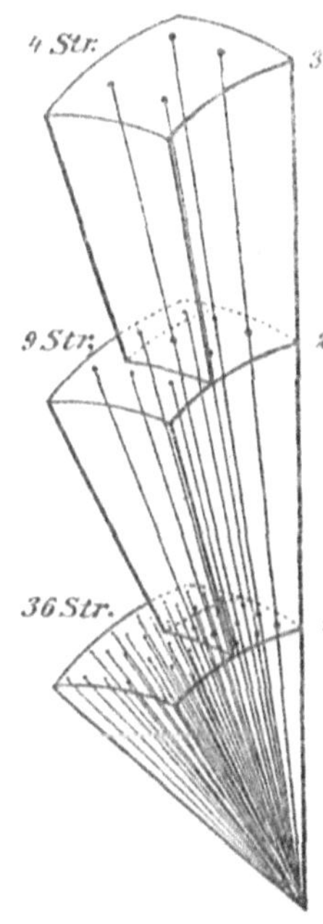

Abb. 3.25

Aber im Anfang des neunzehnten Jahrhunderts wurden denn doch Erscheinungen bekannt, die mit ihr nur durch fatale Zauberkunststücke in Einklang gebracht werden konnten, während sie einer andern Theorie, die fast gleichzeitig mit der Newtonschen von dem Holländer Huygens aufgestellt worden war, der Wellen- oder Undulationstheorie sich zwanglos fügten, ja sie geradezu forderten. Nach dieser Theorie erregt der leuchtende Körper fortschreitende Wellen, die sich wie die Schallwellen bis zu uns fortpflanzen. Ganz besonders ist es eine, allerdings schon längst bekannte, aber kaum beachtete Erscheinung, die direkt für die neue und gegen die alte Theorie spricht: die Interferenz. Wenn an einer Stelle des Raumes zwei Lichtstrahlen, die von verschiedenen Quellen herkommen, zusammentreffen, so tritt nicht immer Verstärkung der Wirkung ein, wie es doch nach der Emissionstheorie sein müsste, sondern unter Umständen auch Schwächung, ja völliges Auslöschen des Lichts. Und zwar hängt der Effekt von der Phase ab, mit der die beiden Lichtstrahlen eintreffen. Wenn auf einer Wasserfläche zwei Wellenbewegungen, die durch Hineinwerfen zweier Steine an verschiedenen Stellen entstanden sind, in einem Punkt zusammentreffen, so wird sich dort ein hoher Wellenberg bilden, wenn die beiden Wellenberge zusammentreffen, und ein tiefes Wellental, wenn die beiden Täler zusammentreffen; dagegen wird zwischen einem ankommenden Wellenberge und einem ankommenden Wellental ein Ausgleich stattfinden, und zwar ein völliger, wenn beide Wellenbewegungen gleich stark sind; dann wird der Wasserpunkt ganz in Ruhe verbleiben. Solche Interferenzerscheinungen gibt es nun bei den Lichtstrahlen in Fülle, und damit ist der Sieg der Wellentheorie (oder Undulationstheorie, wie sie im 19. Jh. bezeichnet wurde) entschieden und bis jetzt gesichert. Anfang des 20. Jahrhunderts sind wieder gewisse Schwierigkeiten entstanden, deren Beseitigung aber durch die Quantentheorie restlos gelungen ist.

Übrigens bestehen zwischen den Schallwellen und den Lichtwellen, von später zu Behandelndem abgesehen, zwei Unterschiede, ein zahlenmäßiger und ein das Wesen betreffender. Während die Schallwellen nach Metern oder mindestens nach Millimetern messen, sind die Lichtwellen nur Bruchteile eines tausendstel Millimeter lang (äußerstes Rot 760 nm (nm = Nanometer, d. h. 0,000.000.001 m), äußerstes Violett 380 nm); und gerade dieser Unterschied bringt es hervor, dass wir beim Licht den Eindruck von Strahlen erhalten, während wir selten und nur in besonderen Fällen von Schallstrahlen sprechen. Ganz wesentlich ist aber ein anderer Unterschied zwischen Schall- und Lichtwellen; jene sind von longitudinalem, diese von transversalem Charakter; und auch diese Erkenntnis ist erst durch eine besondere Erscheinung gefördert worden, die bei den Lichtwellen eine große Rolle spielt: die Polarisation. Während es nämlich nur eine einzige Art von Longitudinalwellen gibt, nämlich diejenige, bei welcher die Schwingungsrichtung der Punkte sich mit der Richtung des Wellenzuges deckt, stehen bei den Transversalwellen die Schwingungen auf dem Strahl senkrecht, und solche senkrechte Richtungen gibt es beliebig viele, z. B. (den Strahl von links nach rechts gehend gedacht) nach oben und unten oder nach vorn und hinten oder mehr oder weniger schräg von vorn oben nach hinten unten usw.; und in jedem dieser Fälle werden gewisse Lichterscheinungen andre, was bei Longitudinalwellen unverständlich wäre.

Das Gesagte gilt auch von den Wärmestrahlen; diese sind überhaupt nichts für sich Stehendes, vielmehr mit den Lichtstrahlen objektiv ein und dasselbe Phänomen, nur dass hier ihre Wirkung nicht auf das Auge, sondern auf das Temperaturgefühl in Rede steht; und die Wirkung auf dieses ist an einen Bereich der Frequenzen der Schwingungen geknüpft, der sich mit dem Bereich der Lichtwirkung zwar zu einem Teil deckt, zu einem andern aber, und zwar nach der langwelligen Seite, also nach der Seite der langsamen Schwingungen (über das Rot des Lichtspektrums) weit hinaus ragt, wobei die stärkste Lichtwirkung im gelben Teile des Spektrums, die stärkste Wärmewirkung aber im Rot oder gar noch jenseits desselben, im unsichtbaren Teil des Spektrums liegt. Übrigens sei schon hier bemerkt, dass es außer den Wellenstrahlen auch richtige Teilchenstrahlen gibt, und zwar nicht nur mit groben Teilchen, den Molekülen, wie Wasser und Gas, sondern auch mit ganz besonders feinen, wie Elektronen und Alpha-, Beta- und Gammateilchen als Trägern. Im Übrigen kommen wir auf das Phänomen der Strahlung, das für das Weltbild von entscheidender Bedeutung ist, später noch zurück.

Wir kehren nun zur Bewegung im Allgemeinen zurück und betrachten eine räumliche Schar von dicht benachbarten Punkten, anstelle derer man sich einen stetigen Körper, z. B. eine Flüssigkeit, denken kann. Jeder Punkt hat seine besondre, mit der Zeit veränderliche Geschwindigkeit; diese ist, wie der Mathematiker sagt, eine Funktion von Ort und Zeit. Nun kann es aber den besondern Fall geben, wo die Geschwindigkeit zwar eine Funktion des Ortes, aber keine Funktion der Zeit ist; für den Punkt, der einen Ort soeben verlassen hat, tritt sofort ein andrer ganz gleicher Punkt, der dieselbe Geschwindigkeit hat, ein. Eine derartige Bewegung nennt man stationär, und es ist leicht vorzustellen, dass die stationäre Bewegung eine gewisse Mittelstellung zwischen Bewegung und Ruhe einnimmt. Man kann das sogar sehr anschaulich feststellen. Denken wir uns etwa einen Wasserstrahl, der in einem parabolischen Bogen aus einem großen Gefäß ausfließt, und nehmen wir an, dass der Vorgang ganz geräuschlos sich abspiele und von allen Nebenerscheinungen, z. B. in dem Wasser mitgeführten sichtbaren Teilchen frei sei; dann würde der Strahl genau so aussehen, wie eine gebogene Glasstange. Die stationäre Bewegung stellt eine zwar nicht grade besonders häufige, aber besonders typische und wichtige Art der Bewegung dar; als Beispiel erwähnen wir die Strömung des Wassers in Kanälen von konstantem Gefälle und, um auch etwas weiter auszugreifen, die stationäre elektrische Strömung, die zwar als Strömung nur bildliche und hypothetische Bedeutung hat, weil man von ihr nichts sieht, bei der aber der stationäre Charakter vollen Wirklichkeitswert besitzt. Die meisten Bewegungen allerdings sind nicht stationär, sondern veränderlich und zum großen Teil, wie die Bewegungen im Luftmeer unsrer Erde, sogar sehr veränderlich oder, wie die elektrischen Wechselströme, in regelmäßiger Periodik veränderlich.

Unter den vielen Fragen, die sich auch für uns an das Thema der Bewegung knüpfen, können wir hier nur wenige herausgreifen. Eine solche ist der Gegensatz zwischen Verschiebung und Drehung, mit den Fachausdrücken: Translation und Rotation. Die Erde z. B. dreht sich um ihre Achse, und zwar am Tage einmal, und zugleich schreitet sie auf ihrer Bahn um die Sonne fort; diese Drehung und Verschiebung setzen sich nun zusammen, und es entsteht für einen Punkt der Erde (außer für die Pole) eine Art von Bewegung, wie sie in Abb. 3.26a angedeutet ist; in andern Fällen tritt eine Bewegung vom Typ 3.26b ein. Auch eine Schwingung kann sich mit einer Fortschreitung zusammensetzen; wir liefern ja beim Gehen ein anschauliches Beispiel dafür durch die Bewegung unsrer Beine.

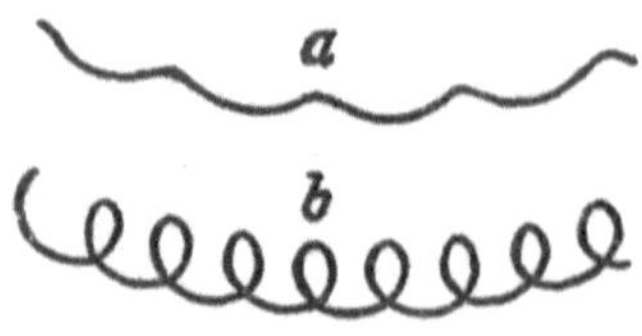


Abb. 3.26

Um aber das Problem der Messung von Bewegungen wieder aufzunehmen, das wir mit der Einführung der Geschwindigkeit bereits angegriffen hatten, führen wir diese Betrachtung jetzt weiter fort. Bei einer gleichförmigen Bewegung ist die Geschwindigkeit einfach die in 1 sec zurückgelegte Strecke, in cm ausgedrückt. Bei einer veränderlichen Bewegung aber muss man infinitesimal verfahren, d. h., man muss einen unendlich kleinen Zeitteil dt ins Auge fassen und die in ihm zurückgelegte, normalerweise natürlich ebenfalls unendlich kleine Wegstrecke ds mit ihr in Beziehung setzen; der Bruch $ds/dt = v$, den man als Differenzialquotient bezeichnet, ist dann die Geschwindigkeit im Augenblick t; und da sie sich von Augenblick zu Augenblick ändert, muss man ihre Änderung in einem kleinen Zeitteil einführen und erhält dann nach der Schreibweise der Infinitesimalrechnung wieder einen Differenzialquotienten, nämlich $dv/dt$ oder, indem man v durch $ds/dt$ ersetzt, den zweiten Differenzialquotienten $d^2s/dt^2$, der die Beschleunigung (bei negativem Werte die Verzögerung) der Bewegung darstellt. So könnte man natürlich fortfahren und auch die Änderung der Beschleunigung einführen usw.; es hat sich aber gezeigt, dass man mit jenen beiden Begriffen im Allgemeinen auskommt und alles Übrige auf sie zurückführen kann.

Was nun die Beschleunigung betrifft, so ist die Sache damit für eine gradlinige Bewegung erledigt, nicht aber für eine krummlinige. Hier zeigt sich nämlich, dass man mit Vektoren nicht nach den einfachen Regeln, die für Skalare gültig sind, operieren darf, sondern die Richtungsmannigfaltigkeit berücksichtigen muss. Es sei (Abb. 3.27) die bei einer krummlinigen Bewegung in einem kleinen Zeitteil dt zurückgelegte Strecke (ab) wieder ds, die im nächsten Zeitteil zurückgelegte Strecke ds'; dann muss man fragen, wohin der Punkt ohne Beschleunigung und ohne Bahnkrümmung gekommen wäre. Zur Beantwortung muss man die Strecke ab um sich selbst bis c verlängern und sieht dann, da der Punkt in Wahrheit nicht nach c, sondern nach d gelangt ist, ein, dass die Beschleunigung durch die Strecke cd dargestellt wird. Diese aber kann und muss man in ihre beiden Komponenten ce und ed zerlegen, von denen die erste in der Bewegungsrichtung liegt und Bahnbeschleunigung heißt, die andre aber senkrecht dazu liegt und von ganz andrer Art ist. Da die meisten krummlinigen Bewegungen um ein Zentrum herum erfolgen (das freilich im allgemeinen von Zeit zu Zeit seine Lage ändern wird) hat jene zweite Komponente den Sinn einer Beschleunigung nach dem Zentrum hin und wird deshalb Zentripetalbeschleunigung genannt. Die Erde z. B., deren Geschwindigkeit ja auch im Laufe einer Jahresperiode zu- und abnimmt, hat eine (abwechselnd positive und negative) Bahnbeschleunigung und außerdem eine (stets positive) Zentripetalbeschleunigung nach der Sonne hin; grade durch das Zusammenwirken beider kommt die elliptische Erdbahn zustande. Die Bahnbeschleunigung ist nun offenbar dieselbe, wie wenn die Bewegung gradlinig wäre.

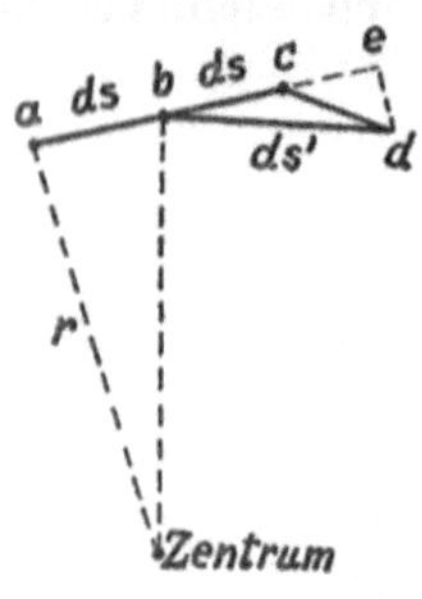

Abb. 3.27

Wir gehen nun zu einer für unsere Gesamtbetrachtung höchst wichtigen Darstellung über. Einen Raum, in dem sich etwas Physikalisches abspielt, nennt man ein Feld; in dem hier zu erörternden Fall handelt es sich also um ein Bewegungsfeld. Um von ihm eine anschauliche Vorstellung zu gewinnen, um es sozusagen topografisch aufzunehmen, muss man, da die Geschwindigkeit ein Vektor ist, in einer Anzahl ausgewählter Punkte Pfeile einzeichnen, deren Richtung die Richtung der dortigen Bewegung, und deren Länge die daselbst augenblicklich herrschende Geschwindigkeit in einem geeigneten Maßstabe angibt. Derartige Karten bekommt man ja fast täglich zu Gesicht, z. B. die Windkarte Mitteleuropas zu einem bestimmten Zeitpunkt (Abb. 3.28).

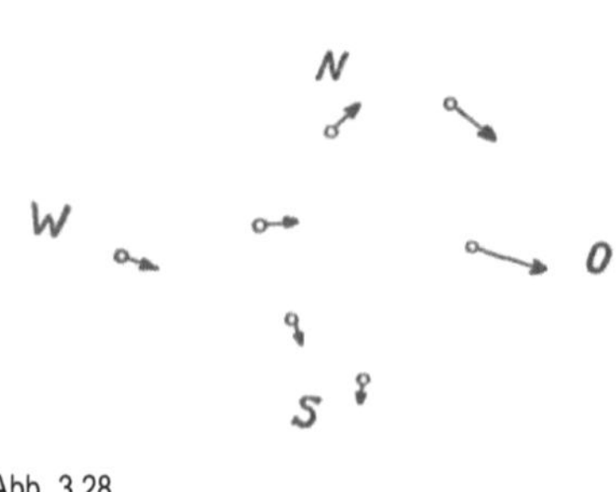

Abb. 3.28

Es gibt aber noch ein anderes, im Prinzip einfacheres und bei vorsichtiger Anwendung ebenso brauchbares Verfahren. Zu diesem Zweck muss man einen neuen Begriff einführen, der zwar mit der Geschwindigkeit eng verknüpft ist, aber den Vorzug hat, nicht, wie diese, ein Vektor, sondern ein Skalar

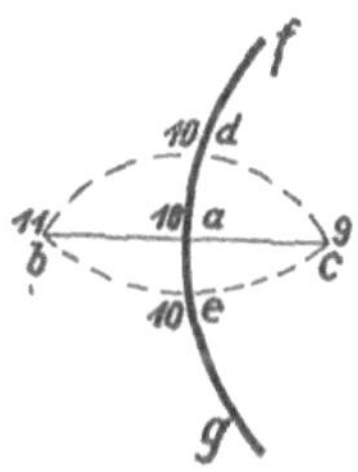

Abb. 3.29

zu sein. Diese Größe ist in jedem Feldpunkt durch ihren Zahlenwert (ohne Pfeil) vollständig gekennzeichnet. Im Übrigen soll dieser Zahlenwert von Ort zu Ort sich nur ganz allmählich ändern (Abb. 3.29). Ist z. B. im Punkt a der Wert gleich 10, so wird er 1 cm weiter links, in b, vielleicht schon 11, dagegen 1 cm weiter rechts, in c, nur noch 9 betragen; und da, wenn man von b nach c auf einem Bogen, sei es oben herum über d, oder unten herum, über e, fortschreitet, der Übergang ebenfalls stetig sein soll, so wird es hier wie dort einen Punkt geben, wo der Zahlenwert ebenfalls wie in a gleich 10 sein wird; das seien eben die Punkte d bzw. e. Und ebensolche Punkte wird es auch auf den Wegen vorne herum und hinten herum geben, überhaupt auf jedem Wege, auf dem man von b nach c gelangt. Um den Punkt a herum haben wir also eine krumme, unser Papierblatt durchschneidende Fläche fdaeg von der Eigenschaft, dass in ihren sämtlichen Punkten der Zahlenwert jenes Skalars 10, links von ihr größer, rechts von ihr kleiner ist.

Wir wollen nun annehmen, Zeichnung und Zahlen seien so gewählt, dass die Richtung, in der die Größe abnimmt (hier nach rechts) die Richtung der Bewegung des Punktes a ist, und dass der Betrag, um den die Größe auf einem cm abnimmt (hier grade 1), also das sog. Gefälle, grade die Geschwindigkeit des Punktes ist. Man nennt dann diese Größe das Geschwindigkeitspotenzial und kann es nun definieren als diejenige Größe, deren Richtung stärksten Gefälles die Bewegungsrichtung, und deren Gefälle selbst (Abnahme auf einem cm) grade die Geschwindigkeit der Bewegung liefert. Jene das Papier durchschneidende Fläche nennt man eine Fläche gleichen Geschwindigkeitspotenzials oder der Kürze halber mit einem leicht verständlichen Bild eine *Niveaufläche*; auf ihr steht die Bewegungsrichtung aller ihrer Punkte senkrecht, in ihr *selbst findet also gar keine Bewegung statt*. Auf diese Weise kann man nun das ganze Feld mit lauter Niveauflächen und lauter Bewegungslinien anfüllen und erhält dann das beistehende Bild (Abb. 3.30), in

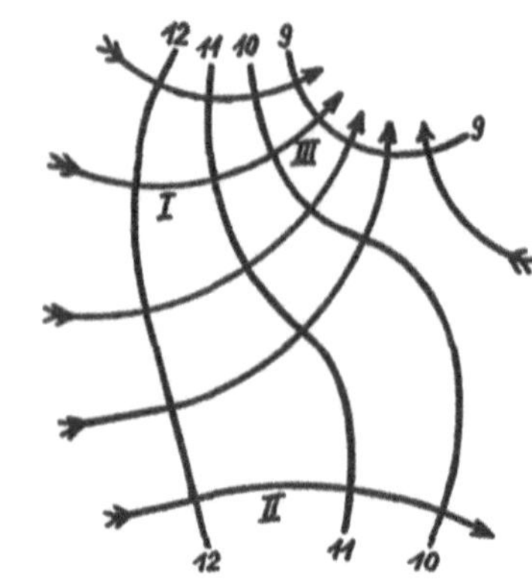


Abb. 3.30

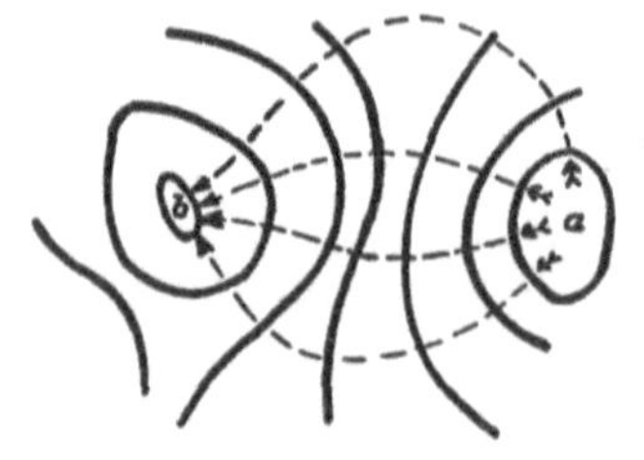


Abb. 3.31

dem die mit Pfeilen versehenen Linien die Bewegungslinien, die Linien mit Zahlen an beiden Enden die Niveauflächen darstellen; alle Schnittwinkel in der ganzen Zeichnung sind rechte Winkel.

Das Bild gibt übrigens nicht bloß von der Richtung der Geschwindigkeit eine Vorstellung, sondern auch von ihrer Größe; denn da das Gefälle zwischen zwei Niveauflächen immer dasselbe (in der Figur z. B. immer 1) ist, der Abstand aber zwischen zwei benachbarten Flächen in weiten Grenzen schwankt, ist die Geschwindigkeit desto größer, je näher die Flächen beieinanderliegen, sie ist also bei III größer als bei II und auch größer als bei I. Übrigens hat das Feld gewisse *Singulare* d. h. *ausgezeichnete Punkte*, die wir uns der Einfachheit halber an dem besonderen Fall der Abb. 3.31 klar machen wollen, die sich auf ein Strömungsfeld bezieht, gleichviel ob das strömende Agens Flüssigkeit, Wärme oder Elektrizität ist; hier gehen alle Stromlinien von a aus und treffen in b zusammen; a heißt deshalb die *Quelle*, b die *Senke*, speziell bei der elektrischen Strömung a die Anode, b die Kathode.

Es darf allerdings nicht verschwiegen werden, dass es nicht für alle Arten von Bewegung ein Geschwindigkeitspotenzial gibt; bei Flüssigkeitsbewegungen z. B. existiert ein solches nur für eigentliche Strömungen, nicht aber für Wirbelbewegungen. Ein Wirbelfeld kann man also nicht in der oben geschilderten Weise topografisch aufnehmen; dass es trotzdem gelingt, auch hier einen topografischen Ersatz zu finden, kann hier nicht ausgeführt werden.

Zum Abschluss dieses Kapitels müssen wir noch eine grundsätzliche und für alles Folgende wichtige Bemerkung machen. Schon bei den relativ einfachen Begriffen der Geschwindigkeit und der Beschleunigung haben wir gesehen, dass sie, dem Charakter des Weltgeschehens entsprechend, im allgemeinen infinitesimal gefasst werden müssen; und daraus folgt, dass man mit ihnen nur in derjenigen Weise operieren kann, wie sie durch die von Leibniz und Newton fast gleichzeitig begründete und seitdem in ungeahntem Maße ausgebildete Infinitesimalrechnung, d. h. die Rechnung mit unendlich kleinen (unter Umständen auch mit unendlich großen) Größen festgelegt ist; alles Geschehen erfolgt eben (von bestimmten Plötzlichkeiten abgesehen) in stetiger Weise.

Wenn also die Erfassung der Gesetzmäßigkeiten im Weltall von vornherein eine exakte Behandlung nur mithilfe der Mathematik ermöglicht, weil nur sie den Charakter absoluter Exaktheit hat, so ergibt sich nunmehr des weiteren, dass diese Aufgabe nur in ganz besonders einfachen Fällen die elementare, im Allgemeinen aber nur die höhere Mathematik leisten kann. Und wie sich das bei den Begriffen der Geschwindigkeit und der Beschleunigung offenbart, so wird es sich bei allen weiterhin einzuführenden Begriffen, die integrierende Bestandteile des Weltbildes sind, erst recht wiederholen. Der Mathematiker oder besser, da dieser es gar nicht mit Wirklichkeiten zu tun hat, der mathematische Physiker ist also vor allen anderen berufen, an unserm großen Problem sachgemäß zu arbeiten. Und je exakter die Vertreter der Nachbarwissenschaften sich an der Aufgabe beteiligen wollen, desto dringender wird es auch für sie, also für den Astronomen und den Chemiker, den Biologen und den Physiologen, in letzter Reihe aber auch für die Vertreter der sog. Geisteswissenschaften, sich der Sprache der höheren Mathematik zu bedienen; bei einigen von ihnen ist diese Erkenntnis und die entsprechende Nutzanwendung schon weit fortgeschritten, bei andern bleibt das meiste noch zu wünschen übrig.

## 3.3 Masse und Kraft

Das Weltbild, das wir bis jetzt aufgebaut haben, und zwar aus den Elementen Raum und Zeit, sowie ihrer Kombination, der Bewegung, hat in den Augen wohl eines jeden Laien und der meisten Fachleute etwas so Unbefriedigendes, dass man sich außerstande fühlt, etwas damit anzufangen. Es ist nämlich durchaus „leer", man hat das Gefühl, dass der Zweck des Unternehmens gar nicht erreicht worden ist. Man hat doch offenbar, so scheint es dem Laien, die Ideen von Raum und Zeit nur eingeführt, um irgend etwas darin unterzubringen; wir kommen uns vor, wie der Baumeister eines Hauses, das unbewohnt ist und bleibt, und sogar noch schlimmer als dieser, weil ein schön gebautes Haus doch wenigstens den Vorübergehenden einen fesselnden Anblick gewährt, weil Raum und Zeit unsichtbar sind und auch ihrer Kombination, der Bewegung, noch jede Realität fehlt, weil man gar nicht sagen kann, was sich denn bewegt. Indem wir diesen laienhaften Vergleich machen, verstoßen wir freilich gegen unsre Definition von Raum und Zeit, die doch durchaus keine Schachteln sein sollen, in die man etwas hineinpacken kann, sondern nur die Formen unsrer Anschauung. Aber auch wenn wir sie so fassen, fragen wir doch unwillkürlich, was für „Sachen“ denn in diesen „Formen“ erscheinen; denn mit den Formen als Schlussbegriffen vermögen wir uns durchaus nicht zu befreunden.

Nur müssen wir uns grundsätzlich über einen Punkt klar werden: Von diesen Sachen, von diesem „Ding an sich", wie es in der Geschichte der Philosophie seit den ältesten Zeiten eine so große Rolle spielt, können wir auf keinerlei Weise etwas erfahren oder gedanklich feststellen, es kann daher bei unseren Betrachtungen auch keinen Platz finden. Wir müssen die Dinge so nehmen, wie sie sich uns darbieten, also in der Form von Raum und Zeit; kein Denker hat diese Resignation so klar und fest ausgesprochen wie Immanuel Kant. Andrerseits wollen wir die in Fachkreisen, wenn auch nur in den kühnsten, fortschrittlichsten und vorurteilsfreisten, viel erörterte Frage, ob denn nicht doch Raum und Zeit so mannigfaltig ausgestaltet werden können, dass aus der Leere eine Fülle entsteht und damit ein befriedigendes Weltbild zustande kommt, nicht näher verfolgen und lieber getrost einen Schritt weiter gehen und das Weltbild dadurch anreichern, dass wir zu Raum und Zeit ein Drittes hinzufügen. Welche Möglichkeiten hier bestehen, davon haben wir ja schon gesprochen, und wir müssen dieser Frage jetzt näher treten. Von den drei Möglichkeiten, die wir damals aufgestellt haben, wollen wir die beiden ersten, die sich auf Materie und Kraft gründen, gemeinschaftlich behandeln, weil sich der eine Begriff ohne den andern nicht fruchtbar machen lässt, weil sie in jener engen Wechselwirkung stehen, die schon in dem alten Schlagwort „Stoff und Kraft" ihren Ausdruck gefunden hat.

Wir knüpfen also an den Begriff der Bewegung an und fragen: Wodurch entsteht Bewegung? Diese Frage gehört ja in das Kapitel vom unwiderstehlichen Drang des Menschen, alles, was er sieht, alles, was geschieht, als Wirkung von Ursachen aufzufassen. Wenn also Bewegung eine Wirkung ist, welches ist dann die Ursache, die diese Wirkung hervorbringt? Jede Sprache hat dafür ein gutes kurzes Wort: Wir Deutschen nennen sie eine Kraft; und man unterscheidet zahllose Arten von Kräften, z. B. die Muskelkraft, die Schwerkraft, die Dampfkraft, die elektrische und magnetische Kraft, die Lebenskraft und viele andere.

Mit Absicht wurden diese Beispiele in der obigen Anordnung aufgeführt; denn für die Muskelkraft haben wir eine direkte Empfindung, für die Schwerkraft (z. B. beim Bergsteigen) noch eine indirekte, für die übrigen gar keine; vielmehr bilden wir sie nach dem Muster der uns bewussten Muskelkraft und dichten sie ihren Trägern, also dem Dampf, der Elektrizität, dem Magnetismus, dem lebenden Organismus an, um die Erscheinungen, die sie darbieten, in einen kausalen Zusammenhang zu bringen. Das ist gewiss ein physikalisches Vorgehen; wir müssen uns aber immer bewusst bleiben, dass diese „Kräfte" etwas Metaphysisches an sich haben und dass wir deshalb so vorsichtig wie möglich mit ihnen umgehen müssen. Vor allen Dingen ist es nun notwendig, die Beziehung zwischen Kraft und Bewegung schärfer zu präzisieren; und da muss man zwei Möglichkeiten gelten lassen, von denen die eine näherliegt, die andre aber trotzdem allein haltbar ist. Man wird zunächst wie selbstverständlich die folgende Reihe aufstellen:

1. Wenn keine Kraft wirkt, tritt keine Bewegung ein, der Punkt, auf den keine Kraft wirkt, bleibt in Ruhe.
2. Wenn eine momentane d. h. nur ein kleines Zeitteilchen andauernde Kraft, ein sog. Impuls wirkt, kommt der Punkt für diese kurze Zeit in Bewegung, um gleich wieder der Ruhe zu verfallen.
3. Wenn eine dauernde, konstante Kraft wirkt, gerät der Punkt in dauernde, gleichförmige Bewegung.
4. Wenn eine immer stärker werdende Kraft wirkt, kommt der Punkt in beschleunigte Bewegung. —

Diese Festsetzung scheint sich auf den ersten Blick gut zu bewähren, z. B. bei einem historischen Dampfeisenbahnzug, der stillsteht, solange das Dampfventil geschlossen ist, sowie bei demselben Zuge auf freier Strecke: hier wirkt eine konstante Kraft (die Dampfkraft), und die Wirkung ist die gleichförmige Bewegung des Zuges. Aber schon bei weiterer Verfolgung dieses Beispiels stößt man auf Schwierigkeiten. Beim Abfahren von einer Station setzt sich der Zug nicht nur so lange in beschleunigte Bewegung, wie der Dampfdruck ansteigt, sondern die Beschleunigung dauert noch an, wenn der Dampfdruck längst konstant geworden ist; und wenn bei der Annäherung an die nächste Station der Dampfhahn geschlossen wird, läuft der Zug noch eine beträchtliche Strecke weiter, ehe er zur Ruhe kommt.

Oder um ein Beispiel aus unserem persönlichen Bewusstsein zu wählen: Beim Kegeln wird durch die Muskelkraft nur ein momentaner Stoß erteilt, der in dem Moment, wo die Kugel fortzurollen beginnt, schon aufgehört hat; und doch rollt die Kugel weiter, desto weiter, je glatter die Bahn ist, und man hat den Eindruck, dass sie immer weiter rollen würde, wenn die Bahn vollkommen glatt wäre.

Und noch ein Beispiel: Wenn man einen Körper in der Luft loslässt, so fällt er seiner Schwere wegen herunter; aber während diese Schwere konstant ist, ist die Fallbewegung nicht gleichförmig, sondern stark beschleunigt.

Unsere naive Auffassung stellt also die Tatsachen, wenn auch nicht grade falsch, doch nicht in dem richtigen Licht dar; und es kommt darauf an, eine andere Form zu finden. Diese andere Auffassung, deren Fixierung eine der größten geistigen Leistungen in der exakten Naturwissenschaft ist, beherrscht, seit sie von Galilei angebahnt und von Newton in seinen drei Bewegungsgesetzen in erstaunlich klarer und knapper Form ausgesprochen worden ist, nun schon seit mehreren Jahrhunderten die ganze Naturlehre. Diese Axiome der Bewegung aber lauten, wenn man sie auf die hier erforderliche Konzentration bringt und von dem noch nicht hierher gehörigen Teil absieht, folgendermaßen:

1. Ein Körper, auf den keine Kraft wirkt und auch niemals eine gewirkt hat, oder auf den nur Kräfte wirken oder gewirkt haben, die sich gegenseitig aufheben, ist und bleibt in Ruhe.

2. Ein Körper, auf den keine oder nur gegenseitig sich aufhebende Kräfte wirken, auf den aber früher einmal eine Kraft gewirkt hat, bewegt sich gradlinig und gleichförmig, und zwar mit einer dem damaligen Kraftimpuls entsprechenden Geschwindigkeit.

3. Ein Körper, auf den eine nach Größe und Richtung konstante Kraft wirkt, bewegt sich gleichförmig beschleunigt, und die Beschleunigung entspricht der jetzt wirkenden Kraft.

Für unsere Zwecke kann man diese Gesetze in das eine zusammenfassen:

> *Die Ursache der Ruhe ist das Fehlen jeder Kraft, die Ursache einer Geschwindigkeit ist ein* Impuls, *die Ursache einer* Beschleunigung *ist eine Kraft.*

Die quantitative Beziehung zwischen Ursache und Wirkung aber ist vorläufig, nach dem alten Spruch „causa aequat effectum“ einfach die Identität. Die Einführung der Begriffe Impuls und Kraft hat eben nur eine sprachliche und insofern auch eine angeblich erkenntnistheoretische Bedeutung, dass man an die Stelle der erfahrungsmäßigen Begriffe Geschwindigkeit und Beschleunigung die kausalen Abstraktionsbegriffe Impuls und Kraft setzt.

*

Wir müssen diese Betrachtung nunmehr fürs Erste unterbrechen und eine ganz andersartige einschieben. Unser Sehraum bietet uns eine Fülle von Mannigfaltigkeiten und mit der Zeit eine fast noch größere Fülle von Veränderungen dieser Mannigfaltigkeiten dar. Manche dieser Änderungen sind raschem Wechsel unterworfen (z. B. leuchtet hier plötzlich ein Blitz auf und verschwindet ebenso schnell wieder), bei anderen kann man die Änderung in Ruhe verfolgen (z. B. bei einer Wolke), bei noch andern geht die Änderung so langsam vor sich, dass es Minuten, ja Stunden, Tage und Monate den Anschein hat, als ob sich überhaupt nichts ändere; hier können wir die Veränderung mit dem Auge wiederum nicht verfolgen, aber nicht deshalb, weil sie zu rasch, sondern im Gegenteil, weil sie zu langsam erfolgt. Wir können doch nicht monatelang vor einem Blatt stehen bleiben und beobachten, wie es sich aus einem grünen in ein gelbes Blatt verwandelt. Aber selbst wenn wir die ganze Zwischenzeit auslassen und nur im Frühjahr das erste Mal und im Herbste das zweite Mal vor das Blatt treten, können wir doch feststellen, dass in einem gewissen Sinn das gelbe Blatt mit dem grünen identisch ist. Wir sagen also nicht: Anstelle des grünen Blattes befindet sich jetzt ein gelbes, sondern wir sagen: Das früher grüne Blatt ist jetzt gelb geworden, aber es ist dasselbe Blatt. Und auch wenn die Veränderung so stark ist, dass wir den Ausdruck „nicht zum Wiedererkennen“ anwenden, wie etwa in dem Fall der Puppe und des Schmetterlings, zweifeln wir aufgrund unsrer Erfahrung nicht an der Identität und stellen nur eine unfassbare Veränderung eines und desselben Dinges fest.

In solchen Fällen, die ja überaus zahlreich sind, sprechen wir von Dauerkonfigurationen, von zusammengehörigen Komplexen, von Körpern oder Gegenständen. Dieser letztere Ausdruck gibt uns nun dank seiner sprachlichen Entwicklung eine besondere Aufklärung. Die Ausdrücke „Gegenstand“ und „Widerstand“ haben sich nämlich erst ganz allmählich in der Weise differenziert, dass der eine, wie man sagt, ein Konkretum, der andre ein Abstraktum bezeichnet. Ein Gegenstand ist eben etwas, das Widerstand leistet; und es fragt sich nur, wem es diesen Widerstand leistet. Hier kommen nun, außer anderem, unsre Sinnesorgane, also Gesichts- und Tastsinn in Betracht. So leistet z. B. eine Fensterscheibe dem Tastsinne großen, dem

Auge fast gar keinen Widerstand, sie ist also wohl für jenen, aber kaum für diesen ein Gegenstand; umgekehrt verhält es sich etwa mit dichtem Nebel, der den Gesichtssinn völlig behindert, dem Tastsinn aber kaum einen Widerstand bietet. Unter diesen Umständen muss man es daher aufgeben, den Dingen nach ihrem Verhalten zu unsern Sinnesorganen ein Maß beizulegen, man muss die Dinge sozusagen objektivieren und feststellen, welchen Widerstand sie sich selbst leisten oder um es gleich deutlicher zu sagen, welchen Widerstand sie ihrer eignen Bewegung entgegenstellen. Und auch damit ist die Fragestellung noch nicht hinreichend präzisiert; denn wir wissen ja aus den Grundgesetzen, dass ein Körper seiner eignen Bewegung, soweit sie mit konstanter Geschwindigkeit erfolgt, gar keinen Widerstand leistet, dass er sich „von selbst" weiterbewegt.

*

Und damit kommen wir zu der vorhin unterbrochenen Betrachtung zurück. Die zuletzt angeführte Tatsache nämlich nötigt uns einen neuen Begriff einzuführen, der eine der Materie zugeschriebene Eigenschaft darstellt: Das Beharrungsvermögen oder die Trägheit. Der erstere Ausdruck ist umfassender, weil er auch aktiven, die Trägheit aber, wie es scheint, lediglich passiven Charakters ist. Indessen braucht man den letzteren Ausdruck auch im täglichen Leben nicht selten auch im aktiven Sinne; ein Kind schreit z. B. weiter, auch wenn der Schmerz aufgehört hat, und zwar, weil es zu träge ist, um mit dem Weinen aufzuhören; und der erwachsene Mensch ist oft nicht nur am Morgen zu träge um aufzustehen, sondern auch abends zu träge um schlafen zu gehen. Wenn man also das Wesen der Dauerkonfigurationen in dem Worte Materie oder Stoff zusammenfasst und als ihre Quantität einen neuen Begriff, die „Masse" einführt, so meint man damit zunächst die passive oder träge Masse.

Man kann übrigens das in Rede stehende Phänomen, statt es als eine Eigenschaft der Materie aufzufassen, auch als eine solche der Kraft kennzeichnen, und zwar als eine zu ihrer Wirkung hinzutretende Nachwirkung. Ein Impuls, z. B. auf die Kegelkugel, wirkt nicht nur während seiner kurzen Dauer, er wirkt auch noch nach, und zwar im Prinzip unbegrenzt. Wenn die Schwerkraft einem Körper in der ersten Sekunde eine Beschleunigung von rund 10 m erteilt, so wirkt auch diese nach, und infolgedessen summieren sich die Geschwindigkeiten aller einzelnen Sekunden, die Fallstrecken betragen daher in den ersten Sekunden 5 bzw. 15 bzw. 25 m usw., d. h., sie bilden die Reihe der ungraden Zahlen. Im Laufe der Zeit hat man eine ganze Anzahl von Kräften kennengelernt, die die Erscheinung der Nachwirkung aufweisen, so die elastische und die magnetische Nachwirkung, die Nachwirkung des Lichteindrucks und vieles andre.

Wie stimmt es aber mit der neuen Auffassung, dass jener historische Eisenbahnzug auf freier Strecke sich mit konstanter Geschwindigkeit bewegt, obgleich doch die Dampfkraft dauernd auf ihn wirkt? Es muss also nach dem zweiten unsrer Sätze eine Gegenkraft existieren, die die Dampfkraft grade aufhebt; diese Kraft ist die Reibungskraft (an den Schienen, an den Achsen, an der Luft). Und diese Gegenkraft, so muss man annehmen, setzt anfangs, bei der Abfahrt des Zuges, nur schüchtern ein, sodass noch ein positiver Beschleunigungsbetrag übrig bleibt; aber mit zunehmender Geschwindigkeit nimmt sie rapide zu, und zwar so lange, bis sie die Dampfkraft grade aufhebt. Wenn man also gefragt wird, wodurch sich ein Zug auf freier Strecke bewegt, so lautet die einzig richtige Antwort: durch sein Beharrungsvermögen, durch seine Trägheit. Wirklich war es z. B. bei den Pferdebahnen eine bekannte Tatsache, dass die Hauptleistung der Pferde das Anziehen bei der Abfahrt ist, während auf freier Strecke der Wagen sich fast von selbst weiter bewegt. Solche Reibungs- und Widerstandskräfte machen sich nahezu allenthalben geltend; sie lassen die rollende Kugel zur Ruhe kommen, sie machen den Ton verklingen, sie bewirken, dass eine konstante elektrische Kraft keinen immerfort ansteigenden, sondern nur einen konstanten Strom erzeugt, indem der Überschuss fortwährend durch die elektrische Reibung, den Kupferwiderstand aufgezehrt bzw. in Wärme verwandelt wird.

Fassen wir das Gesagte zusammen, so sind wir nunmehr imstande, eine Definition der Masse zu geben, und zwar eine, die etwas Deutliches und Exaktes besagt. Denn mit dem naheliegenden und bei Laien beliebten Ausspruch „Masse ist der Inhalt eines Körpers an Materie“ schwebt ohne strenge Definition der Begriffe „Inhalt“ und „Materie“ alles in der Luft.

Wir setzen vielmehr die Masse in Beziehung zur Bewegung, insbesondre zur Beschleunigung und sagen:

Masse ist der Widerstand eines Körpers gegen seine Beschleunigung durch eine dauernde Kraft.

Die Masse m ist also der Divisor, mit dem man die Kraft K dividieren muss, um die Beschleunigung B zu erhalten. An die Stelle der ursprünglichen Aussage tritt also jetzt eine neue und allgemeinere, und zwar in den drei Formen:

$$B = \frac{K}{m} \qquad m = \frac{K}{B} \qquad K = B \cdot m.$$

Jede dieser drei Formeln hat, obgleich sie mathematisch identisch sind, ihren eignen Sinn:

- die erste erlaubt, bei gegebener Kraft die Beschleunigung zu berechnen, wenn man die Masse kennt;
- die zweite ergibt die Masse aus den bekannten Werten der Kraft und der Beschleunigung;
- die dritte leitet aus der beobachteten Beschleunigung und der irgendwie anderweitig bekannten Masse die Kraft ab.

Indessen ist zu bedenken, dass alle drei Gleichungen insofern unlösbar sind, als sie nur eine bekannte, dagegen zwei unbekannte Größen enthalten; sie haben daher bis auf Weiteres nur allgemeine erkenntnistheoretische und keine praktische Bedeutung. Die dritte Formel kann man auch noch ganz anders deuten, indem man sagt: Ein Körper von der Masse m, der eine gewisse Beschleunigung annimmt, hat eine bestimmte Kraftkapazität K; um die Beschleunigung B zu erlangen, muss man das m-fache an Kraft auf ihn wirken lassen; davon wird der Faktor m durch seine Masse verschluckt, und nur der andere Faktor B tritt wirklich in die Erscheinung. Es sei bemerkt, dass die Kraftkapazität nur einer von den verschiedenen Kapazitätsbegriffen ist, die man in der Physik einführt; genannt seien die Wärmekapazität, die elektrostatische und die Induktions-Kapazität.

Natürlich kann man ganz entsprechende Betrachtungen anstellen und Formeln aufstellen für die als Folge eines Impulses I auftretende Geschwindigkeit G:

$$G = \frac{I}{m} \qquad m = \frac{I}{G} \qquad I = G \cdot m$$

Oder in Worten: Geschwindigkeit G ist der durch die Masse m dividierte Teil des Impulses I, Masse m ist das Verhältnis des Impulses I zur Geschwindigkeit G; und um einem Körper von der Masse m die Geschwindigkeit G zu erteilen, muss man den m-fachen Impuls auf ihn wirken lassen.

Eines freilich wird man bei der ganzen Betrachtung bemängeln und fragen: Wie groß ist denn die Masse eines ruhenden Körpers? Die Antwort lautet kurz und bündig: Ein ruhender Körper hat überhaupt keine Masse oder, vorsichtiger ausgedrückt: In der Ruhe gibt sich die Masse überhaupt nicht kund. Und wenn man, um dagegen zu protestieren, an den Fall des Körpers denkt, der ruhig auf einer Waagschale liegt, so wird man erwidern: Das, was sich hier kundgibt, ist nicht seine Masse, sondern etwas grundsätzlich anderes, nämlich sein Gewicht, also eine von ihm ausgehende Kraft; und davon werden wir sehr bald reden und dann auch feststellen, in welcher Beziehung das Gewicht zur Masse steht.

Vorerst aber haben wir noch die größte Schwierigkeit zu beseitigen, die sich bei der Anwendung unsrer Auffassung darbietet, und wir wollen dazu zwei Beispiele wählen, die sich direkt zu widersprechen scheinen. Setzen wir mit unsrer Muskelkraft zuerst eine kleine Kegelkugel und dann, indem wir dieselbe Kraftanstrengung machen (was wir wenigstens ungefähr beurteilen können), eine große ins Rollen! Niemand braucht diesen Versuch erst wirklich anzustellen, um zu wissen, dass die große Kugel eine kleinere Geschwindigkeit annehmen wird, als die kleine, und dass er, um beiden gleiche Geschwindigkeit zu erteilen, sich bei der etwa doppelt so großen Kugel in doppeltem Maß anstrengen muss. Und dass es hierbei eigentlich nicht auf die Größe der beiden Kugeln, sondern auf etwas ganz andres, nämlich auf die Masse ankommt, ersieht man, wenn man zwei gleich große Kugeln benutzt, deren eine aus Holz, deren andere aus Eisen besteht; bei der letzteren muss man, um ihr dieselbe Geschwindigkeit zu erteilen, entsprechend ihrer achtfachen Masse, die achtfache Muskelkraft anwenden.

Zu ganz andern Schlüssen scheint das andere Beispiel zu führen. Wir lassen von der Decke des Zimmers durch eine luftleer gepumpte Glasröhre hindurch eine Bleikugel und eine Holundermarkkugel herabfallen, beide von gleicher Größe und deshalb von sehr verschiedener Masse. Da nun bei beiden dieselbe Kraft, nämlich die Schwerkraft, wirkt, müssten sie Beschleunigungen erfahren, die mit ihren Massen umgekehrt proportional wären. Die Beobachtung ergibt aber, dass sie gleich schnell fallen. Fallgeschwindigkeit und Fallbeschleunigung sind für alle Körper gleich; und da man nach allen anderweitigen Erfahrungen nicht annehmen kann, dass alle Körper dieselbe Masse haben, bleibt hier zunächst ein unlösbarer Widerspruch.

Die Lösung liegt in einer ganz neuartigen Auffassung aller Wirkungen im Kosmos begründet. Schon Newton hat diesen Gedanken in seinem dritten Bewegungsaxiom mit den Worten: „Die Wirkung ist gleich der Gegenwirkung" ausgesprochen, und wir haben nur nötig, diesen Ausspruch näher auszuführen. Alle Wirkungen sind, so stellen wir fest, Wechselwirkungen; der Wirkung des Körpers 1 auf den Körper 2 entspricht eine der Größe nach genau gleiche, der Richtung nach aber entgegengesetzte Wirkung des Körpers 2 auf den Körper 1. Am unmittelbarsten leuchtet dieser Satz ein für die Wirkung zweier Körper, die sich beim Stoß unmittelbar berühren. Hier lautet er in Formel:

$$\mathfrak{m}_1 \mathfrak{G}_1 = -\mathfrak{m}_2 \mathfrak{G}_2$$

Oder in Worten: Zwei Körper erteilen einander beim Stoß Geschwindigkeiten, die entgegengesetzte Richtungen haben und der Größe nach im umgekehrten Verhältnis ihrer Massen stehen; kurz gesagt: Die Impulse sind gleich groß und entgegengesetzt. Und genau ebenso verhält es sich bei sog. Fernkräften; hier sind z. B. Erde und Mond die beiden Körper, und auch hier stehen die Wirkung und Gegenwirkung in umgekehrtem Verhältnis der Masse desjenigen Körpers, auf den die Wirkung ausgeübt wird.

Die Frage der Wirkung und Gegenwirkung spielt bei allen Naturerscheinungen eine große und manchmal entscheidende Rolle. Beim Kegelschieben empfindet man die Rückwirkung an der eignen Person, in der Ballistik macht sie sich dadurch geltend, dass, wenn das Geschoss abgefeuert wird, das Geschütz rückwärts läuft; allerdings nur um eine Strecke, die entsprechend seiner größeren Masse kleiner ist, bei modernen Schusswaffen aber immerhin viele Meter betragen kann, und die deshalb, um die Sache in die mögliche Praxis einzuordnen, zu dem Gedanken des Rohrrücklaufs (bei feststehender Lafette) geführt hat. Wenn das Verhältnis der Massen der beiden in Wechselwirkung stehenden Körper sehr groß ist, kommt die Rückwirkung nicht in Erscheinung.

Und damit kommen wir auf den freien Fall der Körper an der Oberfläche der Erde zurück. Hier kommt die Gegenwirkung, außer wegen der großen Masse der Erde, schon deshalb nicht in Betracht, weil wir als Bewohner dieser Erde alle Bewegungen auf sie als ruhend beziehen. Um nun aber den früheren Widerspruch zu lösen, der in der trotz verschiedenster Masse gleichen Fallgeschwindigkeit besteht, brauchen wir nur einzusehen, dass es sich hier nicht um eine einseitige Anziehungskraft der Erde handelt, sondern um eine Form der Wechselwirkung zwischen der Erde und dem Körper, den man durch Loslassen in den Stand gesetzt hat, frei zu fallen. Nimmt man nun an, dass K direkt proportional sei mit der Masse M der Erde, so muss man es nunmehr auch noch mit der Masse m des Körpers proportional setzen. Allerdings handelt es sich hier um etwas ganz andres als die träge oder passive Masse m des Körpers; hier kommt vielmehr seine aktive oder schwere Masse, im Ruhezustand gewöhnlich als Gewicht bezeichnet, in Betracht; und es fragt sich, in welcher Beziehung diese aktive zu jener passiven Masse steht. Da nun nach unsrer früheren Auffassung $K = B/m$ ist, in Wahrheit aber, da alle Körper mit gleicher Beschleunigung fallen, $K = B$ ist, so muss man offenbar annehmen, dass die schwere Masse zahlenmäßig genau gleich der trägen Masse sei.

Aus solchen Erwägungen hat sich das Postulat entwickelt, dass die schwere Masse identisch ist mit der trägen Masse;

aber erst durch Einstein und die Relativitätstheorie hat dieses Postulat den Charakter eines Gesetzes angenommen.

Um aber zu der gleichen Fallbeschleunigung aller Körper ein anschauliches Gleichnis aus dem täglichen Leben zu geben, sei darauf hingewiesen, dass Kinder ebenso schnell gehen wie Erwachsene, weil sie zwar eine kleinere Kraft (aktive Masse), aber in demselben Maße auch eine kleinere passive Masse haben.

Statt die Masse aus der Wechselwirkung heraus zu definieren, könnte man ja auch zwei verschiedene Fälle betrachten und sagen: Die Massen zweier Körper verhalten sich umgekehrt wie die Beschleunigungen, die sie unter gleichen Umständen oder bei gleicher Konfiguration annehmen. Indessen kann doch die Klarstellung dessen, was unter „gleichen Umständen" oder „gleicher Konfiguration" zu verstehen sei, Schwierigkeiten machen; sie muss das sogar in jedem Fall deshalb tun, weil doch hier zwei Fälle miteinander verglichen werden, bei denen es sich um zwei verschiedene Körper handelt und weil diese beiden Körper doch mit zur Konfiguration gehören (beim freien Fall trat das ja schon deutlich zutage). Bei der Wechselwirkung fällt diese Schwierigkeit weg, weil es sich ja nur um einen einzigen Vorgang handelt, an dem beide Körper beteiligt sind.

Wenn man hiernach die Masse durch ihre Beziehung zur Bewegung definiert, so ist doch klar, dass man aus dieser Definition nur in äußerst seltenen Fällen praktischen Nutzen schöpfen wird. Der wichtigste dieser Fälle ist in der Astronomie verwirklicht, wo man aus den Bewegungen der Planeten und andrer Körper um ihre Zentralkörper einen Schluss auf ihre passive Masse zieht, während man in anderen Fällen, z. B. bei der Wirkung des Jupiter auf seine Monde, auf die aktive Masse zurück schließt. Auch in manchen irdischen Prozessen wird auf die passive Masse zurückgegangen, z. B. in der Ballistik zur Berechnung der Pulverkraft, die man anwenden muss, um ein Geschoss von bestimmter Masse in geeignete Bewegung zu setzen. Das sind aber alles nur besondere Fälle; im Allgemeinen benutzt man nicht die passive, sondern die aktive Masse der Körper, d. h., ihr Gewicht; und die Gesamtheit der Apparate, mittelst deren man es bestimmt, ist bekanntlich die Waage in ihren zahlreichen Formen. Dabei tritt denn deutlich zutage, was wir im

Laufe unsrer Betrachtungen längst bemerkt haben: dass nämlich das ...

Gewicht (und damit auch die Masse) keinen absoluten Wert hat, ...

... sondern nur einen Vergleichswert zwischen zwei einzelnen Fällen (z. B. $m_1$ und $m_2$ in der obigen Stoßgleichung) oder der zu wägende Körper auf der einen, die Gewichtstücke auf der andern Waagschale.

Man braucht also einen Einheitswert, den man willkürlich wählen darf. Man hatte dafür ursprünglich diejenige Menge reinen Wassers gewählt, die bei einer bestimmten Temperatur, nämlich bei 4°C, genau ein Kubikzentimeter Raum einnimmt. Das Tausendfache dieser Masse wurde durch ein in Breteuil bei Paris aufbewahrtes Gewichtstück festgelegt, von dem sich an vielen andern Orten Kopien befinden; dieser Normalkörper heißt Kilogramm.

Indessen hat sich auch hier bei feinerer Untersuchung eine kleine Differenz herausgestellt, deren ungeachtet man die einmal eingeführten Normalkörper beibehalten hat. So ist jetzt das Volumen von 1 kg Wasser bei 4°C und 76 cm Hg-Druck nicht genau 1, sondern 1,000027 $dm^3$ oder auch 1 kg ist die Würfelmasse Wasser mit der Kantenlänge 1,000009 dm. Das aus 90% Platin und 10% Iridium bestehende deutsche Prototyp des Normalgewichts hat eine um etwa 0,000053 Gramm zu große Masse, muss also bei Vergleichungen entsprechend korrigiert werden. In der exakten Naturlehre gilt übrigens als Masseneinheit nicht das Kilogramm, sondern sein Tausendstel, das Gramm (g) mit seinen Vielfachen bis zur Tonne (1.000.000 g) hinauf und bis zum Milligramm und Mikrogramm (mg = 0,001 g bzw. µg = 0,000001 g) hinunter.

Die mögliche Wahl der Masse als Fundamentalbegriff hat ihre bedenklichen und guten Seiten; von jeder dieser Seiten sei ein besonders wichtiger Punkt hervorgehoben. Die Masse ist deshalb keine zu rechtfertigende Grundeinheit, weil sie nur in einem bestimmten Erscheinungsbereich eine wesentliche Geltung hat, nämlich in der Mechanik (allenfalls auch noch in der Thermodynamik) sowie, was den Kosmos betrifft, bei der Wechselwirkung der Himmelskörper. Dagegen spielt sie in der Chemie nur eine zweite Rolle, und in allen übrigen Gebieten, so in der Elektrik, Magnetik und Optik, sowie in der Biologie tritt sie hinter anderen wesentlichen Begriffen vollständig in den Hintergrund. Da nun bei dem Aufbau des Weltbildes neben der Gravitation auch die Strahlung eine entscheidende Rolle spielt, diese aber aus der elektrischen und optischen Wellenbewegung hervorgeht, ist die allgemeine Fundierung durch die Masse mindestens bedenklich.

Andererseits hat die Masse den großen Vorzug, ein Prinzip zu erfüllen, das für die Eignung zum Grundbegriffe geradezu unerlässlich ist. Es ist das, populär ausgedrückt, das Prinzip von der Erhaltung des Stoffes, oder, wissenschaftlich gefasst, von der Konstanz der Masse. Es sagt aus, dass in jedem von der Umwelt materiell abgeschlossenen System, es mögen noch so verwickelte physikalische, chemische, biologische Vorgänge sich abspielen, doch bei alledem die Quantität der in ihm enthaltenen Materie ungeändert bleibt; jene Vorgänge sind also rein qualitativen Charakters. Ist das System an sich nicht materiell abgeschlossen, so muss man die Systeme, mit denen es im materiellen Austausch steht, mit hinzunehmen und es gilt dann das Erhaltungsprinzip für dieses „vollständige" System.

Das einzige absolut und exakt vollständige System ist offenbar das Weltganze; für dieses gilt also auch im exaktesten Sinne das Prinzip von der Konstanz der Masse. Nach seinen beiden Seiten kann man es auch dahin aussprechen, dass im Weltall Materie weder geschaffen noch vernichtet werden könne; denkt man also an den Akt der Schöpfung, so muss man diesen als außerhalb des Bereichs wissenschaftlicher Betrachtung stehend ansehen. Hiervon abgesehen ist das Gesetz in so vielen Erfahrungen als absolut gültig erkannt worden, dass man es zum Prinzip erhoben hat und seinen Nachweis auch in Fällen, wo es anscheinend nicht erfüllt wird, als Postulat ansieht und deshalb durch neue, bisher noch unbekannte Wirkungen als erfüllt nachweisen muss.

Nun folgt allerdings aus der Konstanz der Masse noch nicht die Konstanz des Gewichts, da dieses vom Ort abhängig ist; aber an ein und demselben Orte müsste auch dieses seine Konstanz erweisen; und, wie man weiß, hat Lavoisier durch diesen Nachweis die wissenschaftliche Chemie erst begründet. Es sind allerdings im Zusammenhang mit der

Zurückführung des Gewichtsbegriffs auf verborgene Bewegungen eines unbekannten Substrats, Zweifel an der absoluten Konstanz des Gewichts bei chemischen Umsetzungen laut geworden; bei den betreffenden sehr exakten Untersuchungen von Kreichgauer, Landolt, Heydweiller, Lord Rayleigh und Joly ist aber ein sicheres positives Resultat nicht zustande gekommen. Wenn man dies nun mit den bereits aufgestellten, und von dem ungarischen Physiker Eötvös mit den aller feinsten Mitteln erwiesenen Satz von der Äquivalenz der trägen und schweren Masse in Verbindung bringt, so gelangt man wiederum zur exakten Gültigkeit des Erhaltungsprinzips. Freilich wird sich im Laufe unsrer Untersuchungen herausstellen, dass der Stoff nur eine der Formen ist, in denen sich uns ein Höheres, nämlich die Energie, offenbart; und dann wird das Prinzip von der Konstanz der Masse in dem höheren Prinzip von der Erhaltung der Energie aufgehen.

Wenden wir uns jetzt zur Gegenseite, also zur Kraft, so ist ihre formale Definition das Produkt aus Masse und Beschleunigung oder, indem man zum Kausalitätsprinzip übergeht, die Ursache der Beschleunigung eines Körpers von der Masse m. Freilich bietet das Kausalitätsprinzip bei konsequenter Durchführung unüberwindliche Schwierigkeiten; die Ursache muss ihrerseits wieder eine Ursache haben, und die letzten Ursachen sind menschlicher Erkenntnis verschlossen. Deshalb hat Kirchhoff es als die Aufgabe der Mechanik (und der Physik überhaupt) hingestellt: die Erscheinungen vollständig und auf die einfachste Weise zu beschreiben; und bei dieser Beschreibung führt eben der Kraftbegriff zu einem vereinfachenden Ziel.

Bekanntlich hat man früher zwischen beschreibenden und erklärenden Naturwissenschaften unterschieden; nach Kirchhoff ist eine Erklärung im physikalischen Sinne nicht konsequent durchführbar. Aber grade durch die Einfachheit der Beschreibung wird automatisch eine Vereinheitlichung der verschiedenen Erscheinungen erzielt, ihr Zusammenhang miteinander geklärt; und in diesem Sinne wird die Beschreibung zu einer wahren Erklärung, und zwar zu einer solchen, wie sie der menschlichen Erkenntnis zugänglich ist. Allerdings ist nicht zu leugnen, dass seit einiger Zeit das Prinzip zuweilen so weit getrieben wird, dass nur noch

Formalismus übrig bleibt und zwischen Physik und Geometrie kaum noch ein Unterschied besteht.

Eine der wichtigsten Unterscheidungen in der erkenntnistheoretischen Geschichte des Kraftbegriffs ist die Gegenüberstellung von Fernkraft und Nahekraft. Schreibt man nämlich der Kraft einen „Sitz", andererseits einen „Wirkungsort“ zu und verlegt man beide Orte an räumlich getrennte Stellen, so kommt man zu einer Fernkraft und einer Fernwirkung. Das Charakteristische dafür ist, dass der Raum und das Medium, das sich zwischen Sitz und Wirkungsort befindet, an dem Vorgang weder aktiv noch passiv beteiligt ist; mit diesen beiden Forderungen ist die dritte notwendig verknüpft, dass die Wirkung eine augenblickliche ist; denn wenn sie Zeit brauchte, um von dem Kraftsitz an den Wirkungssitz zu gelangen, müsste sie in der Zwischenzeit an Zwischenorten sein und sich dort bemerklich machen. Der Fernkraft gegenüber steht die Nahekraft; sie wirkt überall wo sie ist, sie gestaltet den ganzen Raum zu einem Kraftfeld, und ihre Wirkung pflanzt sich in endlicher Zeit von Ort zu Ort fort. Übrigens ist zu beachten, dass es sich hier nur um den kontinuierlichen oder nicht kontinuierlichen Charakter des Vorgangs handelt; die Größe des Abstands zwischen Sitz und Wirkungsort kann auch bei einer Fernkraft nicht nur sehr groß (Astronomie), sondern auch sehr klein sein (Molekularkräfte).

Die Entscheidung zwischen beiden Kräften kann nicht dadurch getroffen werden, dass die eine begreiflicher als die andre ist; denn es hat sich gezeigt, dass die Unbegreiflichkeit der Fernkraft sich bei näherer Untersuchung auch bei der Nahekraft in verstärktem Maße zeigt. Man wird daher so lange bei der Fernwirkungstheorie bleiben, als sie nicht durch die oben angedeuteten Bedenken unmöglich gemacht wird. Es kommt nämlich darauf an:

1. ob das Zwischenmedium aktiv beteiligt ist, d. h., ob es einen Einfluss auf den Vorgang hat;

2. ob es passiv beteiligt ist, d. h., ob es durch den Vorgang beeinflusst wird;

3. ob die Erscheinung Zeit braucht, um sich auszubreiten.

Es ist lehrreich und historisch interessant, dass bei der Gravitation alle drei Fragen zu verneinen, beim Elektromagnetismus oder, vorsichtiger gesagt, bei den elektrischen Schwingungen alle drei Fragen zu bejahen sind. Man blieb also dort vernünftigerweise bei der Ferntheorie stehen, musste aber hier zur Feldtheorie übergehen. Erst seit der Aufstellung der verallgemeinerte Relativitätstheorie durch Albert Einstein gibt es die Möglichkeit, diesen Gegensatz zu überbrücken. Im übrigen handelt es sich bei der ganzen Frage um eine solche der Zweckmäßigkeit; und sehr bezeichnend in dieser Hinsicht ist das Verfahren Maxwells, der auf den beiden Gebieten, auf denen er die größten Erfolge erzielte, genau entgegengesetzt verfuhr: In der Gastheorie führte er die scheinbaren Nahewirkungen auf die Fernkräfte zwischen Molekülen, im Elektromagnetismus die scheinbaren Fernkräfte auf Nahekräfte zurück.

In nahem Zusammenhang mit dem Gegensatz zwischen Fern- und Nahekraft steht der andre zwischen Massenkraft und Flächenkraft. Die Fernkraft wirkt auf die Masse des angezogenen Körpers, sie ist daher, wie wir wissen, mit der Masse proportional; dividiert man also durch die Masse, so erhält man die sog. Einheitskraft, die zahlenmäßig natürlich mit der Beschleunigung identisch ist. Die Nahekraft dagegen wirkt auf die Oberfläche des betreffenden Körpers und ist ihrerseits mit deren Größe proportional; dividiert man durch die Fläche, so erhält man die Kraft pro Flächeneinheit. Die Nahekraft bezeichnet man in solchen Fällen als Druckkraft; und die Druckkraft auf die Flächeneinheit nennt man kurz den Druck. Bezeichnet man die Druckkraft mit P, die Fläche mit f und den Druck mit p, so erhält man im besondern Fall, dass der Druck über die ganze Fläche gleichmäßig wirkt: $p = P / f$.

Der absolute Wert des Drucks wird in der Praxis häufig in kg pro $cm^2$ oder gar pro $mm^2$ gemessen. Eine andere Druckeinheit ist der Atmosphärendruck, d. h. der Druck der über einem $cm^2$ bei 76 cm Barometerstand und 0°C Temperatur lagernden Luftsäule. Eine Atmosphäre, die den kurzen Namen Bar erhalten hat, weicht von der obigen Atmosphäre nur um ein Prozent ab (1 Megabar — 0,987 Atm.).

Zwischen der Massenkraft K und der Druckkraft P besteht in gewisser Hinsicht ein sehr wesentlicher Unterschied, der hier nur angedeutet werden kann. Eine Kraft K, die in irgendeiner Richtung wirkt, kann man nämlich nach dem pythagoräischen Satz in die drei Komponenten X, Y, Z zerlegen, deren jede in einer der drei rechtwinkligen Koordinatenrichtungen wirkt, und aus diesen Komponenten kann man sie nach der entsprechenden Formel zusammensetzen:

$$K = \sqrt{X^2 + Y^2 + Z^2}$$

Viel verwickelter liegt die Sache für die Druckkraft; betrachtet man nämlich irgendeinen Punkt im Innern eines Körpers, so wirkt nicht auf diesen, sondern auf irgendeine durch ihn hindurchgelegte Fläche ein Druck. Der Druck hängt also, außer vom Ort, auch von der Richtung jener Fläche ab; und da man auch diese geneigte Fläche durch drei auf den Koordinatenrichtungen und aufeinander senkrechte Flächen zurückführen kann, ergeben sich für den Druck nicht drei, sondern neun Komponenten. Schließlich sei bemerkt, dass die Druckkraft zwar statischen Charakter hat, dass ihr aber eine kinetische Kraft, die Stoßkraft, zur Seite steht, die die Gesetze der Druckkraft übernimmt, außerdem aber ihre eigne Gesetzlichkeit hat.

Kehren wir nochmals zur Fernkraft zurück, so hätten wir noch eine wichtige Aufgabe zu erledigen, wenn wir hier nicht einfach das zu wiederholen hätten, was wir aus Anlass der Strahlung bereits besprochen haben. Auch die Fernkraft kann man nämlich unter dem Bild einer Strahlung oder Strömung auffassen und dabei von Kraftstrahl, Kraftstrom oder Kraftfluss sprechen. Damit ist dann die gesamte, von einem Punkt ausgehende Kraftströmung gemeint, während die Kraft selbst immer die Kraftströmung pro Flächeneinheit bedeutet. Es ergibt sich also auch hier ein Erhaltungsprinzip, aber nicht für die Kraft, sondern als Prinzip von der Erhaltung des Kraftflusses, während die Kraft selbst nicht konstant bleibt, sondern mit wachsender Ausbreitung, gemäß dem Bild der Abb. 3.25, abnimmt, wie das Quadrat der Entfernung zunimmt (Newtonsches Gesetz). Der ganze, auf diese Weise von Kraft erfüllte Raum heißt ein Kraftfeld; von seiner anschaulichen Darstellung werden wir besser erst an einer späteren Stelle reden.

Die letzte Unterscheidung, die wir machen wollen, und die von besonders grundlegender Bedeutung ist, bezieht sich, zunächst bei Fernkräften, auf die Richtung der Kraft in Beziehung zur Linie, die Sitz und Wirkungspunkt der Kraft verbindet. Fernkräfte, die in diese Verbindungslinie fallen, nennt man Normalkräfte, häufiger aber, indem man den Kraftsitz als Zentrum der Erscheinung ansieht, Zentralkräfte. Dabei ist zu unterscheiden zwischen Kräften, die nach dem Zentrum hin, und solchen, die von ihm fort wirken; jene heißen Anziehungskräfte, diese Abstoßungskräfte, ihr Ergebnis Anziehung bzw. Abstoßung. Derartige Zentralkräfte beherrschen das gesamte Gebiet der Gravitation, der Elektrostatik, der Elektrodynamik und der Magnetik; mit dem Unterschied, dass bei der Gravitation nur Anziehungskräfte, bei den andern Erscheinungen aber beide Arten von Kräften vorkommen. Man führt das darauf zurück, dass es nur eine Klasse von gravitierenden Körpern gibt, nämlich nur solche mit positiver Masse, dagegen elektrische und magnetische Gebilde von positivem oder negativem Vorzeichen. Eine Unstimmigkeit besteht dabei allerdings insofern, als man bei den elektrischen und magnetischen Erscheinungen zwangsläufig annehmen muss, dass Massen mit gleichem Vorzeichen sich abstoßen, solche mit entgegengesetztem Vorzeichen sich anziehen; und dass trotzdem alle schweren Massen, obgleich sie sämtlich positiv sind, sich nicht abstoßen, sondern anziehen. Es ist das ein Widerspruch, den man wohl nur überwinden kann, wenn man von davon ausgeht, dass es Antimaterie gibt. Doch auf diesbezügliche Überlegungen wollen wir hier nicht weiter eingehen.

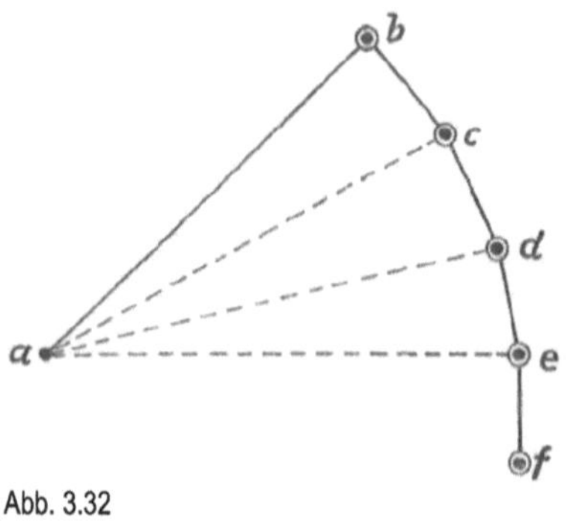

Abb. 3.32

Im extremen Gegensatz zu den Zentralkräften stehen solche, die senkrecht zur Abstandslinie wirken, die also seitlichen Charakter haben; in einfachen Fällen wird hier offenbar die Kraft in die Tangente der Bahn fallen, und deshalb heißen diese Kräfte Tangentialkräfte; ein andrer Ausdruck ist Ablenkungskräfte und das Ergebnis Ablenkung. Verfolgt man, etwa an der Hand der Abb. 3.32, diese senkrechte Ablenkung Schritt für Schritt, so sieht man, dass das Ergebnis eine Drehung um das Zentrum ist; man spricht daher auch von Drehkräften (und entsprechend von Drehimpulsen). Das klassische Gebiet solcher Ablenkungs- oder Drehkräfte ist der Elektromagnetismus, d. h. die Wirkung von Strömen auf Magnetpole oder von Magneten auf Stromelemente. Dass man übrigens nicht in allen Fällen es für angezeigt erachtet, eine Drehung auf Drehkräfte zurückzuführen, zeigt das Beispiel der Drehung der Planeten um die Sonne, die man lieber auf eine von der Sonne ausgehende Zentralkraft und auf die zugleich mitwirkende Trägheit, d. h. auf die nun einmal vorhandene Bahnbewegung des Planeten zurückführt. Umgekehrt verfährt man z. B. bei der Wirkung eines Kreisstromes auf einen Magnetpol, der in seinem Mittelpunkt oder in der auf seiner Ebene senkrechten Achse liegt; obgleich er von dem Kreisstrom angezogen oder abgestoßen wird, führt man die Wirkung auf Ablenkungskräfte zurück, die von den einzelnen Stromelementen ausgehen. Man verfährt eben immer so, dass man die verschiedenen, einem Gebiete angehörigen Erscheinungen in möglichst einheitlichen Zusammenhang bringt; und das geschieht in der Gravitation durch Zentralkräfte, im Elektromagnetismus durch Ablenkungskräfte.

Der ganz entsprechende Gegensatz findet nun auch bei den Druckkräften statt; unter den vielen möglichen Drucken, die im Allgemeinen in schiefer Richtung wirken, werden die beiden Fälle eine entscheidende Rolle spielen, bei denen der Druck entweder zur Druckfläche senkrecht ist oder in ihrer eignen Richtung wirkt. Im ersten Fall spricht man von Normaldruck oder Druck im engeren Wortsinne, im zweiten von Tangentialdrucken oder Scherungsdrucken oder Schubkräften. Bei Normaldrucken wiederholt sich der Gegensatz, den wir schon bei Fernkräften (Anziehung und Abstoßung) kennengelernt haben: Der Druck kann auf die Druckfläche hin oder von ihr weg wirken; in dem einen Fall spricht man von Druck oder Druckspannung, im andern von Zug oder Zugspannung. Übrigens leuchtet ein, dass auch hier die Kraft nicht einfach in drei Komponenten zerlegt werden kann, da es nicht bloß auf die Richtung der Kraft ankommt, sondern auch auf die Richtung der Druckfläche; hierauf wird im nächsten Kapitel sogleich noch näher eingegangen werden.

## 3.4 Konstitution der Materie

Von der Materie haben wir bisher nur eine, allerdings grundlegende Eigenschaft kennengelernt: ihre Masse, d. h. ihren Widerstand gegen Bewegung oder, was begrifflich ganz verschieden, praktisch aber dasselbe ist: ihr Gewicht, d. h. ihren Druck auf eine Unterlage. Nun hat aber die Materie eine so große Zahl weiterer Eigenschaften, dass wir hier nur einige kurz behandeln können, und zwar solche, die besonders geeignet sind, uns auf das eigentliche Thema dieses Kapitels, das aus der Überschrift erhellt, hinüberzuleiten. Die Masse ist der Widerstand gegen die Bewegung eines als unveränderliches Ganzes betrachteten Körpers im Raum. Nun kann aber der Körper, obgleich er sich als Ganzes nicht vom Orte bewegt, doch die Lage seiner Teile relativ zueinander verändern, er kann seine beiden Hauptmerkmale ändern, durch die man ihn kennzeichnet. Er hat nämlich erstens ein bestimmtes Volumen und zweitens eine bestimmte Gestalt. Dass man das Volumen in Kubikzentimeter misst, wissen wir bereits; wie aber kennzeichnet man die Gestalt? Im einzelnen kann man das sehr leicht tun: man kann zwischen Kugel und Würfel, Stab und Scheibe und zwischen tausend andern Gestalten unterscheiden. Aber auch die weitere Frage, wie man die Gestalt ganz allgemein durch eine sämtliche Fälle umfassende Formel festlegen kann, ist nicht schwer zu beantworten. Wir denken uns irgendeinen Punkt im Innern des Körpers und charakterisieren einen seiner Oberflächenpunkte durch seine Entfernung von jenem ersten Punkt, sowie durch die Richtung, die diese Abstandslinie im Raum hat. Von der Erdkunde her weiß man, wie man diese Richtung definiert, nämlich durch zwei Winkel: durch die geografische Länge und durch die geografische Breite. Ganz entsprechend wollen wir hier zwei Winkel, u und v, einführen, die die Richtung der Abstandslinien bestimmen, der eine etwa nach links oder rechts, der andre nach oben oder unten. Bezeichnet man nun jene Linie, welche den Abstand der Oberfläche von dem gewählten Punkt im Innern darstellt, mit r, so wird dieses r in jeder Richtung einen andern Wert haben, man erhält also die allgemeine Gleichung: $r = f(u, v)$, wobei f wieder das allgemeine Zeichen für „Funktion“ ist. Für einen kugelförmigen Körper z. B., aber auch nur für diesen, ist einfach $r = const.$, d. h. r hat in allen Richtungen denselben Wert. Für jede andre Gestalt muss man die Funktion erst aufstellen, sie wird desto einfacher, je regelmäßiger die Körpergestalt ist; und bei sehr unregelmäßiger Gestalt wird sie vielleicht überhaupt nicht oder doch nur mit besonderen Hilfsmitteln darzustellen sein. Es kann auch vorkommen, dass die Größe r in manchen Richtungen oder in jeder von ihnen zwei verschiedene Werte hat; bei einer Hohlkugel vom inneren Radius R und von äußerem Radius R' erhält man z. B. die beiden Gleichungen: $r_1 = R$, $r_2 = R'$.

Den Widerstand eines Körpers gegen Veränderungen der gegenseitigen Lage seiner Teile nennt man Elastizität (im wissenschaftlichen Sinne des Worts, mit dem der gewöhnliche Sprachgebrauch nicht immer übereinstimmt, zum Teil geradezu im Widerspruch steht; Kautschuk ist z. B. im populären Sinne sehr stark, im wissenschaftlichen sehr schwach elastisch). Grundsätzlich gibt es nun nach dem Vorangeschickten zwei Klassen von Elastizität, nämlich Volumenelastizität und Gestaltelastizität. Wenn man z. B. eine Kugel gleichmäßig zusammendrückt oder gleichmäßig in allen Richtungen dehnt, so bleibt ihre Gestalt unverändert, es kommt also ausschließlich die Volumenelastizität des Stoffes in Betracht. Wenn man andrerseits einen auf eine Unterlage aufgekitteten Würfel auf der Oberseite schert, d. h. die horizontale Oberfläche einem tangentialen Druck (Scherung) aussetzt, so entsteht aus dem Würfel ein Rhomboeder, das genau dasselbe Volumen hat wie der Würfel; hier hat sich also nur die Gestalt geändert, und es kommt daher lediglich die Gestaltelastizität in Frage.

Indessen sind es nur seltene Fälle, in denen eine derartig reinliche Scheidung zwischen beiden Klassen von Elastizität stattfindet; in den meisten Fällen wirken beide zusammen und manchmal in recht komplizierter Weise. Wenn man z. B. an einem von der Decke herunterhängenden dicken Draht ein Gewicht anhängt, so wird erstens sein Volumen größer und zweitens, weil mit der Längsdehnung eine Querkontraktion verknüpft ist, seine Gestalt schlanker; man muss also rechnerisch, was sehr leicht durchführbar ist, den Anteil der Volumen- und Gestaltelastizität an der Gesamtveränderung aussondern. Der hier auftretende Elastizitätsmodul oder Dehnungsmodul hat also wissenschaftlich einen zusammengesetzten Charakter, wird aber wegen seiner praktischen Bedeutung gewöhnlich schlechthin Elastizitätsmodul genannt.

Bei der Elastizität handelt es sich nicht, wie z. B. bei der Schwerkraft, um Massenkräfte, sondern um Flächenkräfte, d. h. um Kräfte, die auf Flächen wirken, seien es nun Oberflächenstücke oder Flächen im Innern des Körpers. Während nun bei der Massenkraft K die Zerlegung des Vektors in die drei rechtwinkligen Komponenten **X Y Z** genügt, muss man hier, bei den Drucken, zweierlei bedenken: Erstens, dass die Fläche, auf die der Druck ausgeübt wird, verschiedene Richtung haben kann, was man gewöhnlich dadurch kennzeichnet, dass die auf ihr errichtete Normale die x-, y- oder z-Richtung hat; und zweitens, dass die auf diese drei Flächen wirkende Kraft K schief wirkt, sodass, wenn man die Richtung der Normale mit einem dem Hauptbuchstaben unten angehängten Index kennzeichnet, man die neun Druckkomponenten $X_x$, $X_y$, $X_z$, $Y_x$, $Y_y$, $Y_z$, $Z_x$, $Z_y$, $Z_z$ erhält, die sich indessen auf sechs reduzieren, da sich zeigt, dass stets gilt:

$$X_y = Y_x, Y_z = Z_y, Z_x = X_z$$

Es bleiben also nur sechs Druckkomponenten, und von diesen stellen offenbar drei, nämlich $X_x$, $Y_y$, $Z_z$ Normaldrucke (also eigentliche Drucke), die drei andern aber Tangential- oder Scherungsdrucke dar.

Die Werte des Volumenmoduls $k_1$ und des Gestaltmoduls $k_2$ führen nun zu einer allgemein bekannten Charakteristik der Stoffe in dem Sinne, dass man drei Aggregatzustände unterscheidet: Den festen, flüssigen und gasigen Zustand. Ganz populär ausgedrückt kennzeichnen sich diese drei Aggregatzustände dahin, dass die festen Körper ein selbstständiges Volumen und eine selbstständige Gestalt haben, die Flüssigkeiten nur ein selbstständiges Volumen, aber keine selbstständige Gestalt, die Gase endlich weder ein selbstständiges Volumen noch eine selbstständige Gestalt. Oder in mehr wissenschaftlicher Form: Bei Flüssigkeiten ist $k_1$ sehr groß, d. h., sie leisten einer Änderung ihres Volumens sehr großen Widerstand; so großen, dass man sie bis ins 17.

Jahrhundert hinein für inkompressibel hielt und erst nach neueren verfeinerten Methoden ihre Zusammendrückbarkeit zahlenmäßig bestimmen konnte. Im Gegensatz hierzu ist bei ihnen der Gestaltmodul $k_2$ außerordentlich klein, sie nehmen bei dem geringsten Eingriff die gewünschte Gestalt an, indem sie sich den Wänden, den Winden usw. anpassen. Aber wie sich gezeigt hat, dass $k_1$ durchaus nicht unendlich, sondern nur sehr groß ist, hat sich auch herausgestellt, dass $k_2$ nicht null, sondern nur sehr klein ist, und bei manchen Flüssigkeiten, z. B. den Ölen, auch das nicht einmal. Bei den festen Körpern haben beide Moduln bestimmte endliche, mehr oder weniger große, zahlenmäßig angebbare Werte. Ganz sonderbar verhalten sich endlich die Gase. Sie lassen sich nur unter Aufwendung einer bestimmten Druckkraft komprimieren, dagegen dehnen sie sich freiwillig beliebig weit aus und zerstreuen sich überall hin, wo keine festen oder flüssigen Wände sie aufhalten. Während also bei den Flüssigkeiten der Volumenmodul für Verkleinerung und Vergrößerung des Volumens ganz derselbe ist, besteht hier, bei den Gasen, in dieser Hinsicht eine schreiende Asymmetrie. Die für viele Fälle wichtigste Größe ist nicht $k_1$ oder $k_2$ selbst, sondern ihr Verhältnis v oder, praktisch ausgedrückt, das Verhältnis der Querkontraktion zur Längsdilatation, das man der Kürze halber als Elastizitätszahl bezeichnet.

Noch kürzer müssen wir uns hinsichtlich der zahlreichen sonstigen Eigenschaften der Materie fassen; es seien nur einige hervorgehoben: Die Kapillarität der Flüssigkeiten, die Wärmekapazität, die, wie die Masse den Widerstand gegen Bewegung, den Widerstand gegen Erwärmung ausdrückt, die Wärmeleitung und Wärmestrahlung, die Elektrizitätsleitung, die elektrische und die magnetische Kapazität und der optische Brechungsquotient.

Diese und viele andre Eigenschaften würden die Frage nach der inneren Konstitution der Materie besonders nahelegen, wenn diese Frage den nachdenklichen Menschen nicht ohnehin im Blut läge und deshalb schon in den frühesten Zeiten, zunächst von den Philosophen, bearbeitet worden wäre. Die nächstliegende Vorstellung ist natürlich die, dass der Stoff den Raum, den er überhaupt einnimmt, stetig erfüllt, etwa wie es dem Augenschein nach bei Wasser oder Butter der Fall ist. Diese Stetigkeitstheorie, so einfach und hypothesenfrei sie ist, hat doch durch Jahrtausende hindurch außerordentliches geleistet, und in neuerer Zeit, etwa seit zwei Jahrhunderten, in stark erhöhtem Maße deshalb, weil sich auf sie eine exakte Methode anwenden lässt, die fast gleichzeitig von Leibnitz und Newton erfundene Infinitesimalrechnung. Denn deren gesamte Begriffsbildung, insbesondre die Begriffe des Differenzialquotienten und des Integrals, lassen eine sofortige Anwendung auf stetige Körper zu; ist doch die Entfernung zweier Punkte des Körpers vom Charakter eines Differenzials, die Geschwindigkeit in einer kleinen Zeitstrecke (s. o.) vom Charakter eines Differenzialquotienten, und der Übergang von den einzelnen Punkten zum ganzen Körper, sowie von den kleinen Teilstrecken zu einer langen Zeit erfolgt durch die Operation der Integration, die eben nichts andres ist als eine Summe unendlich vieler, aber unendlich kleiner Glieder. Auf diese Weise hat sich im 18. und 19. Jahrhundert die mathematische Physik herausgebildet, die, auf Differenzial- und Integralgleichungen fußend, wahre Triumphe auf allen Gebieten gefeiert hat, in der Mechanik wie in der Thermik, in der Elektrik wie in der Magnetik, in der Optik und allmählich auch mehr und mehr in den andern exakten Naturwissenschaften. Geniale Männer wie Euler, Bernoulli und Lagrange im 18., wie Fourier, Fresnel und Neumann, wie Maxwell und Lord Kelvin, Kirchhoff und Helmholtz im 19. Jahrhundert, haben ihre Großtaten vollbracht und dadurch die Physik auf ein erstaunliches Niveau exakter Wissenschaftlichkeit gehoben.

### 3.4.1 Atome und Moleküle

Schon im Altertum wurden die Philosophen zu einer geradezu entgegengesetzten Hypothese gereizt, wonach die Körper nicht stetig, sondern aus einzelnen, durch Zwischenräume getrennten kleinen Teilchen, aufgebaut wären. Die ersten Aufstellungen in dieser Richtung hat schon Demokrit im fünften Jahrhundert v. Chr. gemacht, und ein halbes Jahrtausend später hat Lukrez bereits zwischen Molekülen und ihren Bestandteilen, den Atomen, d. h. den ihrerseits nicht mehr teilbaren Bausteinen der Materie unterschieden. In der Neuzeit wurden diese Ideen in einigermaßen geklärter Form von Gassend und Boscovich wieder aufgenommen, aber doch nicht bis zu einem für die exakte Naturwissenschaft brauchbaren Punkt durchgeführt.

Das wurde erst anders, als um die Wende des 18. und 19. Jahrhunderts Dalton u. a. eine Tatsache feststellten, die für die Atomtheorie oder Atomistik entscheidend wurde. Schon seit langer Zeit unterschied man nämlich in der Chemie zwischen Elementen und Verbindungen, jene untrennbar und nicht nur physikalisch, sondern auch chemisch homogen, diese zwar physikalisch ebenfalls homogen, aber chemisch in zwei oder mehr verschiedenartige Elemente zerlegbar. Nun zeigte sich, dass bei solchen chemischen Verbindungen nicht, wie bei physikalischen Gemischen (z. B. Wasser und Alkohol) beliebige, sondern nur ganz bestimmte Gewichtsmengen der elementaren Stoffe zusammentreten können; und man drückte das durch „Äquivalentzahlen" aus, die man auf die Äquivalentzahl eines Stoffes relativ bezog, also etwa auf die des Wasserstoffs (H) als Einheit oder, was ungefähr auf dasselbe hinauskommt, auf die Äquivalentzahl des Sauerstoffs (0) gleich 16. Nun glaubte man die überraschende Entdeckung zu machen, dass diese Zahlen meist genau oder nahezu ganze Zahlen waren. Hiervon aber war bis zu der Annahme, dass sie in Wahrheit die relativen Atomgewichte der verschiedenen Stoffe darstellen, nur ein Schritt; denn da die Atome unteilbar sein sollten, musste die Anzahl der in eine Verbindung eintretenden Atome ganzzahlig sein, und folglich auch die Atomgewichte.

Leider zeigte sich sehr bald, dass nur wenige Äquivalentzahlen ganze Zahlen sind, die meisten aber entweder ein wenig nach oben oder unten abweichen und manche sich dem Charakter ganzer Zahlen völlig entziehen. So hat Kohlenstoff die ganze Zahl 12, dagegen Eisen nicht 56, sondern nur 55,84; und Chlor steht mit 35,5 sogar gerade in der Mitte zwischen zwei ganzen Zahlen. Die Atomgewichte und natürlich auch die Molekulargewichte chemischer Verbindungen verlieren also ihre theoretische Bedeutung und müssen bis auf Weiteres wieder als Äquivalentzahlen bezeichnet werden.

Im Übrigen besteht der Unterschied zwischen Elementen und Verbindungen in atomarer Hinsicht nur darin, dass die Moleküle der ersteren aus lauter gleichartigen, die der letzteren aus verschiedenartigen Atomen bestehen. So besteht z. B. das Sauerstoffmolekül aus zwei Sauerstoffatomen, hat also die Formel $0_2$ oder, in dem modifizierten Zustand, den wir Ozon nennen, aus drei Atomen (Formel $0_3$). Dagegen hat das

Quecksilber einfach die Formel Hg. Hier ist das Molekül mit dem Atom identisch. Andrerseits hat Alkohol die Formel $C_2H_60$ und demgemäß das Molekulargewicht 2 • 12 + 6 • 1 + 16 = 46; und, um auch die Gruppe der Eiweißstoffe zu berücksichtigen, eine gewisse Eiweißverbindung die höchst verwickelte Formel $C_{72}H_{112}SN_{18}O_{22}$.

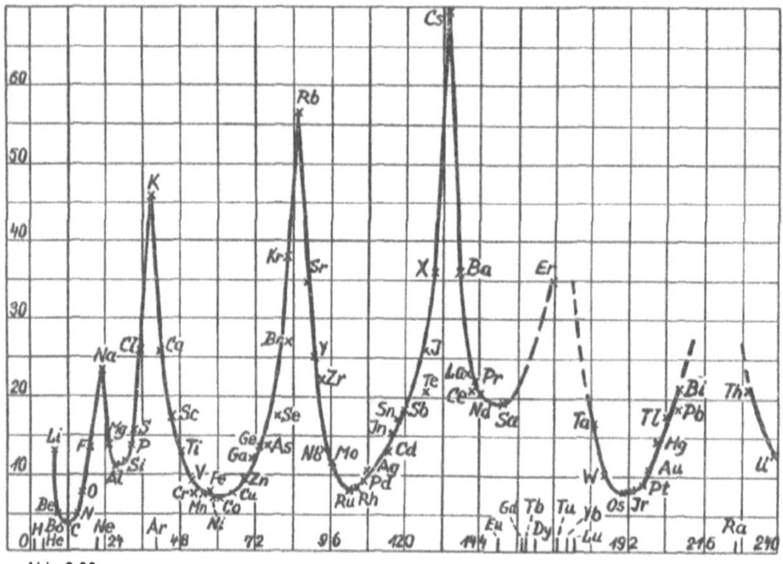


Abb. 3.33

Natürlich kann man nunmehr die Elemente nach der Größe ihres Äquivalentgewichts in eine Reihe ordnen, die mit Wasserstoff = 1 anfängt und mit Uran = 238 aufhört. Dabei machte man nun die überraschende Entdeckung, dass gewisse Eigenschaften der Elemente, z. B. das Atomvolumen, die Leitfähigkeit, die Magnetisierbarkeit usw. eine periodische Gesetzmäßigkeit aufwiesen, so dass, wenn man die Äquivalente als Abszissen, eine der andern genannten Eigenschaften als Ordinaten für eine grafische Darstellung benutzt, man eine Kurve erhält, die einem Gebirgszug mit mehreren Gipfeln gleicht (Abb. 3.33). Man nennt dies das periodische System der Elemente (Newland, Mendelejew, Lothar Meyer), konnte aber zunächst nicht viel damit anfangen, und erst in neuerer Zeit ist es auf einen festen Boden gestellt worden.

Wenn somit die Molekulartheorie in die Chemie ihren Einzug gehalten hatte, so war damit doch für die Physik noch nichts gewonnen. Die ganze Theorie hatte nämlich durchaus statischen Charakter, die Moleküle innerhalb des Körpers und die Atome innerhalb der Molekel hatten bestimmte Lage zueinander und beharrten in Ruhe in dieser Lage. Dies mochte für die große Mehrzahl der damals bekannten chemischen Erscheinungen genügen, der Physiker aber konnte damit von vornherein nichts anfangen. Schon um die beiden einfachsten Erscheinungen, den Druck und die Temperatur, zu deuten, musste man die Teilchen als bewegt annehmen, also die statische durch eine kinetische Theorie ersetzen. Von den früher unterschiedenen drei Aggregatzuständen, den festen, flüssigen und gasigen, bot sich nun grade dieser letztgenannte wegen der Einfachheit seiner Erscheinungen der geplanten Theorie willig dar. So entstand die von Krönig (1856) und Clausius (1857) begründete und dann von Maxwell, Loschmidt, 0. E. Meyer und Boltzmann ausgebaute „Kinetische Theorie der Gase"; und seitdem steht diese Theorie als Musterbeispiel einer eleganten, geschlossenen und erfolgreichen Lehre da. Nach dieser Theorie bestehen die Gase aus sehr kleinen Teilchen (den Molekülen), die, auch in einem als Ganzes ruhenden Gas, in allen Raumrichtungen hin- und herschwirren, und zwar mit den verschiedensten und von Zeit zu Zeit sich ändernden Geschwindigkeiten. Die Bahnen sind, da die einzelnen Teilchen relativ ungeheuer weit voneinander entfernt sind, wegen der Abwesenheit aller Kräfte, Trägheitsbahnen, also gradlinig; und nur dann ändern sie ihre Richtung, wenn zwei Teilchen zusammenstoßen oder doch einander so nahe kommen, dass nun doch jene Kräfte wirksam werden und das eine Teilchen um das andre eine Bahn beschreibt, etwa wie ein Komet um die Sonne, sobald er ihr sehr nahe gekommen ist. Auf dieser Grundlage erhebt sich nun das ganze stattliche Gebäude; die Begriffe des Drucks und der Temperatur werden analysiert, stellen also keine selbstständigen Geheimnisse mehr dar; die Gasgesetze ergeben sich in mehr oder weniger einfacher Weise, die spezifische Wärme wird abgeleitet, die Erscheinungen der inneren Reibung und Wärmeleitung, der Diffusion und Verdampfung werden ergründet und in einen inneren Zusammenhang miteinander gebracht; und schließlich gelingt es sogar, die Verhältnisse der Teilchen selbst, ihre Anzahl, Schwirrgeschwindigkeit, Weglänge, Größe, Masse usw. abzuleiten. Hier muss es genügen, eine dieser Zahlen, die (für alle Gase gleiche) Anzahl der Teilchen in 1 $cm^3$, die sog. Loschmidtsche Zahl, anzuführen: L = 28 Trillionen.

Die kinetische Gastheorie hat aber noch eine besondre erkenntnistheoretische Bedeutung, weil sie sich zu den bisherigen Methoden der theoretischen Physik in einen grundsätzlichen Gegensatz stellt. Denn es leuchtet doch ein, dass man mit der Infinitesimalrechnung, da sie eine stetige Raumerfüllung voraussetzt, nichts ausrichten kann. Nun könnte man einwenden: Die Astronomie hat es doch auch mit diskreten Körpern zu tun, für deren jeden sie die Bewegungsgleichungen aufstellt und auflöst. Aber dieses Problem wird schon bei drei Körpern (z. B. Sonne, Erde, Mond) recht kompliziert, und ganz allgemein ist das „Dreikörperproblem" bis heute nicht gelöst; geschweige denn im Fall der Gasteilchen, wo es sich nicht um drei, sondern um Millionen solcher Körper handelt. Glücklicherweise ist nun aber die ganze Fragestellung missverständlich, es interessiert uns gar nicht, wie sich jedes einzelne Gasteilchen bewegt, es interessiert uns nur das Gesamtergebnis für das Gas als ganzes. Wie man sieht, hat man es hier, ganz wie im Versicherungswesen, mit einem Problem der Statistik zu tun, und diese beruht bekanntlich auf der Wahrscheinlichkeitsrechnung. Demgemäß werden also auch die Ergebnisse nicht den Charakter absoluter Wahrheit, sondern nur Wahrscheinlichkeitscharakter haben, freilich um so höheren, je größer die Zahl der Teilchen ist. Seit der Begründung der kinetischen Gastheorie tritt die statistische Methode in der Physik immer mehr in den Vordergrund und weitet sich zur statistischen Mechanik der groben und feinsten Körper aus.

Übrigens gibt es auch eine Klasse von Flüssigkeiten, die sich ganz ähnlich verhält wie die Gase: Die verdünnten Lösungen. In einer verdünnten Kochsalzlösung sind z. B. die Kochsalzmoleküle im Wasser ebenso zerstreut eingebettet, wie die Gasteilchen im leeren Raum. Je nach der Stärke ihrer Konzentration liefern nämlich die Lösungen gewisse Erscheinungen (Siedepunkterniedrigung, Siedepunkterhöhung, osmotischer Druck usw.) in verschieden starkem Grad, sodass man aus jener diese berechnen kann. Nur zeigt sich dabei eine merkwürdige Unstimmigkeit in dem Sinne, dass bei einer stark verdünnten Kochsalzlösung die Wirkungen doppelt so stark sind wie bei einer gleich stark verdünnten Zuckerlösung. Diese Unstimmigkeit ist von Arrhenius in glänzender Weise durch die Annahme aufgelöst worden, dass es bei der Zuckerlösung auf die Anzahl der Moleküle, bei der Kochsalzlösung aber auf die Anzahl der Atome (Chlor und Natrium) ankommt, und diese ist offenbar doppelt so groß. Und dass es auf die Atome ankommt, liegt daran, dass die Kochsalzmoleküle durch die Verdünnung der Lösung dem Prozess der Dissoziation verfallen, d. h., die beiden Atome bleiben zwar bis auf Weiteres dicht beieinander, sind aber durch keine Kraft mehr aneinander gebunden. Schickt man nun einen elektrischen Strom durch die Lösung, so zeigt sich etwas Neues: Die Chlor- und die Natrium-Atome setzen sich nämlich, da sie entgegengesetzt elektrisch geladen werden, in entgegengesetzter Richtung in Bewegung; bei der Zuckerlösung findet diese Wirkung nicht statt, da sie den Strom überhaupt nicht leitet. Man betrachte hierzu die drei Fälle der Abb. 3.34:

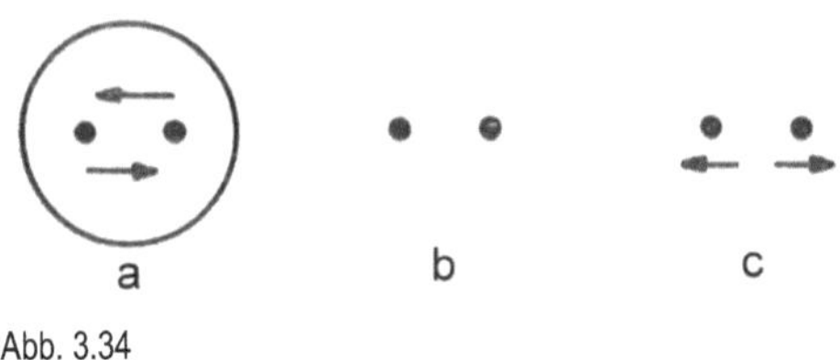


Abb. 3.34

- bei a ziehen sich die Atome gegenseitig an und bilden die einheitliche (und elektrisch nicht geladene) Teilchen,
- bei b ist die Molekül dissoziiert, die beiden Atome sind zwar noch benachbart, aber durch keinen Zwang mehr zusammengehalten;
- bei c werden sie durch die elektrische Spannung des Stromes nach entgegengesetzten Seiten auseinandergerissen.

Es ist ungefähr, um ein Bild aus der menschlichen Gesellschaft zu gebrauchen, wie in Nordamerika in geschichtlichen Zeiten, wo die frei gelassenen Sklaven, weil sie zufrieden waren, vielfach freiwillig bei ihren Herren blieben, während andere, unzufriedene, sich auf die Wanderschaft begaben.

Nach diesen Erkenntnissen haben wir nun schon eine erweiterte und präzisierte Anschauung von dem Molekül und vom Atom, und zwar beide in einem gewissen Gegensatz zueinander: Das Molekül ist im natürlichen Zustand elektrisch neutral, hat also keine Ladung, und die Masse M ist ihr einziges quantitatives Merkmal; dagegen hat das dissoziierte Atom zwei Merkmale, nämlich die Masse m und die (positive oder negative) Ladung e. Auf verschiedene Weise, besonders aus elektrolytischen Messungen, kann man das Verhältnis beider, also die besonders wichtige Größe e/m (Verhältnis der Ladung zur Masse) genau bestimmen und findet dann für das einfachste Atom, nämlich das Wasserstoffatom, wenn man e in der praktischen Einheit Coulomb (Cb), m in Gramm (gr) ausdrückt: e/m = 96.540 Cb/gr, woraus sich dann für andere Stoffe die entsprechenden Zahlen automatisch ergeben.

Die ganze Theorie bezeichnet man entsprechend dem Ausdruck Ionen für die dissoziierten Atome als Ionentheorie.

### 3.4.2 Strahlungsarten und die Entdeckung der Elektronen

Nun gibt es aber noch eine andere elektrische Erscheinung, die besonders geeignet ist, weiteren Aufschluss über Atome und Moleküle zu geben: Den Durchgang des elektrischen Stroms durch Gase. Solange die Gase sich in ihrem normalen Dichtezustand befinden, leiten sie den Strom, und es gelten für ihn zwar nicht dieselben Gesetze wie für den Durchgang durch feste und flüssige Medien (Ohmsches Gesetz), aber doch ganz bestimmte, nur etwas verwickeltere Gesetze. Wenn man aber das in einer Glasröhre eingeschlossene Gas immer stärker verdünnt, wozu man ja heutzutage äußerst leistungsfähige Pumpen besitzt, so hört die Strömung zwischen den beiden Metallenden, die in die Röhre eingeschmolzen sind, also die Strömung zwischen Anode und Kathode, völlig auf, und es tritt ein ganz anders geartetes Phänomen auf: Die elektrische Strahlung. Sie befolgt ganz ähnliche Gesetze wie die Lichtstrahlung, insbesondere geht sie von der Elektrode, an der sie sich bildet, gradlinig aus, und zwar in einem parallelen, konvergenten oder divergenten Strahlenbündel, je nachdem die Elektrodenfläche eben, konkav oder konvex ist, ganz wie bei einem optischen Spiegel, und ganz unbekümmert um die Lage der andern Elektrode. Solche elektrischen Strahlen hat man im Laufe der Zeit eine ganze Anzahl entdeckt; hier interessieren uns nur zwei von diesen Arten, die Kathodenstrahlen, die von einer normalen Kathode ausgehen, und die Kanalstrahlen, die irgendwo in der Röhre entstehen und die Kathode, wenn sie mit feinen Löchern versehen ist, von hinten nach vorn durchsetzen (daher der Name); jene sind von Plücker 1858, diese von Goldstein 1886 entdeckt worden. Mit diesen Strahlen kann man nun die mannigfaltigsten Experimente anstellen, z. B. kann man sie durch zwei seitlich wirkende entgegengesetzte Magnetpole aus ihrer gradlinigen Bahn ablenken und findet dann etwas sehr überraschendes: Erstens werden die Kathodenstrahlen unter gleichen Umständen sehr viel stärker abgelenkt als die Kanalstrahlen, und zweitens erfolgt die Ablenkung bei den Kanalstrahlen nach der entgegengesetzten Seite wie bei den Kathodenstrahlen; man betrachte hierzu die Abb. 3.35. Übrigens gibt es noch zwei andre Strahlenarten, die sich, obgleich sie gar nicht auf elektrischem Wege entstehen, doch ganz analog verhalten, und für die daher die Abbildung ebenfalls gültig ist. Es sind das die Alphastrahlen und Betastrahlen (α-Strahlen und ß-Strahlen), die die radioaktiven Körper aussenden, und von denen jene den Kanal-, diese den Kathodenstrahlen entsprechen (die γ-Strahlen, die gar nicht abgelenkt werden, kommen hier nicht in Betracht).

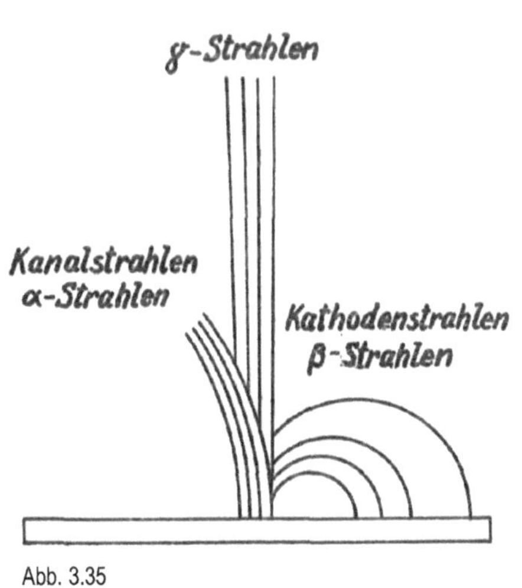

Abb. 3.35

Nun hat sich sowohl für die Kanal- und Kathodenstrahlen als auch für die α- und β-Strahlen zunächst einmal eine entscheidende Feststellung machen lassen; und um diese zu verstehen, müssen wir etwas weiter ausholen. Strahlen können von zweierlei, völlig verschiedenem Charakter sein, es können erstens Emissions- oder Teilchenstrahlen sein, d. h. es werden kleinste Teilchen der ausstrahlenden Materie durch den Raum befördert, bis sie in unser Auge (Lichtstrahlen) fallen oder, wenn sie auf dieses nicht wirken, auf Thermometer (Wärmestrahlen) oder geeignete Schirme (chemische Strahlen, Röntgenstrahlen) fallen. Diese Annahme hat Newton für die Lichtstrahlen gemacht, und seine Emissionstheorie des Lichts hat sich anderthalb Jahrhundert behauptet.

Aber zu Anfang des neunzehnten Jahrhunderts konnte Newtons Theorie dem Widerspruch zahlreicher neu entdeckter Lichterscheinungen, besonders der Interferenz, Beugung und Polarisation, nicht mehr standhalten und musste daher der ungefähr ebenso alten, aber bisher hinter dem Glanz der Autorität eines Newton in den Hintergrund getretenen, von Huygens aufgebauten Undulationstheorie weichen; und in neuerer Zeit haben sich auch die anderen, oben erwähnten Strahlen, die ja z. T. dem Licht unmittelbar verwandt sind, als Undulationsstrahlen erwiesen. Heute verwendet man für die Undulationstheorie den Begriff Wellentheorie.

Und das ist nun die zweite der oben genannten Strahlenklassen: Es sind Wellen(strahlen), bei denen die Körperteilchen und die Teilchen des Mediums, durch das die Fortpflanzung erfolgt, nur in engen Grenzen hin und herschwingen, die Fortpflanzung durch den Raum aber in Form einer Wellenbewegung erfolgt. Die Wellen auf einem sonst ruhenden Teiche zeigen dies deutlich: Die Wasserteilchen beschreiben kleine Kreise oder Ellipsen, bleiben aber im Übrigen an derselben Stelle; und was sich fortbewegt, sind nur die Kämme und Täler der Wellen. Dass die Schallstrahlen vom Charakter fortschreitender Wellen sind, wusste man längst, und nun wurden die Lichtstrahlen, die Wärmestrahlen, die chemischen (fotografisch wirkenden) Strahlen und die Röntgenstrahlen nach und nach an ihre Seite gestellt.

Nun entsteht die Frage: In welche Klasse gehören die α- und β-, die Kanal- und Kathodenstrahlen? Dass die α- und β-Strahlen aus Teilchen bestehen, also vom Emissionscharakter sind, war leicht nachzuweisen, obgleich die Verluste, die der ausstrahlende Körper an Substanz erleidet, natürlich erst in langen Zeiträumen sich geltend machen. Aber auch bei den elektrischen Strahlen ist es im Hinblick auf die Gesamtheit der Feststellungen unzweifelhaft geworden, dass sie von ebensolcher Natur sind. Und an die erste Frage schließt sich nun unmittelbar die zweite an: welches sind denn diese Teilchen, die als Träger der Strahlung vom einen Ende des Strahlungsraums zum andern sausen? Und auch diese Frage ließ sich glatt erledigen, wenigstens für die α- und Kanalstrahlen. Die elektrische Ladung eines solchen Teilchens wurde nämlich zu 48.000 festgestellt; und da andrerseits aus der Elektrolyse und andern Erscheinungen folgt, dass die Ladung gleich 96.000, dividiert durch die Äquivalentzahl, sein muss, so musste man zunächst schließen, dass es sich um einen Stoff von der Äquivalentzahl 2 handelt. Nun gibt es einen solchen gar nicht, wohl aber einen Stoff von der Äquivalentzahl 4, nämlich das erst gegen Ende des 19. Jahrhunderts entdeckte und schon nach kurzer Zeit wissenschaftlich und technisch so wichtig gewordene Helium; deshalb nimmt man an, dass die α-Strahlen und entsprechend auch die Kanalstrahlen aus Heliumteilchen, aber (damit die obige Rechnung stimme) mit doppelter Elementarladung bestehen. Man kann sie daher auch als Heliumstrahlen bezeichnen und in die Klasse der Ionenstrahlen einordnen; und es hat sich gezeigt, dass man damit grade auf dem richtigen Wege ist, insofern diese Ionen eben die Eigenschaften der bei der Elektrolyse auftretenden Ionen besitzen, nur eben auf Helium angewandt.

Bleiben noch die beiden andern Strahlenarten: die ß- und die Kathodenstrahlen. Aber hier bietet uns der oben erwähnte Ablenkungsversuch, zu dem übrigens noch verschiedene andre Beobachtungen kommen, den entscheidenden Anhalt. Diese Strahlen werden nämlich sehr viel stärker als die Kanalstrahlen abgelenkt, und zwar 1830-mal so stark. Nun ist die Ursache bei dieser Ablenkung offenbar die elektrische Ladung, der Widerstand gegen die Ablenkung die Masse, im Ganzen also entscheidend der Bruch $e/m$, das Verhältnis der Ladung zur Masse. Da nun die elektrische Elementarladung, wie sich gezeigt hat, immer dieselbe ist, kann es sich bei der festgestellten ungeheuren Differenz nur um eine Auswirkung des Nenners $m$ handeln; es muss also bei den Trägern der Kathodenstrahlen (und ebenso der ß-Strahlen) die Masse 1830-mal so klein sein wie bei den Ionenstrahlen. Es handelt sich also hier zwar auch um Teilchen, aber, um solche, die eine starke Ladung, und im Vergleich zu ihr eine beinahe verschwindende Masse haben. Man nennt sie mit Stoney (1881) Elektronen und die betreffenden Strahlen Elektronenstrahlen. Und aus der entgegengesetzten Richtung, nach der die einen und die andern Strahlen durch ein seitliches Magnetfeld aus ihrer Richtung abgelenkt werden, folgt dann nach den elektromagnetischen Richtungsgesetzen des weiteren, dass die Ionen positiv, die Elektronen dagegen negativ geladen sind.

Nunmehr kann man sich von der Konstitution eines Atoms, wie zuerst Rutherford und dann, in befriedigenderer Weise, Bohr gezeigt hat, eine deutliche Vorstellung machen:

> *Das Atom ist nicht, wie man Jahrtausende hindurch geglaubt hat, der elementare Baustein der Materie, es ist selbst zusammengesetzt, und zwar in recht verwickelter Weise; einem positiv geladenen Kern mit verhältnismäßig großer Masse steht eine mehr oder weniger große Zahl von Elektronen gegenüber, die fast gar keine Masse haben, deren jedes aber eine Einheit von negativer Ladung besitzt.*

Dabei muss der Kern, damit das Atom im ganzen ungeladen sei, genau so viele positive Ladungseinheiten haben, wie die Anzahl der negativen Elektronen beträgt; diese Ladung des Kerns nennt man die Ordnungszahl oder die Kernladung des betreffenden chemischen Elements. Wenn nun die Elektronen stillständen, müssten sie wegen der Anziehung von positiver und negativer Elektrizität unweigerlich sofort in den Kern stürzen, grade wie unsre Erde in die Sonne stürzen müsste, wenn sie nicht eine Bahnbewegung um diese ausführte und dabei eine Zentrifugalkraft entwickelte, ausreichend, um sie vor dem Sturz zu bewahren. Auf dieser Vergleichsbasis hat sich nun eine höchst merkwürdige Verwandtschaft aufgebaut zwischen zwei Welten, einer ungeheuer großen, nämlich dem Sonnensystem und einer über alle Vorstellung kleinen, der Welt der Atome; also eine Verwandtschaft zwischen Makrokosmos und Mikrokosmos, die im Laufe dieses Jahrhunderts bis in viele Einzelheiten ausgebaut wurde, und bei der sich natürlich neben dem Parallelismus auch starke Divergenzen herausgestellt haben.

Unter den für das mikrokosmische System charakteristischen Zügen, verdient ein Faktum besonders erwähnt zu werden, nämlich die Bevorzugung bestimmter Radien der Elektronenbahnen; aber das beruht auf energetischer

Grundlage, und es kann daher erst später an diese Frage angeknüpft werden. Auch dass es sich als notwendig herausgestellt hat, dem Kern im engeren Sinne, dem sog. Proton, noch einige ungeladene Teilchen beizufügen, kann hier nur eben erwähnt werden. Auch der danach folgende Fortschritt auf diesem Gebiet, der in der Entdeckung neutraler, also weder positiver noch negativer Teilchen, der sog. Neutronen besteht, kann hier nur andeutungsweise erwähnt werden, mit dem Hinweis, dass diese Frage weiterer Klärung bedarf.

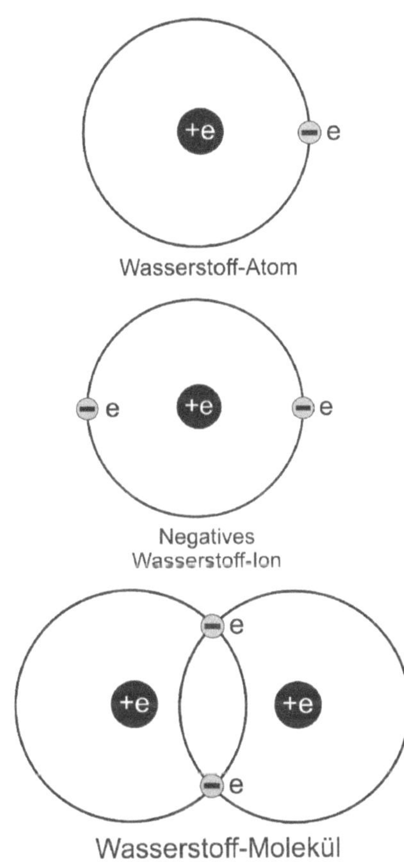

Abb. 3.36

Im einzelnen gestalten sich freilich die Bilder, die man sich nunmehr von den Atomen machen kann, desto verwickelter, und damit auch desto unsicherer, je höher die Elektronenzahl wird. Nur für die einfachsten Fälle hat man zunächst ein sicheres oder doch wahrscheinliches Modell herausarbeiten können; es genüge daher, auf die wenigstens grundsätzliche Bedeutung der Abb. 3.36 und 3.37 hinzuweisen, die sich auf Wasserstoff bzw. Helium beziehen.

Dagegen stellt sich nunmehr die Möglichkeit heraus, das periodische System der Elemente auf eine befriedigendere Grundlage zu stellen. Dass die Atomgewichte vielfach stark gebrochene Werte haben, wurde schon erwähnt. Im Gegensatz dazu hat sich für die Kernzahlen ein höchst merkwürdiges Gesetz ergeben, das an Einfachheit und Exaktheit überhaupt nicht mehr zu übertreffen ist. Die Kernzahlen sind nämlich einfach die sämtlichen natürlichen

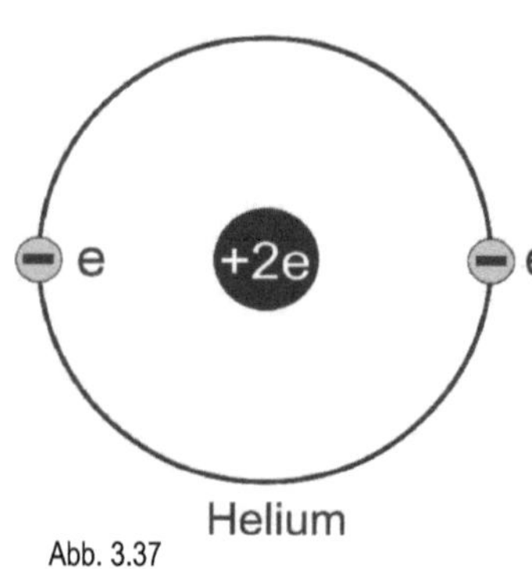

Abb. 3.37

ganzen Zahlen, die, wenn man die Elemente richtig ordnet (und das ist im großen ganzen die Ordnung, die schon das alte periodische System befolgte), von 1 (Wasserstoff) über 92 (Uran) bis insgesamt 118 in heutiger Zeit gehen. Allerdings waren zu der Zeit, wo man diese Reihe aufstellte, in ihr noch einige Lücken vorhanden; diese sind aber in den wenigen Jahren, die seitdem vergangen sind, durch neu entdeckte Elemente ausgefüllt worden. So kann man jetzt das System der Elemente oder, wie man etwas poetisch sagen kann, den Tempel der Elemente, viel geschlossener und folgerichtiger aufbauen als früher. Abb. 3.38 gibt ein Bild davon; in ihm haben in der obersten Reihe nur zwei Elemente, H und He, Platz gefunden, in den beiden nächsten Reihen je 8, in den beiden folgenden je 18, in der letzten (vervollständigten) 32; und diese Zahlen kann man nach Bohr mathematisch deuten als:

$$2 = 2x1 \qquad 8 = 2x4 \qquad 18 = 2x9 \qquad 32 = 2x16.$$

Dass die letzte Reihe dann plötzlich aufhört, sollte möglicherweise andeuten, dass die Elemente mit noch höherer Kernzahl bereits einem Prozess verfallen sind, den man als den Zerfall der Elemente bezeichnen kann, der sich in der Abspaltung von Elektronen und demgemäß auch in der Herabminderung der Kernzahl ausspricht, und von dem man bei den radioaktiven Substanzen hinreichende Anhaltspunkte hat. So bildet sich z. B. aus dem Uran durch Abspaltung von 3 Heliumatomen (Alphateilchen) das Radium (238 —3x4 = 226), und durch 5 weitere Abspaltungen das Radiumblei (206). In der Natur geht dieser Zerfall natürlich erst im Laufe von Jahrhunderten und Jahrtausenden vor sich.

Die natürliche Umwandlung der Elemente schon mehrfach Anhaltspunkte ergeben für Zeitbestimmungen, z. B. für die Schätzung des Alters der Erde und der einzelnen geologischen Epochen; man kommt dabei auf ca. 4,6 Milliarden

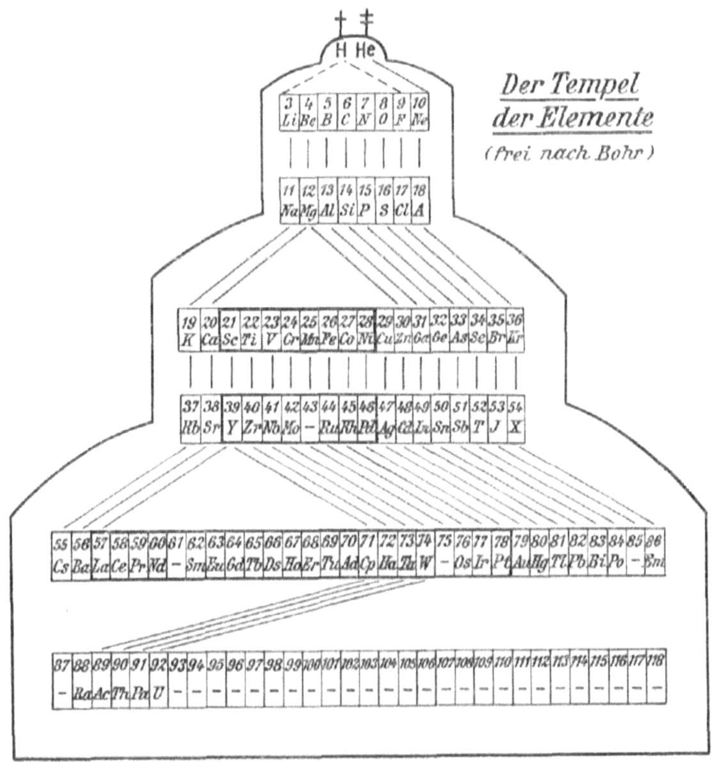


Abb. 3.38

Jahre. Es sei übrigens bemerkt, dass die Atomgewichte im Anfang der Reihe doppelt so groß sind wie die Kernzahlen, dann aber nach und nach etwas stärker wachsen, sodass beim Uran das Verhältnis schon 238:92, also 2,6 ist.

Was schließlich die Frage angeht, woran es liegt, dass die Atomgewichte vieler Elemente keine ganzen Zahlen sind, so erledigt sich diese zunächst einmal grundsätzlich durch den Hinweis darauf, dass es bei gleicher Kernladung mehrere verschiedene Stoffvarianten geben kann, z. B. nicht Blei schlechthin, sondern auch Radiumblei, Aktiniumblei und Thoriumblei (aus den drei radioaktiven Entwicklungsreihen); sie haben etwas verschiedene Atomgewichte, deren Gesamtheit man eine Plejade nennt; jede Variante hat ein ganzzahliges Atomgewicht (206 bis 209), aber durch Mischung der verschiedenen Varianten entsteht eben die gebrochene Zahl 207,2. Dasselbe gilt auch bei nicht radioaktiven Stoffen, wie Chlor, das in Varianten mit den Atomgewichten 35 — 36 — 37 existiert, im Gemisch aber 35,7 ergibt.

### 3.4.3 Kristalle

Über ein hierher gehöriges Spezialproblem seien noch einige Worte gesagt: über die Konstitution der Kristalle. Jahrhundertelang stellte man den isotropen Körpern als den Trägern einfacherer Konstitution die Kristalle als heterotrope Gebilde mit komplizierterer Konstitution gegenüber. In der Tat: Während Flüssigkeiten sich nach allen Seiten gleich verhalten und selbst feste Körper gewisse einfache Gesetze in Bezug auf die verschiedenen Richtungen befolgen, verhalten sich die Kristalle nach allen Richtungen verschieden, sie haben eine Hauptachse und eventuell noch eine oder mehrere Nebenachsen. Als man aber anfing, über die innere Natur der Körper nachzudenken, fand man, dass die Kristalle nicht komplizierter, sondern ganz im Gegenteil einfacher, nämlich gesetzmäßiger gebaut sind als die isotropen Körper und namentlich als die Metalle, deren im physikalischen Sinne wichtigsten Klasse. Sie erweisen sich nämlich gar nicht als isotrop im strengen Sinne, sie sind nur aufgebaut aus vielen kleinen Kristallen, deren Achsen aber nicht, wie bei den wirklichen Kristallen, sämtlich gleichgerichtet sind, deren Richtungen vielmehr innerhalb enger Räume sich ändern, und die man daher auch als quasiisotrop (scheinbar isotrop) bezeichnet.

So ziehen denn grade die Kristalle, als eine wohlgeordnete Schar von Molekülen, das Interesse der Physiker mächtig an; und dem ästhetischen Genuss, den ihre Bearbeitung gewährt, hat niemand besseren Ausdruck verliehen als der an ihrer Erforschung Hauptbeteiligte, Woldemar Voigt, der das folgende Bild braucht: „Denken wir uns in einem Saal hundert ausgezeichnete Violinspieler, die mit tadellos gestimmten Instrumenten alle dasselbe Stück spielen, aber gleichzeitig an lauter verschiedenen Stellen beginnen. Der Effekt wird nicht eben erfreulich sein, ein gleichmäßig trübes Tongemisch, aus dem auch das feinste Ohr das wirklich gespielte Stück nicht herauszuerkennen vermag. Eine solche Musik nun machen uns die Moleküle in den isotropen

Körpern vor. Es mögen sehr begabte Moleküle sein, von kunstreichem Aufbau, aber bei ihrer Wirksamkeit stört immer eines das andre, und von ihren Qualitäten kommt in den beobachteten Erscheinungen keine voll und rein, manche aber gar nicht zur Geltung. Ein Kristall hingegen entspricht dem oben geschilderten Orchester, wenn es von einem tüchtigen Dirigenten einheitlich geleitet wird; wenn alle Augen an seinen Winken hängen und alle Hände den gleichen Strich führen. Hier kommt Melodie und Rhythmus zu ganzer Wirkung, die durch die Vielheit der Ausführenden nicht gestört, sondern gestärkt wird.

Auch praktisch spricht für die neue Auffassung, dass man z. B. die Elastizitätsgrößen des Steinsalzes sehr exakt bestimmen kann, dass dagegen hinsichtlich der Elastizität des Kupfers bei den einzelnen Beobachtern die Zahlen stark voneinander abweichen, eben weil der Begriff „Kupfer“ (gewalzt, gegossen, gehämmert, amerikanisch, afrikanisch usw.) viel unbestimmter und unzuverlässiger ist als der des Steinsalzes. Tamann, der auf diesem Gebiete besonders viel geleistet hat, drückt die neue Erkenntnis in dem trotz seiner Paradoxie richtigen Satz aus: „Feste Körper sind Kristalle". Übrigens muss man auch bei diesen letzteren noch eine besondere Klasse von restlos einfacher Konstitution herausschälen, nämlich die Einkristalle; jedoch muss es an dieser Andeutung genügen.

Übrigens ist die geschichtliche Entwicklung unsrer Kenntnis von der Konstitution der Kristalle besonders interessant, und man kann hier in der Hauptsache drei Perioden unterscheiden. In der ersten legte man die Theorie der stetigen Raumerfüllung zugrunde und gelangte so zu den verschiedenen Kristallsystemen (und innerhalb jedes dieser zu den verschiedenen Typen, wie holoedrisch, hemiedrisch usw.). In der zweiten ging man zur Molekulartheorie über, setzte die Kristalle aus gleichen und gleich orientierten Elementen zusammen und untersuchte die Möglichkeiten der Bildung von Raumgittern, die dabei entstehen könnten. Diese Aufgabe ist von Sohncke angebahnt, aber erst von Fedorow und Schoenflies gelöst worden; der Letztere stellte nicht weniger als 230 mögliche Strukturen auf, von denen aber nur 32 wirklich in die Erscheinung treten; das sind die Kristallklassen, die, weil sie der Konstitution gründlicher auf den Leib rücken, seitdem die Kristallsysteme mehr in den

Hintergrund gedrängt und ihnen nur die Rolle für den praktischen Gebrauch übrig gelassen haben. Den größten Fortschritt aber, und damit kommen wir zur dritten Periode, stellt die Anwendung der Röntgenstrahlen auf Kristalle dar; und dabei müssen wir etwas weiter ausholen.

Man vermutete längst, dass die Röntgenstrahlen nicht wie die Kathodenstrahlen, aus denen sie bei deren Auftreffen auf die Wand des Entladungsrohrs entstehen, Emissionsstrahlen, sondern Wellen und dem Licht nahe verwandt sind; nur war es fast sicher, dass sie eine noch kleinere Wellenlänge besaßen, als selbst das kurzwelligste Licht, das violette, und selbst noch eine kleinere als die chemisch wirkenden ultravioletten Strahlen; aber ein direkter Beweis für die Wellennatur der Strahlen war noch nicht geliefert. Beim Licht führt man diesen Beweis am besten durch die Beugung an einem Gitter; und indem man derartige Gitter immer mehr verfeinerte, konnte man die Wellenlänge des Lichts sehr genau bestimmen; aber so feine Gitter, wie man sie zur Beugung von Röntgenstrahlen hätte brauchen können, ließen sich auch mit der fortgeschrittensten Technik nicht herstellen. Andrerseits nahm man, wie oben erwähnt, in der molekularen Kristalltheorie an, dass die Kristalle aus regelmäßigen Punktstrukturen beständen, und damit eine Art Keuzgitter darstellten, und zwar eines Gitters, das außerordentlich viel feiner ist, als es Menschen- oder Maschinenhände herstellen können. Laue kam nun auf die glänzende Idee, beide Hypothesen miteinander zu verknüpfen, und es gelang ihm dadurch in der Tat, zwei scheinbar weit auseinanderliegende Beweise zu liefern: Erstens, dass die Kristalle Gitterstruktur haben, und zweitens, dass die Röntgenstrahlen Wellen von äußerst kleiner Wellenlänge sind. Er schickte also Röntgenstrahlen durch Kristallplatten und erhielt entsprechende Beugungsbilder, aus denen man nicht bloß die Frage allgemein beantworten konnte, sondern auch weitgehende Schlüsse auf die innere Konstitution der verschiedenen Kristalle ziehen konnte; man vergleiche hierzu das Bild der Abb. 3.39, das sich auf Zinkblende, parallel der Würfelfläche geschnitten, bezieht. Am interessantesten freilich sind die bei dem Durchgang von Strahlung verschiedener Wellenlänge auftretenden Beugungsspektren, auf die hier nicht eingegangen werden kann.

Wenn vorhin gezeigt wurde, dass alle festen Körper entweder im echten oder im Quasi-Sinne Kristalle sind, so kann man diesem Satz einen andern entgegenstellen: Flüssigkeiten sind keine Kristalle. Sie sind ja sogar ganz besonders isotrop, indem sie den Druck überall in senkrechter Richtung und nach allen Richtungen in gleicher Stärke fortpflanzen. Deshalb erregte die Entdeckung der flüssigen Kristalle durch Otto Lehmann im Jahre 1889 besonderes Aufsehen. Es zeigte sich, dass es flüssige Kristalle gibt, die ganz entsprechende optische Erscheinungen im polarisierten Licht zeigen wie die festen Kristalle, denen man also im gewissen Sinne Heterotropie zuschreiben muss. Indessen ist, nach einem langen Hin und Her der Meinungen, die Frage schließlich doch geklärt worden, und insbesondre hat die Theorie von Born gezeigt, dass sich die Gesamtheit der Erscheinungen in die Theorie in einwandfreier Weise einfügen lässt, ohne dass besondre Umwälzungen in der gewohnten Auffassung der Aggregatzustände erforderlich würden.

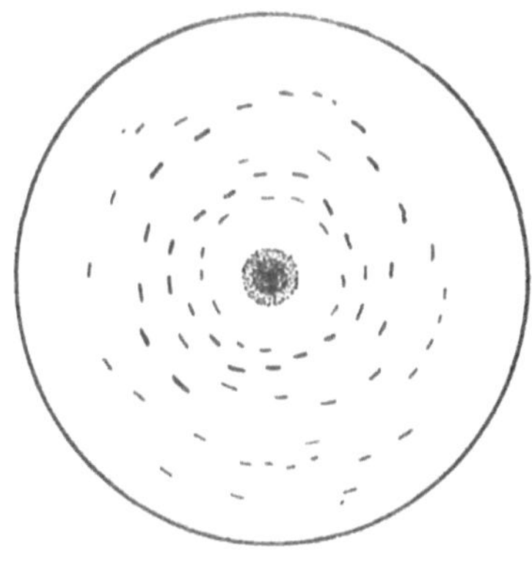

Abb. 3.39

### 3.4.4 Lebendige Substanz und Imponderabilien

Eine hiermit in gewissem Sinn verwandte Frage, die aber weit größere Allgemeinheit hat und deshalb seit langer Zeit die Gemüter dauernd erregt, ist die Frage, ob denn zwischen anorganischer und lebendiger Substanz eine unüberbrückbare Kluft bestehe, und, wenn das der Fall wäre, wie denn die lebendige Substanz in der Welt, insbesondere auf der Erde, entstanden sei. Wir wollen hier von denjenigen Hypothesen, die das Rätsel nicht lösen, sondern „auf die lange Bank schieben", ganz absehen. Nach ihnen wäre das Leben aus dem Weltraum auf die Erde gekommen, und zwar in der primitiven Form, in der es dort seit Langem existiert habe; die geistvollste dieser Theorien rührt von dem großen schwedischen Chemiker Arrhenius her; aber auch sie kann in keiner Weise befriedigen.

Wenden wir uns also den Theorien zu, die annehmen, das Leben sei auf der Erde selbst entstanden, und zwar aus lebloser Materie. Das ist das altberühmte Problem der Urzeugung, über das noch heute die Meinungen im einzelnen auseinandergehen. In der Hauptsache aber ist man sich einig, und zwar etwa in folgendem Sinne:

> *Die chemischen Elemente, aus denen sich die Organismen aufbauen, sind dieselben wie die in der leblosen Natur; hier und dort müssen also dieselben Gesetze gelten und unter den gleichen Formen in Erscheinung treten.*

Der einzige Unterschied ist der, dass das Leben ein überaus kompliziertes Phänomen ist, dass es sich aus einer großen Reihe von Einzelvorgängen (Prozessen) zusammensetzt, deren jeden zwar die anorganische Natur nachahmen, deren Kombination sie aber nicht leisten kann. Wir werden später sehen, dass die ungeheure Komplexität der lebenden Substanz noch eine weitere, für die Energetik entscheidende Bedeutung hat. Hier sei nur noch ein besonderer Gedanke betont, der grade auch von physikalisch-chemischer Seite hervorgehoben wird: die Möglichkeit nämlich, dass die Verhältnisse auf der Erde zwar früher (vielleicht sehr viel früher) für die Urzeugung günstig gewesen, es jetzt aber längst nicht mehr sind, so dass irgendeine Art von Urzeugung jetzt ausgeschlossen ist. Natürlich darf man sich durch die vielen, zum Teil überaus verwickelten Bewegungs- und Umwandlungs-Vorgänge, die viele Gebilde, z. B. flüssige Kristalle (die deshalb früher auch lebende Kristalle genannt wurden) darbieten, nichts „Lebendiges" vortäuschen lassen.

Der Abschnitt, den wir hiermit beschließen, handelt von der Materie, und deren grundlegende Eigenschaft ist die Masse, sei es die träge oder passive, sei es die schwere oder aktive Masse, die man praktisch als Gewicht bezeichnet. Es sind nun im Laufe der Zeit mehrfach sogenannte Imponderabilien aufgestellt worden, d. h. angebliche Stoffe von solcher Feinheit, dass ihr Gewicht sich auch für die feinsten Messungen nicht geltend macht. So hielt man Jahrhunderte hindurch die Wärme für einen unwägbaren Stoff; unwägbar, denn durch Erhitzung nimmt das Gewicht eines Körpers nicht zu. Und ganz entsprechendes gilt für den Magnetismus; denn auch durch die stärkste Magnetisierung ändert sich das Gewicht eines Stahlkörpers nicht im geringsten. Bei der Elektrizität spielte sich die Entwicklung etwas anders ab; auch sie hielt man für einen Stoff, gab das aber auf, und erst durch die Entdeckung der Elektronen hat die Frage wieder einen positiven Sinn bekommen, wenn auch mit ganz anderem Aspekt als man früher geahnt hatte.

Die berühmteste Imponderabilie in der Physik aber ist der Licht- oder Weltäther, der jahrhundertelang als Träger derjenigen Wellenbewegung angesehen wurde, die man als Licht, Wärme, chemische, elektrische und als Röntgenstrahlung beobachtet. Indessen ist es schon seit der Mitte des vorigen Jahrhunderts schwierig gewesen, dem Äther diejenigen Eigenschaften beizulegen, die er haben muss, wenn er seine Aufgabe erfüllen, d. h. das ganze Weltall, also sowohl den leeren Raum als auch die messbaren Körper durchdringen soll. Soll er in den verschiedenen Medien dieselbe oder verschiedene Dichte, dieselbe oder verschiedene Elastizität haben? Die beiden großen Theoretiker in der Optik des vorigen Jahrhunderts, Augustin Fresnel und Franz Neumann, gaben hierauf entgegengesetzte Antworten und gelangten dabei zu verschiedenen Formulierungen der Wellentheorie des Lichts. Dazu kamen neue Schwierigkeiten aufgrund der Relativitätstheorie: Soll der Äther im Raum ruhen, also durch bewegte Körper relativ rückwärts strömen, oder soll er in den ruhenden Körpern ruhen, in den bewegten also ihre Bewegung voll mitmachen? Die Wahrheit, so lautete die oftmals in der Wissenschaft die befriedigendste Antwort, blieb in der Mitte zwischen beiden Annahmen, der Äther macht die Bewegungen der Körper mit einem gewissen Bruchteil mit. Aber auch diese Entscheidung ließ sich mit verschiedenen relativistischen Experimenten schwer vereinigen und brachte daher keine restlose Klarheit in die Angelegenheit. Deshalb gingen die entschlossensten Physiker dazu über, den Äther überhaupt „abzuschaffen", d. h. den Versuch zu machen, mit dem Raum als solchem auszukommen, natürlich unter Hinzunahme der Materie oder der, wie wir noch sehen werden, diese mit umfassenden Energie. Andre Physiker, weniger radikal, führten den Äther in anderer Bedeutung, aber mit demselben Namen wieder ein und suchen so gut wie möglich mit ihm auszukommen.

## 3.5 Arbeit und Energie

Im zweiten Kapitel haben wir drei mögliche Fundamentalsysteme aufgestellt, die sich, da die Begriffe Raum und Zeit allen gemeinsam sind, nur durch den dritten Grundbegriff unterscheiden. Bei dem ersten Versuch, dem materialistischen System, war es, entsprechend der groben Anschauung, die Masse; bei dem zweiten, das schon feineren Bedürfnissen entgegenkommt, dem dynamistischen, war es die Kraft. Aber beide Begriffe, so bedeutungsvoll sie auch im einzelnen sein mögen, erweisen sich ihrer Stellung als Fundamentalbegriffe schließlich doch nicht als würdig. Die Masse hat zwar die notwendige Eigenschaft der Konstanz (und auch diese wird ihr, wie wir sehen werden, streitig gemacht); aber das andre, das wir verlangen dürfen, dass sie nämlich ein ganz allgemeiner Begriff sei, kommt ihr nicht zu; denn nur in einem sehr kleinen Teile der Geschehnisse im Universum, nämlich bei den mechanischen und allenfalls auch noch bei den Wärmeerscheinungen, spielt sie eine führende Rolle; schon in der Chemie muss sie dieselbe an die elektrische Ladung abgeben; und bei den elektrischen und magnetischen Erscheinungen, zu denen auch das Licht gehört, tritt sie gegenüber dieser Ladung sowie gegen die andern elektromagnetischen Größen ganz in den Hintergrund. Der unvergessliche Abbe hat einmal in einer Klage über die Unfähigkeit der Fabrikanten, optisches Glas in brauchbarer Mannigfaltigkeit herzustellen, darüber gespottet, dass sie ihre Erzeugnisse durch das spezifische Gewicht kennzeichnen, als ob es für Schiffsballast bestimmt wäre; während es doch auf ihr Brechungs- und Farbenzerstreuungsvermögen ankommt, also auf etwas, das mit der Masse gar nichts zu tun hat. Und gar in den Geisteswissenschaften sinkt der Begriff der Masse zu völliger Bedeutungslosigkeit hinab; hat sich doch selbst die Annahme, dass die Intelligenz eines Menschen mit der Masse seines Gehirns in eindeutigem Zusammenhange stehe, durchaus nicht bewährt. Das Ergebnis beider Erwägungen ist also: der Materialismus zerfließt sozusagen der modernen Wissenschaft unter den Händen. Was andrerseits die Kraft betrifft, so ist sie trotz aller Anschaulichkeit, mit der man diesen Begriff ausgestaltet hat, doch nur eine Abstraktion aus einem ganz besondern Fall, nämlich aus der Muskelkraft, für die wir eine spezifische Empfindung haben. Es kommt also darauf an, einen Grundbegriff ausfindig zu machen, der auch seinerseits das Konstanzprinzip erfüllt, und zwar in weitergehendem Maße als der Stoff, und der außerdem nicht die beschränkte Rolle spielt wie dieser, sondern eine alle Geschehnisse im Kosmos durchdringende Rolle, deren Führerschaft gar nicht in Frage kommen kann.

Um diesen Begriff zu finden oder richtiger um ihn in seiner ganzen wissenschaftlichen Größe zu erfassen — denn zu finden brauchen wir ihn nicht, er liegt für uns alle offen zutage —, wollen wir der Einfachheit und Beweiskraft wegen einen ganz praktischen, beinahe trivialen Weg einschlagen und dabei an den Begriff des Stoffs anknüpfen. Dieser Stoff hat, außer seiner naturwissenschaftlichen Charakteristik, der Masse, noch eine zweite, die mit jener in bestimmter, aber nicht so ganz einfacher Beziehung steht: der Stoff hat einen bestimmten Wert oder, noch deutlicher, er kostet eine bestimmte Menge Geld. Bei einer und derselben Stoffart ist der Wert mit der Menge wenigstens theoretisch proportional, für Stoffe verschiedener Art ist er ganz außerordentlich verschieden; Gold z. B. ist rund 300.000 mal soviel wert wie Kohle. Wir fragen nun: Gibt es noch etwas, was Geld kostet? Und um diese Frage zu bejahen, braucht man nur an irgendeinen Gewerbe- oder Fabrikbetrieb zu denken. Eine Fabrik hat zwei Arten von Kosten: die eine Art ist das Rohmaterial, Halbfabrikat und was sich daran anschließt, also, kurz gesagt, der Stoff, der aus der Natur oder aus andern Betrieben bezogen wird. Die andere Art aber ist die Arbeit, die in der Fabrik geleistet wird. Und nun das Verhältnis der Materialkosten zu den Arbeitskosten! Es ist in ungeheuer weiten Grenzen verschieden, erstens schon dann, wenn man nur die Arbeit rechnet, die in der Fabrik selbst geleistet wird, und noch viel verschiedener, wenn man die Arbeit hinzurechnet, die an den materiellen Dingen schon vorher, im Bergwerk, in einer andern Fabrik usw. geleistet worden ist. In einer Goldschmiede beispielsweise entfällt auf den Arbeitsteil, so mühe- und kunstvoll auch das Hämmern, Gießen und Formen sein mag und so viel Arbeitsstunden sie auch benötigen mag, nur ein kleiner Teil der Gesamtkosten, unter bestimmten Verhältnissen vielleicht 10 vom Hundert und noch etwas mehr, wenn man die Arbeit im Goldbergwerk (Graben, Waschen usw.) hinzufügt; die übrigen 80 vom Hundert kommen auf die Kosten des Materials selbst. Umgekehrt kommt in einer Fabrik von Mikroskopen nur ein kleiner Teil der Kosten auf das Material, das hauptsächlich aus Metall, Kunststoff und Glas besteht, und bei dem die benötigten Mengen des Glases, selbst wenn es eine besonders teure Sorte ist, zu gering sind, um ins Gewicht zu fallen. Man kann getrost sagen, dass in der optischen Werkstätte von Zeiß in Jena höchstens 10 v. H. auf die Stoffe und mindestens 90 v. H. auf die Arbeit entfallen; und diese letztere Zahl steigt vielleicht auf 95 v. H., wenn man die anderwärts schon vorgeleistete Arbeit mitrechnet.

Dass alles, wofür man Geld bezahlt, entweder Stoff oder Arbeit sei, diesen Satz muss man natürlich im richtigen Sinn verstehen; und ebenso auch den umgekehrten, dass alles, was Stoff oder Arbeit ist, Geld kostet. Ein Spaßvogel hat einmal gegen den ersten Satz den Einwand gemacht, dass es Menschen gibt, die auch für Titel Geld zahlen; aber das tun sie natürlich, von der Befriedigung ihrer Eitelkeit abgesehen, nur deshalb, weil sie annehmen, dass ihnen der Titel auf irgendeine Weise materielle Vorteile bringen werde. Und dass der zweite Satz nicht ohne weiteres richtig ist, geht daraus hervor, dass z. B. gewöhnliche Luft kostenlos ist; aber man bedenke doch, dass viele Leute Geld ausgeben, um einmal einige Wochen in besonders guter Luft zuzubringen; und für die Versorgung dicht bewohnter Räume mit guter Luft werden erhebliche öffentliche Mittel aufgewendet. Im weiteren Sinn bleibt also unser Satz auch in solchen Fällen durchaus gültig.

Im Übrigen ist die Höhe des Betrages, den man auf einen Stoff oder eine Arbeit anlegt, außerordentlich verschieden; man denke nur an den eingebildeten Wert von Edelsteinen oder an den objektiven, durch seine Eigenschaften gerechtfertigten Preis des Goldes oder an die Summen, die man ausgibt, um seine Gesundheit zu erhalten oder wiederzuerlangen. Wie verschieden die Preise der Stoffe sind, weiß man; aber die verschiedenen Arten von Arbeit weisen, und zwar auch innerhalb einer eng begrenzten Klasse von Arbeitsleistungen nicht geringere Kontraste auf; es sei nur auf das Eintrittsgeld für ein gewöhnliches Open Air Konzert und das für einen phänomenalen Künstler hingewiesen.

Für uns aber ist in erster Linie die Frage entscheidend, wie man die Arbeit misst, d. h., wie man sie in der Formel- und Zahlensprache ausdrücken kann. Diese Aufgabe ist in gewissem Sinn einfacher, in einem andern aber noch schwieriger als die Festsetzung der Preise der Stoffe. Bei diesen letzteren bildet sich meist durch die Erfahrung, d. h. durch die Intensität der Nachfrage nach ihnen, ein Marktpreis heraus; und schließlich liegt die Schwierigkeit nur noch in der Wahl einer Grundeinheit für diesen Preis. Für den exakten Naturforscher kann es nun keinem Zweifel unterliegen, dass man auf jeden Fall nur eine einzige solche Grundeinheit festsetzen darf, weil schon die Wahl zweier zu einer heillosen Verwirrung führen würde. So ist es denn schließlich auch in der Nationalökonomie, wo es in geschichtlichen Zeiten schon mal zwei Währungen gleichzeitig, insbesondere die Silberwährung und die Goldwährung gab, gekommen; und auch in neuerer Zeit wurde gewissen Bestrebungen dieser Art mit Recht äußerster Widerstand geleistet. In der Goldwährung, die lange Zeit fast ausschließlich galt, war die Vergleichseinheit ein Gramm Feingold; auf diese wurden dann alle übrigen Preise bezogen. Deshalb war und ist es natürlich ganz verkehrt und geradezu irreführend, wenn hin und wieder verkündet wird, der Preis des Goldes sei gefallen (oder gestiegen); das hat nur und kann nur den Sinn haben: man muss für das Gramm Feingold mehr oder weniger Pfund Sterling oder Dollars bezahlen; und bei einer auf Gold bezogenen Währung müsste man eigentlich die Sache grade umgekehrt ausdrücken, und höchstens können hin und wieder gewisse Schwierigkeiten, z. B. des Verkehrs, Schwankungen, aber nur ganz winzige, hervorrufen. Doch kehren wir zum Thema Arbeit zurück.

Welches ist das Maß der Arbeit? Hier liegt natürlich die Sache ganz anders, weil im Begriff der Arbeit, wie sich gleich zeigen wird, die Begriffe der Beschleunigung, der Masse und der Kraft schon enthalten, sozusagen bereits vorweggenommen sind, weil also die Arbeit, wenigstens bis auf weiteres, nicht, wie die Masse, ein Fundamental-, sondern ein abgeleiteter Begriff ist. Und darauf müssen wir jetzt etwas näher eingehen.

Kraft ist, wie schon ihre Charakterisierung als Ursache einer Beschleunigung besagt, etwas durchaus potenzielles, d. h. etwas, was nicht an sich in Erscheinung tritt, sondern erst durch die Tätigkeit, in die sie gesetzt wird, aktuell wird; die Dampfkraft einer Dampfmaschine z. B. ist zunächst etwas latentes, die Maschine selbst, solange das Dampfventil nicht geöffnet wird, etwas durchaus totes. Man muss also, um zur Arbeit zu gelangen, mit dem Begriff der Kraft noch einen andern verbinden, der sie in ihrer Tätigkeit kennzeichnet. Und es ist ohne weiteres klar, was das für ein Begriff sein muss, wenn er von allgemeiner Gültigkeit sein soll: es muss der Zeitbegriff sein, im besonderen also die Zeit, während deren die Kraft wirkt; denn nur, indem wir zwei Fundamentalbegriffe miteinander kombinieren, haben wir Aussicht, zu einem neuen Fundamentalbegriff zu gelangen, der dann an die Stelle des aus den angegebenen Gründen verworfenen Kraftbegriffes zu treten hat. So kommen wir zur ersten und einfachsten Fassung des Arbeitsbegriffes, indem wir sagen: Arbeit ist das Produkt aus Kraft und Zeit:

$$A_t = K \cdot t$$

Wenn man bedenkt, dass die Kraft im Lauf der Zeit, während deren sie wirksam ist, sich selbst ändern, also plötzlich oder allmählich größer oder kleiner werden kann, dann ist Arbeit die Summe der jeweiligen Produkte aus Kraft und Zeit.

Nun gibt es aber, wie wir wissen, noch einen zweiten Fundamentalbegriff, nämlich die Strecke $l$. Freilich lässt er sich nur dann unmittelbar anwenden, wenn die Arbeit in der wirklichen Leistung von Strecken besteht, also bei mechanischer Arbeit, z. B. beim Marschieren, beim Heben von Ziegelsteinen, bei der Versetzung des Schwungrades einer Dampfmaschine in Rotation usw.; beschränken wir uns also zunächst auf mechanische Arbeit! Da ergibt sich nun eine ganz andere Definition der Arbeit, sie ist jetzt das Produkt aus Kraft und Strecke oder, wenn wiederum die Kraft sich plötzlich oder allmählich ändert, die Summe über solche Produkte: $A = K \cdot l$.

Es ergeben sich also zwei wesentlich verschiedene Definitionen der Arbeit, die Zeitarbeit $A_t$ und die Streckenarbeit $A_l$; und es fragt sich, für welche man sich entscheiden soll; denn es würde in vielen Fällen zu einer trostlosen Verwirrung führen, wenn man bald die eine, bald die andere benutzen wollte. Nun ist klar, dass die Zeitarbeit von universellem, die Streckenarbeit dagegen von ganz speziellem Charakter ist; denn jegliche Arbeit charakterisiert sich durch die Zeit, während deren sie wirkt; dagegen ist die Streckenarbeit nur eine von vielen verschiedenen; denn jede Kraft kann spezifische Arbeit leisten, die Wärme durch Temperatursteigerung, die Elektrizität durch Elektrisierung, der elektrische Strom durch Erwärmung, chemische Zersetzung und Induktion, die magnetische Kraft durch Magnetisierung, von vielen anderen nicht zu reden; nur auf eine besonders wichtige und naheliegende sei hingewiesen: auf die Kopfarbeit des Denkers. Will man also die Streckenarbeit für die Begriffsfassung durchsetzen, so muss man die Strecke in einem allgemeineren Sinne fassen und sich dabei mit Vorteil der Bildsprache bedienen, die z. B. die Erwärmung eines Körpers als eine Temperaturstrecke auffasst, nur dass sie nicht in Zentimetern, sondern in Temperaturgraden ausgedrückt wird, und ebenso die Arbeit eines elektrischen Stroms durch die Strecke, die die Elektrizität den Leiter entlang, in dem sie fließend gedacht wird, zurücklegt usw.

Inwieweit eine solche Übertragung des Streckenbegriffs brauchbar sei, wird man freilich in jedem einzelnen Fall prüfen müssen, und durch das Ergebnis dieser Prüfung wird die Streckenarbeit erst ihre letzte Beglaubigung erhalten. Darauf kommen wir bald zurück; einstweilen kann man sich damit behelfen, dass man alle diese wirklichen oder bildlichen Strecken als „Leistungen" fasst, und deshalb im Gegensatz zur Zeitarbeit, von der „Leistungsarbeit" spricht; dass das Wort Leistung noch einen besondern exakten Sinn hat, wird sich bald zeigen.

Übrigens bietet die Idee der Streckenarbeit auch da gewisse Schwierigkeiten, wo es sich um echte Streckenarbeit handelt, also z. B. um das Heben eines Gewichts um eine bestimmte Strecke. Denn wenn ich ein Gewicht, etwa ein 5-Kilogramm-Stück, mit vorwärts ausgestrecktem Arm halte, so leiste ich, wie die mit der Zeit immer schneller wachsende Ermüdung mir bezeugt, zweifellos eine große Arbeit, und schließlich werde ich gezwungen, das Gewicht fallen zu lassen; eine Streckenarbeit aber leiste ich überhaupt nicht, die von dem Gewicht zurückgelegte Strecke ist gleich null. Man müsste also die Definition erweitern und sagen: Arbeit ist die Strecke, durch die eine Kraft einen Körper bewegt oder an deren Zurücklegung sie ihn hindert; dann stimmt es: Ohne die Arbeitsleistung meiner Armmuskeln würde der Körper unter der Wirkung der Schwerkraft zu Boden fallen und grade zur Verhinderung dieses Falls wird die Muskelkraft verwendet. Man kann sogar leicht eine Beobachtung anstellen, die dieser an sich imaginären Arbeit eine reale Bedeutung beilegt. In Wahrheit wird nämlich das Gewichtsstück in jedem kleinen Zeitteilchen etwas fallen gelassen, anfangs nur so wenig, dass man es kaum merkt, zumal der Arm rasch wieder für den Ausgleich sorgt; allmählich aber um immer größere Strecken hinunter und wieder herauf, und schließlich gibt der Arm den Kampf mit der Schwerkraft auf, er lässt das Gewichtsstück fallen. Indessen erscheinen beide Betrachtungen nicht restlos befriedigend, ihre weitere Verfolgung führt sogar zu unhaltbaren Konsequenzen, und man hat deshalb diese und ähnliche Arten von imaginärer Arbeit nicht in den physikalischen Begriff der Streckenarbeit aufgenommen.

Der Unterschied zwischen Zeitarbeit und Streckenarbeit spielt in der Praxis, auch nachdem er in der exakten Wissenschaft durch ausschließliche Anerkennung der letzteren beseitigt ist, eine große und allgemein bekannte Rolle; und es gibt für den Fernerstehenden nichts besseres als an diesem Fall sich den Sinn des Gegensatzes klarzumachen. Nehmen wir zunächst an, die Arbeitsleistung bestehe in der Zurücklegung eines bestimmten Weges, so wird man zunächst feststellen, welche Strecke in der Stunde zurückgelegt wird, und man wird daraufhin einen „Akkordlohn“ oder „Stücklohn“ festsetzen. Ob man alsdann diesen oder den Zeitlohn zum Entgelt der Arbeit wählt, ist also im Gesamteffekt durchaus gleichgültig. Einige Schnellläufer werden dadurch, dass sie eine größere Strecke als die festgesetzte zurücklegen, einen höheren Streckenlohn, andere einen geringeren erhalten; und selbst im einzelnen wird die Differenz immer kleiner werden, weil die Schnellläufer unter der Übermüdung bald leiden werden. Bei anderen Arbeitsarten, z. B. beim Brennen von Ziegeln oder beim Drucken eines Buches, wird man in ähnlicher Weise erfahrungsgemäß ermitteln, wie sich im Durchschnitt das Verhältnis von

Leistung und Zeit einstellt, und hiernach den Akkordlohn regeln; nimmt man diese Regelung vorsichtig und sinngemäß vor, so wird der vernünftige Arbeitnehmer unter Umständen einen kleinen, der unvernünftige einen zwar größeren, aber nur kurz andauernden Vorteil haben. In der Hauptsache hat also der bekannte Satz „Akkordlohn ist Mordlohn" keinen entscheidenden Sinn. In vielen Fällen freilich ist ein Akkordlohn nicht anwendbar, weil es unmöglich ist, die „Leistung" auch nur annähernd zu schätzen; in solchen Fällen muss es also notgedrungen beim Zeitlohn bleiben, z. B. bei den Werkmeistern oder den wissenschaftlichen Mitarbeitern eines Betriebes und bei geistigen Arbeitern aller Art. Aber auch dann verliert der Gegensatz zwischen Zeit- und Leistungslohn in der Praxis den größten Teil seiner Schärfe. Nehmen wir den Fall eines Jungen, dem man Geigenunterricht erteilen lassen will. Hier ist es ganz unmöglich, die Leistung des Lehrers von vornherein oder nach und nach zu fixieren; man kann doch nicht sagen: du erhältst so und soviel, wenn du aus meinem Jungen einen Paganini machst. Man muss sich also mit einem Stundenlohn abfinden; aber dieser schon wird sich nach dem Ruf richten, den sich der Lehrer durch seine bisherigen Leistungen erworben hat, und er kann sehr leicht im Verhältnis von 1:100 variieren und damit automatisch zu einem Leistungslohn werden.

Der Arbeitsbegriff gibt uns Anlass, eine zeichnerische Methode anzuwenden, die von großem Anschauungswert geworden ist und deshalb in der exakten Naturlehre eine

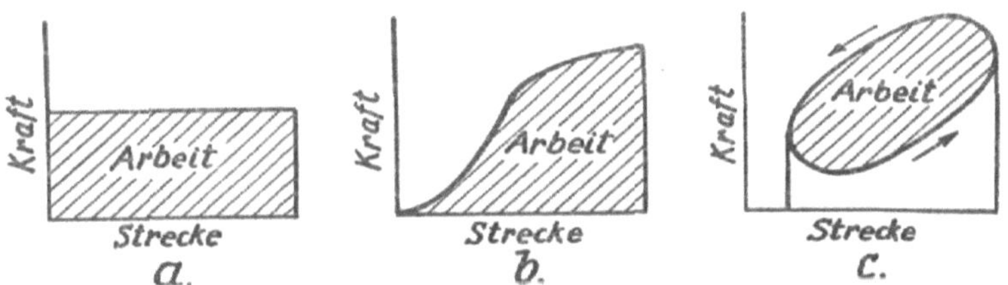


Abb. 3.40

große Rolle spielt: die grafische Methode. Von dem Aufbau der Arbeit aus zwei Faktoren, Kraft und Strecke, ausgehend, stellt man die eine als Vertikale (Ordinatenachse), die andre als Horizontale (Abszissenachse) dar und trägt auf beiden die jeweiligen Zahlenwerte in irgendeinem vereinbarten Maßstab ein. Im einfachsten Fall, nämlich wenn die Kraft sich immer gleich bleibt, erhält man als Arbeit k • l und als grafisches

Bild das entsprechende Rechteck, Abb. 3.40a. Wenn dagegen die Kraft nach und nach von null bis auf einen bestimmten Wert wächst, ergibt sich ein Bild wie Abb. 3.40b. Und endlich bei einem Kreisprozess, bei dem auf irgendeinem Wege zum Ausgangspunkt zurückgekehrt und dabei teils Arbeit geleistet, teils Arbeit verbraucht wird, die Abb. 3.40c.

Aus dem Arbeitsbegriff können wir nun sofort einen neuen Begriff ableiten, der in jeder Hinsicht sich als geeignet erweist, als dritter Fundamentalbegriff neben die von Raum und Zeit zu treten und damit die Rolle zu übernehmen, die bisher die Begriffe Masse oder Kraft gespielt haben. Dabei knüpfen wir an den Begriff des Stoffes an und stellen fest, dass jeder Stoff aus dem Stoffvorrat des Universums stammt, z. B. ein Stück Kohle, das ich in den Ofen werfe, aus einem Kohlenbergwerk der Erde. In Analogie hiermit kann man jede Arbeit, die geleistet wird, ansehen als aus dem Arbeitsvorrat des Universums stammend. Für diesen Arbeitsvorrat, sei es des Universums als ganzen, sei es irgendeines begrenzten Systems, des lebenden Menschen oder der Maschine, hat man den Namen Energie gewählt, der zwar schon seit langem in irgendeiner Bedeutung gebraucht wird, in neuerer Zeit besonders von d'Alembert und Thomas Young naturphilosophisch verwendet, aber erst von Rankine und William Thomson präzis ausgestaltet wurde. Wenn dieser Begriff eine tiefere Bedeutung erhalten und seine Rolle als Fundamentalbegriff mit Erfolg durchführen soll, so ist vor allen Dingen eine Forderung zu befriedigen, nämlich die, dass ...

- ... in einem energetisch abgeschlossenen System bei allen Änderungen, die sich in ihm vollziehen, seine Energie doch unverändert bleibt, ...
- ... dass in einem System, welches mit den Nachbarsystemen im Energieaustausch steht, sich die Energie um denselben Betrag steigere, wie sie in den Nachbarsystemen abnehme, und umgekehrt ...
- ... und dass schließlich im vollständigsten aller Systeme, dem Universum, die Energie überhaupt unveränderlich bleibe.

Man nennt diesen Satz, der sich im Laufe eines Jahrhunderts nur ganz allmählich herausgestellt hat, den Satz von der Erhaltung der Energie. Auf den Prozess, aus dem er sich herausschälte, müssen wir jetzt etwas näher eingehen.

Denkt man zunächst an rein mechanische Verhältnisse, so kann ein System Arbeitsvorrat in sich enthalten entweder infolge seiner statischen Konfiguration, d. h. seiner örtlichen Lage im Raum oder der relativen Lage seiner Teile gegeneinander; oder es kann ihn seiner Bewegung verdanken, die ihrerseits auch wieder eine Bewegung des Systems als solchen im Raum oder eine Relativbewegung seiner Teile gegeneinander sein kann. Im 18. Jahrhundert, als man diese Frage zuerst behandelte, kennzeichnete man die eine Größe durch das Potenzial, d. h. durch diejenige Größe, deren Abnahme in irgendeiner Richtung die in dieser Richtung wirkende Kraft ergibt; beispielsweise besteht zwischen zwei Weltkörpern ein Spannungspotenzial, dessen Folge sich in einer Anziehungskraft bemerkbar macht. Die andre Art charakterisierte man damals und noch lange nachher durch die Lebendige Kraft, d. h. die Summe aller Produkte aus den Massen und den halben Geschwindigkeitsquadraten aller Teile des Systems. Seit der Einführung des Begriffs der Energie hat man erkannt, dass beide Größen Teile der Gesamtenergie sind, die wir als ihre Modalitäten bezeichnen wollen. Und zwar führt das Potenzial zur statischen oder potenziellen oder Konfigurationsenergie, die Lebendige Kraft auf die kinetische oder aktuelle oder Bewegungsenergie. Nun bestehen alle Änderungen in dem Zustand rein mechanischer Systeme ausschließlich in der Umwandlung der einen Modalität in die andere, also in der Umwandlung statischer in kinetische Energie oder umgekehrt; z. B. bei dem Verhältnis der Erde zur Sonne, die je nach ihrem Abstand, mehr potenzielle oder mehr aktuelle Energie aufweist. Es ist nun schon im 18. Jahrhundert der Satz von der Erhaltung der mechanischen Energie aufgestellt und durchweg als gültig erkannt worden; es entsteht immer soviel kinetische Energie, wie statische verloren geht und umgekehrt.

Nun gibt es, unabhängig von der Modalität, noch einen anderen Reichtum der Energie, nämlich ihre Qualität; und in dieser Hinsicht ist die mechanische Energie nur eine von vielen. Es kommt also darauf an, festzustellen, wie es sich bei der Umwandlung der Energie von einer Qualität in die andere verhält. Der erste und bedeutsamste Schritt in dieser Erweiterung ist für die Umwandlung von Arbeit (kurzer Ausdruck für mechanische Energie) in Wärme oder umgekehrt erfolgt. Nun wird heute die Arbeit in Joule, Wattsekunden oder Kilowattstunden, die Wärme, nachdem man sie einmal als Arbeit erkannt hatte, (bis dahin galt sie als verborgener Stoff) in Grammkalorien (Wärmeverbrauch beim Erhitzen von 1 g Wasser um 1° C) oder neuerdings in Wattsekunden usw. gemessen. Wenn Arbeit und Wärme in unterschiedlichen Einheiten gemessen werden, kann man allerdings nicht verlangen, dass die entstehende Wärmemenge der verlorenen Arbeit gleich sei oder umgekehrt, da diese Gleichheit bei einer Verschiedenheit der Einheiten gar keinen Sinn hätte; was man aber verlangen darf, ist dies, dass die eine der andern äquivalent sei, d. h. aus einer bestimmten Anzahl von Energieeinheiten dieselbe Zahl von Grammkalorien entstehe, durch welchen Prozess auch die Umwandlung erfolge; d. h., man muss verlangen, dass das Arbeitsäquivalent der Wärme oder kurz das Wärmeäquivalent stets denselben Wert habe. Das hat sich nun während der zweiten Hälfte des 19. Jahrhunderts durch zahllose Versuche (Reibung, Wärmeausdehnung, Druck, elektrischer Strom, Luftbewegung usw.) glänzend bestätigt mit dem Ergebnis: Eine Kilogrammkalorie ist gleich 428 mkg (mkg = Meterkilogramm, die ursprüngliche Einheit der Arbeit). Für die heute üblichen Einheiten gelten andere Umrechnungswerte. In der Abb. 3.41 ist veranschaulicht, wie der Zahlenwert des Wärmeäquivalents im Laufe der Zeit durch immer zuverlässigere Methoden immer genauer festgelegt worden ist.

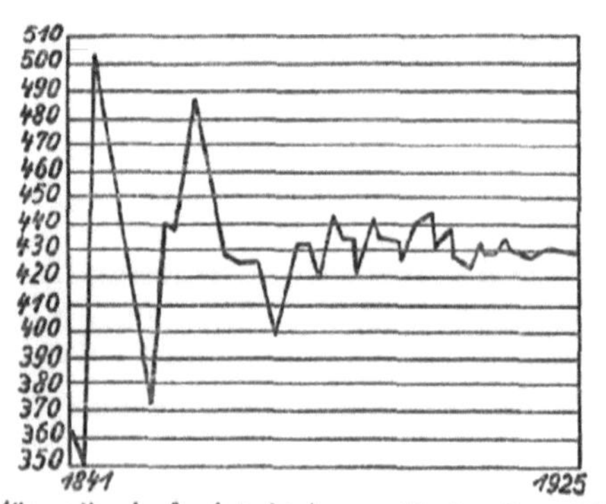


Wärmeäquivalent in hist.-graphischer Darstllng.

Abb. 3.41

Später ist das Äquivalenzprinzip auch auf die übrigen Qualitäten der Energie, insbesondre elektrische und magnetische, ausgedehnt worden, nur dass es hier überflüssig wurde, Äquivalentzahlen zu ermitteln, weil die elektrische und die magnetische Energie schon von vornherein auf die Einheit der Arbeit bezogen wurden. Übrigens sei bemerkt, dass sich auch bei der chemischen Energie sowie bei den energetischen Umwandlungen in der lebendigen Substanz, z. B. beim Menschen, das Erhaltungsprinzip durchaus bewährt hat, sodass es seitdem geradezu als Postulat gilt und in etwa widerstreitenden Fällen zur Auffindung neuer Energieerscheinungen führen kann.

Historisch sei bemerkt, dass man das Energieprinzip, von Vorläufern abgesehen, in der Hauptsache drei Männern verdankt, die in gewissem Sinne Outsider waren. Den Grundgedanken der Äquivalenz von Wärme und Arbeit erfasste zuerst der praktische Arzt Robert Mayer aus Heilbronn; die exakte Bestimmung des Wärmeäquivalents war die Lebensarbeit des englischen Technikers Joule, der danach ein großer Physiker wurde; und die Erweiterung des Erhaltungsprinzips auf alle Energiearten verdankt man dem damaligen Militärarzt Hermann von Helmholtz, der dann allerdings einer der größten Physiker aller Zeiten wurde.

Der Energiesatz lässt sich in zahlreichen Formen aussprechen, auf die hier nicht eingegangen werden kann. Nur eine der entsprechenden Betrachtungen sei kurz erwähnt. Nach dem Erhaltungsprinzip lässt sich auf keine Weise Arbeit aus nichts gewinnen; der Glaube, dass dies möglich sei, hat früher und bis in die neueste Zeit eine verhängnisvolle Rolle gespielt und zu der durchaus unwissenschaftlichen Idee des Perpetuum mobile geführt; alle bezüglichen Versuche sind natürlich kläglich gescheitert, auch wenn sie eine Zeit lang leidlich wirkten.

So große Bedeutung, so umfassenden Geltungsbereich das Energieprinzip auch im Laufe des neunzehnten Jahrhunderts sich erobert hatte, und so abgeschlossen dieses Kapitel der Naturlehre daraufhin erschien, so hat sich doch im Zwanzigsten Jahrhundert noch etwas ganz Unerwartetes und Neuartiges hinzugesellt, gewissermaßen als Schlussstein auf dem stolzen Bau der Energie. Gab es doch immer noch zwei gleichberechtigte Erhaltungsprinzipien, das von der Erhaltung des Stoffs und das von der Erhaltung der Energie; aber auch dieser Dualismus ist aufgrund zweier

Entdeckungen beseitigt worden, von denen die eine, die Umwandlung der Elemente, experimentellen, die andre, die verallgemeinerte Relativitätstheorie, theoretischen Charakters ist.

Die Radioaktivität und die mit ihr zusammenhängende Umwandlung der Elemente hatte das Prinzip von der Erhaltung der Masse hinfällig gemacht, da sich ergab, dass, wenn auch in langen Zeiten, dauernd Materie als solche verschwindet; und das, worein sie sich verwandelt, konnte nur eine neue Form von Energie sein; und die allgemeine Relativitätstheorie hat dafür den formelmäßigen Nachweis gebracht. Es sei daran erinnert, dass schon die spezielle Relativitätstheorie imstande war, einen seit Jahrtausenden der Auflösung widerstehenden Dualismus zu beseitigen. Sie zeigte nämlich, dass es eine Geschwindigkeit gibt, die sich nicht, wie alle andern, dem Additionsprinzip unterwirft, nämlich die Lichtgeschwindigkeit, und dass sie daher berechtigt ist, zur Reduktion von Zeiten auf Strecken zu dienen, und zwar durch die Formel:

$$t = l / c$$ (vgl. S. 48).

Nunmehr lässt sich eine ähnliche Formel für die Reduktion der Masse auf Energie aufstellen, nämlich die Formel:

$$m = E / c^2 \text{ (oder umgeformt: } E = m \cdot c^2 \text{ ).}$$

Wenn also schon Zeiten im Vergleich mit den äquivalenten Strecken wegen des ungeheuer großen Nenners c außerordentlich klein sind, so sind doch Massen im Vergleich mit den äquivalenten Energien noch außerordentlich viel kleiner, weil hier in die Formel nicht die Lichtgeschwindigkeit selbst, sondern ihr Quadrat eingeht. Die Masse ist hiernach nicht nur eine Form der Energie, sondern die konzentrierteste aller ihrer Formen; und man kann sich die kolossalen Errungenschaften, aber auch die entsprechenden Gefahren vorstellen, die eintreten würden, wenn es gelänge, diese Energie vollständig nutzbar zu machen.

Die überragende Bedeutung der Energie macht es verständlich, dass die „Energetiker“ im engeren Sinne des Wortes die Forderung aufgestellt haben, die Energie nunmehr anstelle der Masse zum dritten Fundamentalbegriff der

Naturlehre zu machen, womit man das dritte Fundamentalsystem, das energetische, bestehend aus Raum, Zeit und Energie erhalten würde. Indessen hat die Frage der Wahl des Fundamentalsystems doch neben der grundsätzlichen auch eine eminent praktische Bedeutung, die uns veranlasst, vorsichtig zu Werke zu gehen. Es ist eine gewiss überaus wichtige, aber nicht eben leichte Aufgabe, bei der Definition der Energie von ihrem Aufbau aus einer Menge Zwischengliedern (Strecke, Zeit, Geschwindigkeit, Beschleunigung, Masse und Kraft) ganz abzusehen und den Buchstaben E und das, was er darstellt, als etwas durchaus Selbstständiges und Primäres zu erfassen und nunmehr umgekehrt die übrigen Begriffe aus dem der Energie abzuleiten[9]. Jedenfalls hat die Erfahrung gelehrt, dass die Zeit dafür noch nicht reif ist, und wir wollen deshalb bis auf weiteres bei dem Strecke-Zeit-Masse-System stehen bleiben.

In der Geschichte der entscheidenden und umwälzenden Entdeckungen hat es sich häufig ereignet, dass der Fortschritt sich nur sehr langsam im Kampf mit mehr oder minder berechtigten Einwänden durchsetzte, dass aber dann ein Umschlag ins andere Extrem erfolgte: die Entdeckung wurde geradezu überschätzt, und man glaubte in ihr das Allheilmittel gefunden zu haben. Ähnlich ist es mit dem Erhaltungsprinzip gegangen. Fragen wir uns deshalb, was es im Grunde besagt! Alles Geschehen im Universum besteht in Veränderungen, sei es des Ortes der Körper, sei es ihrer Form und Größe, sei es ihrer Temperatur usw., und auch die Energie ist von diesen Veränderungen nicht ausgeschlossen. Aber die Veränderung erstreckt sich in geschlossenen bzw. vollständigen Systemen nur auf die Qualität, nicht auf die Quantität. Das Erhaltungsprinzip besagt also, dass, selbst wenn sich alles andere ändert, die Quantität der Energie sich nicht ändert. Das Prinzip sagt also im Grunde etwas Negatives aus, und das was es aussagt, ist gewiss äußerst wichtig als ein sicheres Fundament für alles übrige, als der ruhende Pol in der Erscheinungen Flucht. Aber es bleibt dabei: es sagt nichts darüber aus, was denn nun eigentlich geschieht,

9 Die Vereinheitlichung, mithilfe der zur Energie äquivalenten Information, ist beschrieben im folgenden Buch: Sedlacek, K.-D., *Supervereinigung: Wie aus nichts alles entsteht. Ansatz einer großen einheitlichen Feldtheorie;* Norderstedt (2010).

was sich denn eigentlich verändert und wie es sich verändert.

Ein anderes Prinzip, nämlich eines das etwas darüber aussagt, was sich auf welche Weise in der Welt verändert, wird im Kapitel mit der Überschrift 'Geheimnisvolle Prozesse in den Systemen der Natur ' ( S. 164ff) beschrieben.

Nach dem Erhaltungsprinzip brauchte in der Welt niemals etwas zu geschehen; denn, wenn nichts geschieht, bleibt die Energiemenge gewiss unverändert. Wenn sich also Arbeit in Wärme oder Wärme in Licht umsetzt, so geschieht das nicht, um einmal so zu sprechen, auf Veranlassung des Erhaltungsprinzips, sondern nur mit seiner Genehmigung; es ist gewissermaßen die Ordnungsbehörde, die darüber wacht, dass nichts Gesetzwidriges geschehe, die aber selbst nichts unternimmt. Wenn es uns gelingt, ein in diesem Sinne positives, schöpferisches Prinzip aufzufinden, so wird es dem Erhaltungsprinzip als Veränderungsprinzip zweifellos noch überlegen sein.

Natürlich ist die Aufgabe hier um so viel größer und schwieriger, als es Veränderungen von der aller mannigfaltigsten Art geben kann; und um nicht der Fantastik einer Weltformel nachzujagen, die alles in sich enthielte, wird man sich darauf beschränken müssen, allgemeine Züge des Weltgeschehens herauszugreifen. Dabei macht man nun die Wahrnehmung, dass es sich in vielen Fällen typischen Geschehens zunächst nur um die Grundfrage, ob etwas geschieht oder ausbleibt, handelt und im ersteren Fall nur um die Entscheidung zwischen zwei entgegengesetzten Möglichkeiten, z. B. darum, ob ein losgelassener Stein fällt oder steigt, ob von zwei sich berührenden Körpern der wärmere kühler, der kühlere wärmer oder der wärmere noch wärmer, der kühlere noch kühler wird. Dazu kommen natürlich noch viele andre Feststellungen von mehr oder weniger allgemeinem Charakter, und es sei wenigstens eine von ihnen noch kurz erwähnt: Wenn sich der Zustand a in den Zustand b verwandelt, so kommt es darauf an, festzustellen, auf welchem der unendlich vielen möglichen Wege die Veränderung unter bestimmten Umständen sich wirklich vollzieht (Abb. 3.42). Und hieran sei noch eine weitere, für das Folgende wichtige Bemerkung geknüpft. Es kann vorkommen, dass der Veränderung **a b** eine weitere **b a** folgen

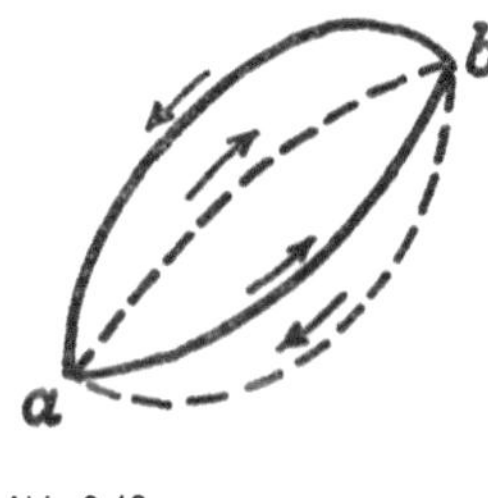


Abb. 3.42

kann; man nennt dann den Prozess einen umkehrbaren, und zwar in einem engeren Sinne, wenn die Rückkehr von b nach a auf demselben Wege erfolgt wie der Hinweg, in einem weiteren, wenn er auf einem beliebigen andern Wege erfolgen kann; dabei ist die Figur natürlich ebenso gut im bildlichen wie im unmittelbaren Sinn zu verstehen. Übrigens besteht zwischen dem Prozess **a b** und dem umgekehrten **b a** noch ein weiterer entscheidender Unterschied: der eine von ihnen tritt „von selbst“ oder „freiwillig“ auf, der andere muss künstlich erzwungen werden; man muss also zwischen freiwilligen und erzwungenen Prozessen unterscheiden. Ein paar Beispiele werden das deutlich machen.

Ein heißer Körper in kühler Umgebung geht von selbst auf deren Temperatur zurück; ein Körper von derselben Temperatur wie die Umgebung muss künstlich auf eine höhere Temperatur gehoben werden. Wenn ein Kupferstab mit dem einen Ende in den Dampf kochenden Wassers, mit dem anderen in schmelzenden Schnee getaucht wird, so fließt dauernd ein Wärmestrom von jenem nach diesem Ende; wenn man den Stab herausnimmt, wird sich allmählich ein Ausgleich der Temperatur herstellen. Dasselbe gilt bei der Mischung einer kalten mit einer warmen Substanz; auch hier erhält man eine ausgeglichene Mitteltemperatur. Diese Fälle hat der berühmte Physiker Clausius durch Aufstellung des Satzes verallgemeinert, dass die Wärme, welcher Art auch der Prozess sei (Leitung, Strahlung, Mischung, maschineller Prozess, elektrischer Strom usw.), sich von selbst stets nur von Stellen höherer zu Stellen niederer Temperatur bewegen könne; „von selbst“ bedeutet dabei, dass keine fremde Arbeit dazu benutzt wird.

Noch zwei Fälle typischer Art wollen wir ins Auge fassen. Der eine ist der Fall der Mischung, von dem wir schon gesprochen haben, jetzt aber die Mischung an sich. Wenn man Wasser und Schwefelsäure zusammengießt, so ist das zweifellos ein nicht direkt umkehrbarer Prozess; man kann sie nicht auseinandergießen, und doch ist der Prozess indirekt rückgängig zu machen: Man braucht nur das Wasser, das leichter verdampft als Schwefelsäure, durch Erhitzung auf 100° durch ein Rohr in ein anderes Gefäß überzuführen und durch Wiederabkühlung den Dampf in flüssiges Wasser zurückzuführen. Dagegen ist der Fall der Verbrennung ein typischer Fall eines überhaupt nicht rückgängig zu machenden Prozesses; Kohle kann man zu Asche verbrennen, aber aus der Asche niemals wieder Kohle gewinnen.

Um alle diese und weitere Gedanken einheitlich zu formulieren, muss man natürlich wie bei dem Erhaltungsprinzip von einem bestimmten Erscheinungskomplex ausgehen; und es ist interessant festzustellen, wie verschiedene Wege die Erkenntnis in sonst ganz entsprechenden Fällen geht. Beim Erhaltungsprinzip ging sie von der mechanischen Energie aus und dann zu den anderen Formen über; hier, bei der Gewinnung des neuen Prinzips, ging sie von den Wärmeerscheinungen aus und ist auch heute noch beinahe ausschließlich für diese zu einer exakten Formulierung gelangt.

## 3.6 Die Entwertung der Energie und die Entropie

Betrachten wir den klassischen Fall der Dampfmaschine, die die Energie des Wasserdampfs in die mechanische Arbeit des Schwungrades verwandelt. Nach dem Energieprinzip müsste sich die aufgewandte Wärmeenergie vollständig in der mechanischen Energie des Schwungrades wiederfinden; davon ist aber gar keine Rede, es finden sich je nach der Konstruktion der Dampfmaschine nur 15 bis 30% wieder. Natürlich darf man daraufhin nicht sagen, das Erhaltungsprinzip sei nicht richtig; man muss sich vielmehr die Frage vorlegen, was aus dem großen Rest der aufgewandten Energie geworden ist.

Nun hat jede Wärmemaschine außer dem Kessel noch einen Kühler oder Kondensator, und wenn sie keinen hat, so übernimmt die äußere Luft, z. B. die Atmosphäre, seine Stelle. Der Kessel und der Kühler sind geradezu die beiden unersetzlichen Pole, zwischen denen die Maschine arbeitet. Eine Wassermühle arbeitet z. B. zwischen den beiden Niveaus des Wassers oberhalb und unterhalb; und da das Wasser ein Stoff ist, geht es nach Leistung seiner Arbeit in seiner Totalität wieder ab (von irregulären Verlusten natürlich abgesehen). Carnot, der sich zuerst mit diesen Fragen erfolgreich befasste, stand, wie damals alle Physiker, auf dem Standpunkt, dass die Wärme ein Stoff sei und dass daher auch hier die ganze Kesselwärme, nachdem die mechanische Arbeit geleistet war, in den Kühler einginge.

Nennt man die Kesselwärme **W**, die Kühlerwärme **w**, so müsste also nach Carnot w = W, nach dem Energieprinzip dagegen w = 0 und die ganze Kesselwärme W in Arbeit verwandelt sein: W = A. Weder das eine noch das andere ist richtig, nur ein Teil von W wird in A verwandelt, der Rest geht als laue Wärme (Abwärme bzw. nicht mehr nutzbare Wärme) in den Kühler und geht für den beabsichtigten Prozess verloren. Man spricht deshalb von dem Wirkungsgrad **y = A/W** und dem Zerstreuungsgrad **z = w/W**; es ist also gemäß dem Erhaltungsprinzip:

$$W = A + w.$$

Abb. 3.43

Man kann sich das durch eine symbolische Darstellung (Abb. 3.43) besonders klar machen. Durch die Maschine wird ein Teil der Kesselenergie als Arbeit hochgepumpt, ein anderer aber wird auf das niedere Niveau von lauer Wärme herabgedrückt. Es ist das gewissermaßen die Steuer, die man für die Gewinnung von Arbeit an den Kosmos entrichten muss; und bei der Dampfmaschine ist diese Steuer, wie wir gleich sehen werden, so hoch, dass jeder Staatsbürger sich darüber empören würde. Es hat nämlich schon Carnot im Prinzip, später aber Lord Kelvin u. a., einen wichtigen Satz aufgestellt, den man allerdings nicht ohne Weiteres auf reale Wärmemaschinen anwenden darf, weil bei ihnen zu viel Nebenerscheinungen sich abspielen, sondern nur auf die schon von Carnot ersonnene ideale Gasmaschine, die den Vorzug hat, streng umkehrbar zu arbeiten. Unser Satz lautet in diesem Fall: Wirkungsgrad und Zerstreuungsgrad einer umkehrbar wirkenden Wärmemaschine hängt gar nicht von ihrer inneren Einrichtung und sonstigen Einflüssen ab, sondern lediglich von zwei Größen, den absoluten Temperaturen des Kessels und des Kühlers, und zwar verhält sich die an den Kühler abgeführte Wärmemenge zu der ganzen aus dem Kessel herausgeholten wie die absolute Temperatur **t** des Kühlers zu der **T** des Kessels:

$$z = w:W = t:T.$$

Die Größen t und T sind also hier von dem absoluten Nullpunkt zu rechnen, der in der Celsiusskala 273 Grad unter dem Gefrierpunkt des Wassers liegt und den man den absoluten Nullpunkt der Temperatur nennt. Ist der Prozess nicht umkehrbar, so wird an den Kühler noch mehr Wärme abgegeben, der Zerstreuungsgrad wird noch größer, der Wirkungsgrad noch kleiner. Nun kann man praktisch annehmen, dass im günstigsten Fall die Kesseltemperatur rund 400 absolute Grade (nämlich 127 + 273), die Kühlertemperatur mindestens rund 300 absolute Grade (27 + 273) beträgt; es wird also jetzt verständlich, dass der Zerstreuungsgrad bei einer Wärmemaschine 3/4, also 75%, und somit der Wirkungsgrad nur 1/4, also 25% beträgt. Geht man der Sache näher auf den Grund, so kann man also sagen, dass die Wärmemaschine deshalb so unökonomisch wirkt, weil die absolute Temperatur auf unsrer Erde so hoch ist, dass kein genügender Kontrast zwischen Kessel und Kühler zustande kommt. Eine Bestätigung erfährt diese Ansicht dadurch, dass auf einem ganz andern Gebiet, dem der elektrischen Maschinen, der Wirkungsgrad bis auf über 90% gesteigert werden kann, weil das elektrische Spannungsniveau der Erde im allgemeinen nicht nur klein, sondern im Durchschnitt geradezu null ist.

Fassen wir das Gesagte zusammen, so können wir sagen: Die Energie wird zwar streng erhalten, aber zugleich wird sie im Allgemeinen mehr oder weniger zerstreut oder, vom Standpunkt der zu leistenden Arbeit betrachtet, vergeudet. Man spricht daher von der Zerstreuung oder Vergeudung der Energie; und von diesem Vorgang wollen wir uns noch auf einem ganz anderen Gebiet eine anschauliche Vorstellung verschaffen.

Wenn man einen weichen Eisenstab in ein magnetisches Feld bringt und die Feldstärke von null an allmählich bis auf einen bestimmten Betrag steigert, so erhält man eine Kurve (Abb. 3.44) von der Gestalt a d, wobei die Feldstärke F auf der horizontalen Achse nach rechts, die Magnetisierung M vertikal nach oben gerechnet ist. Lässt man jetzt die Feld-

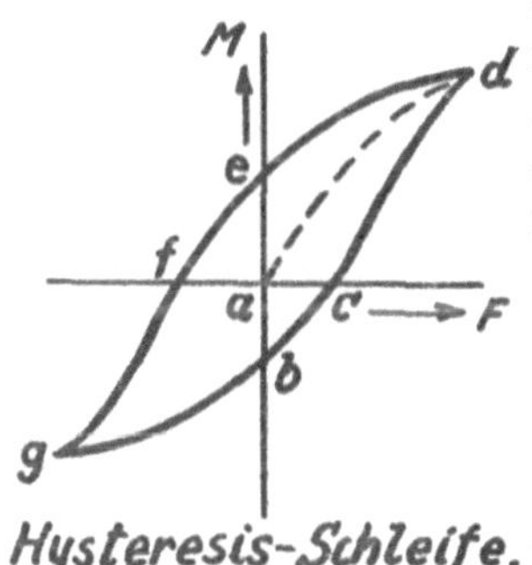

Abb. 3.44

stärke wieder abnehmen, so erhält man nicht wieder die Kurve d a, sondern die höher gelegene Kurve d e, der Stab ist also, obwohl das Feld null geworden ist, noch magnetisch (a e), und man muss ein negatives Feld ansetzen, um den Punkt f zu erreichen, d. h. den Stab unmagnetisch zu machen. Lässt man das negative Feld weiter wachsen, so wird auch der Magnetismus negativ (g). Lässt man das Feld wieder schwächer negativ und dann weiter positiv werden, so erhält man die Kurve gbcd. Sieht man jetzt von dem Stück a d ab und betrachtet nur die geschlossene Fläche gbcdefg, so sieht man, dass diese die Differenz der bei der Rückkehr aufgewandten und der bei dem Hinweg gewonnenen Arbeit darstellt. Nun befindet sich aber nach einem solchen Zyklus der Stab wieder genau in dem magnetischen Anfangszustand; jene Differenz kann also nicht magnetisch, sondern muss anderweitig verwendet worden sein; und zwar ist sie, wie sich zeigt, zur Erwärmung des Stabes verbraucht worden. Da der Zweck des Unternehmens lediglich die Magnetisierung ist, handelt es sich um eine Vergeudung von Energie, und man muss im ökonomischen Interesse dafür sorgen, dass sie möglichst klein, die von der zyklischen Kurve eingeschlossene Fläche, die sog. Hysteresisschleife, so schmal wie möglich werde, was erst in neuerer Zeit vollständig gelungen ist. Und wie in diesem Fall, so gibt es noch viele entsprechende Beispiele von Energievergeudung.

Kehren wir wieder zum Hauptthema zurück, so stellen wir fest, dass auch der zweite Hauptsatz, grade wie der erste, sich in sehr verschiedenen Fassungen (und sogar in noch zahlreicheren als der erste) formulieren lässt; nur einige von ihnen können wir hier erwähnen. Dazu gehört der Satz, dass sich zwar Arbeit restlos in Wärme verwandeln lässt, niemals aber umgekehrt Wärme restlos in Arbeit. Es geht z. B. immer ein Teil der aufgewandten Wärme in laue Wärme über, die kaum oder gar nicht mehr zu benutzen ist. Die Wärme hat sogar den zweifelhaften Vorzug, bei jeder Gelegenheit unerwünscht zu entstehen. Aus der ungeheuren Energie des

Weltmeers könnte man fast unbegrenzte Mengen von Arbeit schöpfen, wenn die Möglichkeit einer Abgabe von lauer Wärme bestünde, wenn also ein geeigneter Kühler vorhanden wäre; ohne diesen aber ist nichts zu wollen. Auch an das Perpetuum mobile erster Art kann man anknüpfen und ihm ein Perpetuum mobile zweiter Art zur Seite stellen. Dieses besagt, dass es eine dauernd funktionierende Maschine ohne ständige Arbeitszufuhr nicht gibt; es sagt darüber hinaus, dass auch eine gespeiste Maschine sich infolge der unvermeidlichen Zerstreuung der Energie erschöpfen muss; drastisch ausgedrückt, der Mensch muss sterben, wenn er sich nicht ernährt; aber auch wenn er sich ernährt, muss er schließlich sterben. Dieses zweite Perpetuum mobile, so sehr viel neueren Datums es auch ist, und so wenig selbstverständlich es auch erscheinen mag, wird ganz ähnlichen Zweifeln von Laienseite ausgesetzt sein; aber es steht ebenso fest wie das erste.

Die Gleichung $w : W = t : T$ (s. S. 132) kann man mit Vertauschung der mittleren Glieder auch in folgender Form schreiben:

$$w / t = W / T .$$

Diese Formel wollen wir jetzt etwas anders auffassen, wir wollen sie in Beziehung bringen zu dem Prozess, der sich zwischen den beiden Behältern, Kessel und Kühler, abgespielt hat; für sie ist dieser Prozess kein Kreisprozess, sondern ein offener, da sich doch beide verändert haben. Unsere Formel aber besagt, dass die Wärmemenge, die der Kühler erhalten hat, im Verhältnis zu seiner Temperatur gerade so groß ist wie die Wärmemenge, die der Kessel eingebüßt hat, gemessen im Verhältnis zu dessen Temperatur. Eine in dieser eigentümlichen Art gemessene Wärmemenge, d. h. Wärmemenge dividiert durch die absolute Temperatur, bei der sie einem Körper entzogen oder zugeführt wurde, nennt man die Entropie, und der ganze Entropiegehalt eines Körpers ist hiernach die Summe aller ihm jemals zugeführten (abzüglich der entzogenen) Wärmemengen, jede von ihnen (vor dem Addieren) durch die damals herrschende Temperatur dividiert. Von dieser Entropie erfahren wir aus den obigen Betrachtungen, dass sie im idealen Fall, nämlich bei umkehrbaren Prozessen, konstant bleibt (wie die Energie), dass sie aber bei allen wirklichen

Prozessen, im Gegensatz zur Energie, stets wächst. Das gilt, wie sich zeigen lässt, nicht bloß bei technischen Prozessen, wie wir sie bisher betrachtet haben, sondern auch bei Naturprozessen; die Entropie in der Welt wird immer größer, teils, weil immer mehr ungebetene Wärme sich einstellt, also der Zähler des Bruches $w / t$ größer wird, teils, weil die Temperaturen sich immer mehr ausgleichen, also der Nenner jenes Bruches immer kleiner wird.

Entropie heißt „nach innen gekehrt“, und es soll damit gesagt sein, dass es sich hier um Energie handelt, die nicht mehr nach außen nutzbar ist, weil sie „lau“, weil sie „zerstreut“, weil sie „ausgeglichen“ ist. Im Ozean ist eine nach Billionen Kilowattstunden messende Wärmeenergie enthalten, aber sie ist zerstreut und ausgeglichen, und sie ist daher unfähig, auch nur ein Schiff herüberzutragen.

Nennen wir die Entropie S, so haben wir die Formel:

$$S = W / T .$$

Oder umgekehrt $W = S \cdot T$ . Diese Formel (deren nähere Prüfung wir der strengen Wissenschaft überlassen) lässt erkennen, dass die Wärme ein Produkt von zwei Faktoren ist: Entropie und Temperatur. Daran können wir uns halten, um unsere Betrachtungen nunmehr zu verallgemeinern und von der Wärmeenergie, für die allein wir doch bisher eine Entropie kennengelernt haben, zur Entropie im Allgemeinen überzugehen.

Schreibt man nämlich die Energie in der Form: $E = Q \cdot J$, also ebenfalls als das Produkt zweier Faktoren, so kann man diese so wählen, dass der eine stets wächst, der andere stets abnimmt, und zwar so, dass E selbst, gemäß dem Erhaltungsprinzip, konstant bleibt. Den ersten Faktor nennt man den Quantitätsfaktor Q, den anderen den Intensitätsfaktor J. Die Entropie ist hiernach der Quantitätsfaktor der Wärmeenergie, wir können ihren Begriff aber erweitern und sie zum Quantitätsfaktor der Energie überhaupt machen.

Man wird die Entropie, um ihrer Bedeutung näherzukommen, zweckmäßig auch als Wirkungsunfähigkeit der Energie bezeichnen. Nach den vorangegangenen Andeutungen wird man schon vermuten — und das lässt sich streng beweisen — dass die Entropie nicht, wie die Energie, das Erhaltungsprinzip befriedigt, sondern, von idealen Grenzfällen abgesehen, bei allen wirklichen Prozessen stets wächst und dass folglich, wie Clausius das ausdrückt, die Entropie des Universums einem Maximum zustrebt. Obgleich also die Energie an Gesamtheit nichts verliert, wird sie doch immer unfähiger, sich zu betätigen. Die Kontraste, auf die es überall ankommt, die Niveau- und Temperaturdifferenzen, die elektrischen Spannungsdifferenzen, kurz alle physikalischen und chemischen Kontraste werden immer geringer, und es tritt, ohne dass sich an der Energie quantitativ etwas geändert hätte, allein durch das Wirken der Entropie ein Absterben aller Möglichkeiten des Geschehens ein (eine Art von Tantalusqual des Universums): der Wärmetod durch Ausgleich der Temperaturkontraste, der elektrische Tod, der Wasserstofftod durch Ausgleich der Stoffunterschiede usw. Natürlich ist das nur eine Extrapolation auf außerordentlich entfernte Zeiten und ohne jede praktische Bedeutung. Übrigens werden wir hierauf noch zurückkommen.

## 3.7 Ausbreitungserscheinungen der Strahlung

Gehen wir jetzt einer großen Klasse von Ausbreitungserscheinungen über, zur Strahlung, so müssen wir hier sofort einen entscheidenden Unterschied machen, nämlich den zwischen Teilchenstrahlung und der Wellenstrahlung (Wellen bzw. Undalationsstrahlung). In groben Fällen kann die Entscheidung in dem einen oder anderen Sinn nicht zweifelhaft sein, z. B. bei Wasserstrahlen oder Luftstrahlen. Denn hier ist ohne Weiteres klar, dass es sich in diesen Fällen um Teilchenstrahlen handelt, und dass diese in den Bereich der Konvektionsstrahlen fallen; die Wasser- bzw. Luftteilchen werden einfach von der bewegenden Kraft mitgeführt und kommen dadurch an andere Stellen des Raumes.

Wie schwierig die Entscheidung in feineren Fällen ist, zeigt schon das älteste Beispiel, nämlich die Lichtstrahlung, über die wir uns hier ganz kurz fassen können, weil das Thema bei anderen Gelegenheiten schon wiederholt berührt worden ist. Gerade in der neueren Zeit, bei Gelegenheit der Entdeckung so vieler, im Grunde vom Licht verschiedener Strahlungsarten hat sich die Schwierigkeit der Entscheidung, ob es sich um Konvektion oder Wellen handelt, immer wieder in neuem Licht gezeigt, und es gibt kaum eine Strahlenart, bei der nicht Jahre oder Jahrzehnte hindurch heftige Kämpfe geführt wurden, bei denen oft für jede der beiden Ansichten gewichtige Gründe beigebracht wurden. In dem einfachsten Fall, bei der Schallstrahlung, ist, obwohl die Entscheidung für den Wellencharakter längst zweifellos war, doch erst in verhältnismäßig später Zeit durch die grafischen und fotografischen Methoden der strikte Beweis geliefert worden. Bei den Lichtstrahlen aber hat es nahezu zwei Jahrhunderte gedauert, bis die Interferenz-, Beugungs- und Polarisationsphänomene den Streit zunächst zugunsten der Wellentheorie entschieden. Allerdings wurde der Streit neu eröffnet, als es um die Deutung des fotoelektrischen Effekts ging. Als äußeren fotoelektrischen Effekt bezeichnet man das Herauslösen von Elektronen aus einer Metalloberfläche durch Bestrahlung mit Licht. Dieser Effekt wurde bereits im 19. Jahrhundert entdeckt und 1905 von Albert Einstein erstmals gedeutet, wobei er den Begriff des Lichtquants einführte. Dazu mehr weiter unten.

Wenn man in diesem Zusammenhang nochmals auf den Schall zurückkommt und die Frage aufwirft, warum denn jene entscheidenden Phänomene sich hier nicht früher geltend gemacht haben, so muss man antworten, dass sie hier wegen der groben Natur der Schallausbreitung nicht entfernt die Rolle spielen wie beim Licht oder, kurz gesagt, dass hier nicht in dem Maße wie dort Strahlen auftreten. Ist doch beim Licht die Erscheinung der gradlinigen Ausbreitung, also die Bildung von Strahlen, so überragend, dass alle Abweichungen davon erst mühsam entdeckt werden mussten; während beim Schall die Strahlbildung so in den Hintergrund tritt, dass man nur ausnahmsweise von ihr zu sprechen pflegt.

Die ersten lichtähnlichen Strahlenarten, die man aber doch nicht als Licht ansprechen darf, sind die Kathodenstrahlen und die Kanalstrahlen (vgl. oben) (von andern, weniger wichtigen hier zu schweigen). Hier ging der Streit über ihre Einordnung lange Zeit hin und her, selbst Heinrich Hertz war von ihrer Wellennatur noch fest überzeugt, und erst durch die exakten Versuche des 20. Jahrhunderts hat sich ihr Konvektionscharakter restlos durchgesetzt. Es handelt sich also um Mitführung materieller Teilchen, auf deren Natur hier nicht nochmals eingegangen zu werden braucht, da sie schon auf S. 100ff. erledigt worden ist. Auch hinsichtlich der anderen Klasse von Teilchenstrahlen, den Radiumstrahlen, können wir uns ganz kurz fassen, da ihr Parallelismus mit jenen schon besprochen worden ist. Nur das eine sei betont, dass es sich hier zum ersten Mal um eine spontane Strahlung handelt, die dementsprechend natürlich nur ganz langsam vonstatten geht.

Alle Strahlenarten, zum Teil ältesten Datums, zum Teil erst in unsern Tagen aufgefunden, haben sich als Undulationsstrahlen, d. h. Wellen erwiesen und unterscheiden sich voneinander im wesentlichen, abgesehen von ihren spezifischen Wirkungen, physikalisch nur durch die Länge der Wellen, die für sie charakteristisch sind, und die den Bereich der sichtbaren Strahlen weit über seine bescheidenen Grenzen ausdehnen. Die längsten Wellen dieser Art sind die elektromagnetischen Wellen, wie sie aufgrund der Faraday-Maxwellschen Theorie des elektromagnetischen Feldes von Hertz entdeckt worden sind und seitdem ebenso die Theorie wie die Praxis, letztere insbesondre in den Formen der drahtlosen Telegrafie und Telefonie, bereichert haben. Diese Wellen haben unter Umständen fantastische Längen bis zu Kilometern aufwärts, sind bei den hertzschen Versuchen immer noch einige Meter lang, in neuerer Zeit aber bis zu wenigen Zentimeter und selbst Millimeter verkürzt worden. Damit schließen sie sich unmittelbar an die nächste Strahlenart, die Wärmestrahlen, an, von denen sie lange Zeit hindurch eine klaffende Lücke getrennt hatte. Diese Wärmestrahlen machen sich zwar in entscheidender Weise für das Weltbild bemerklich, ganz besonders durch die Wärmestrahlung der Sonne und den klimatischen Haushalt der Erde; sie sind aber im Grunde von den Lichtstrahlen nicht wesensverschieden; derart, dass sie fast immer vergesellschaftet miteinander auftreten, und dass es oft eine der schwierigsten Aufgaben der Technik ist, sie voneinander zu trennen und zu erreichen, dass je nach Bedarf entweder nur die eine oder die andre Art zur Wirkung kommt. In der Beleuchtungstechnik gehen z. B. die Bestrebungen, die Wärmestrahlen als für Beleuchtungszwecke nur hinderlich und zum Teil geradezu schädlich möglichst auszuschalten, bis in die neueste Zeit hinein (derzeit liefern LED-Lampen mit ihren hohen physikalischen Wirkungsgraden bis maximal 85% Licht, das bedeutet nur etwa 15% der Energie wird in Wärme umgewandelt); und das von der Natur uns gelieferte Musterbeispiel der Leuchtkäfer, die nur Licht und fast gar keine Wärme aussenden, ist noch lange nicht erreicht. Während sich die Wärmestrahlen (ultraroten Strahlen) über mehrere Oktaven (musikalisch zu sprechen), d. h. über einen Bereich von 100 cm bis zu kleinen Bruchteilen eines Millimeter erstrecken, sind die Lichtstrahlen, d. h. die Strahlen, für die unser Auge aufnahmefähig ist (und nur solche sollte man als Lichtstrahlen bezeichnen), auf eine einzige Oktave beschränkt, die sich von (Wellenlänge) $\lambda$ = 720 nm bis hinab zu $\lambda$ = 360 nm erstreckt oder, anders ausgedrückt, von f (Frequenz) = 400 Billionen bis zu f = 800 Billionen in der Sekunde; wobei aber das Produkt $\lambda \cdot f$, also die Fortpflanzungsgeschwindigkeit c der Wellen, für den ganzen Bereich der Wellenstrahlung immer dieselbe, nämlich $3 \cdot 10^{10}$ cm/sec bleibt.

Wird die Wellenlänge noch kleiner, so treten Strahlen auf, bei denen eine schon bisher vorhandene Wirkung, nämlich die chemische, besonders kräftig wird und, außer in andern Fällen, namentlich in der Fotografie, hervortritt; sie werden, im Gegensatz zu den ultraroten, als ultraviolette Strahlen bezeichnet. Wie diese drei Äußerungen der Wellenstrahlung, die thermische, optische und chemische, sich zwar teilweise überdecken, zum andern Teile aber weit übereinander hinausgreifen, veranschaulicht in schematischer Darstellung die Abb. 3.45; das Maximum der chemischen Strahlen liegt im Ultraviolett, das der Lichtstrahlen im Gelb, das der Wärmestrahlen im Ultrarot; im mittelsten Gebiet sind alle drei, in den Nachbargebieten zwei, in den äußersten nur je eine Wirkung vorhanden.

Abb. 3.45

Die kleinste Wellenlänge, also die größte Frequenz, kommt aber einer ganz neuartigen Klasse von Strahlen zu, den 1895 von Röntgen entdeckten und seitdem zu ungeheurer theoretischer und praktischer Bedeutung gelangten Röntgenstrahlen zu, von denen aus Anlass der

Konstitution der Kristalle schon die Rede war, und deren Wellennatur zwar von vornherein kaum fraglich war, aber erst durch Max von Laue endgültig nachgewiesen wurde. Sie schließen sich mit einer Wellenlänge von 0,1 µm (Mikrometer), unmittelbar an die äußersten ultravioletten Strahlen an, gehen aber dann durch mehrere Oktaven bis zu immer kürzeren Wellen weiter, vielleicht noch über 0,001 µm hinaus.

Über den Strahlungsakt selbst hat sich die alte Emissionstheorie nicht viel Sorgen gemacht. Für die Wellentheorie war es aber eine entscheidende Notwendigkeit, sich darüber klar zu werden, wie denn aus den von einem Punkt ausgehenden sphärischen Wellen gradlinige Strahlen entstehen können; diese Aufgabe haben der Reihe nach Huygens (daher die Bezeichnung als Huygenssches Prinzip), Fresnel, dem man die exakte, in einigen Hauptpunkten aber versagende, Ausführung verdankt, und Kirchhoff, der den allen Punkten gerecht werdenden Schlussstein setzte, gelöst. Eine Vorstellung davon, wie sich aufgrund des **Interferenzprinzips** die einzelnen, von den sekundären Erregungsfunken ausgehenden Kugelwellen zu einer einzigen sie sämtlich einhüllenden großen Kugelwelle zusammensetzen, veranschaulicht die Abb. 3.46. Besonders schwierig ist die Aufklärung des Strahlungsaktes in der modernen Elektronentheorie des Atoms, speziell die Umwandlung der Rotationsbewegung der Elektronen in die erforderliche gradlinige Strahlung des emittierten Lichts.

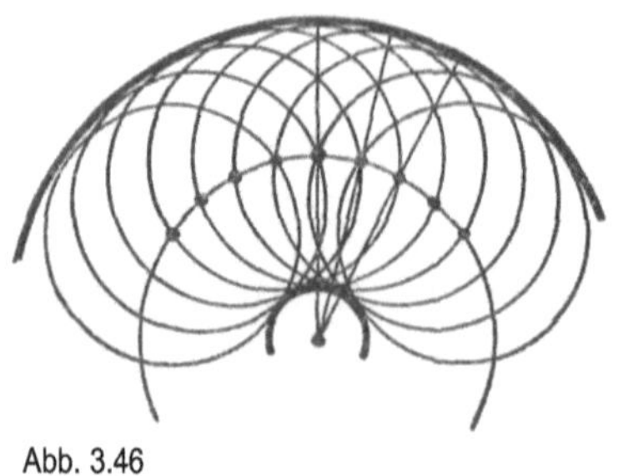

Abb. 3.46

Zunächst ist zu bedenken, dass der stationäre Zustand des Atoms in sich gesättigt ist, also zu Strahlung gar keinen Anlass gibt. Dem steht aber gegenüber, dass die Quantentheorie den Elektronen nicht (wie die Gravitationstheorie den Planeten) nur eine, sondern eine ganze Anzahl von Bahnen bewilligt (nach wissenschaftlich korrektem Sprachgebrauch müsste man von Energieniveaus und Aufenthaltsbereichen reden, doch für unsere vereinfachende Darstellung bleiben wir beim Begriff „Bahnen“); wenn also ein Elektron durch einen Stoß, den es erhält, aus einer Bahn in eine andere geschleudert wird, ändert sich seine Energie; und zwar wird es Energie abgeben, also Strahlung hervorrufen, wenn es aus der entfernteren in die nähere Bahn übergeht. Und da cs sich nach der Quantenlehre immer um bestimmte Quanten handelt, resultieren stets eine ganz bestimmte Frequenz und eine bestimmte Linie im Spektrum. Beim Wasserstoff liefern diese Vorstellung und ihre quantitative Ausrechnung glänzende Resultate. Die verschiedenen Elektronenstürze von entfernteren auf nähere Bahnen sind in Abb. 3.47 schematisch angedeutet.

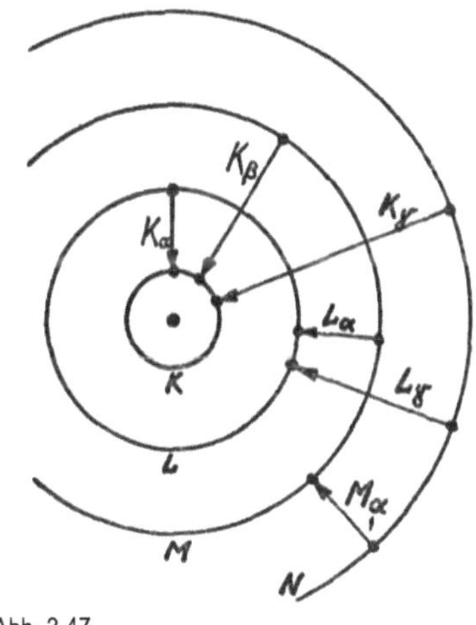

Abb. 3.47

*

Wenn wir uns jetzt den Strahlungsgesetzen zuwenden, so müssen wir hier ausführlicher sein, weil grade die allmähliche Auffindung dieser Gesetze uns um ein entscheidendes Stück tiefer in das Wesen aller Naturprozesse eingeführt hat und damit auch zur Vervollständigung, aber freilich auch zur Verwirrung des Weltbildes ganz wesentlich beigetragen hat.

Gehen wir rasch zum Kirchhoffschen Gesetz; es ist im Jahr 1859 gefunden worden und der Ausgangspunkt und die Grundlage ganz neuer Experimentalgebiete einerseits und ganz neuer Auffassungen andrerseits geworden; in diesem Fall zeigt sich eben besonders deutlich, was eine tiefschürfende und zugleich klar gefasste Formulierung für die Entwicklung der Wissenschaft für einen ausschlaggebenden Wert hat. Wenn auf einen Körper Strahlung auftrifft, so teilt sie sich in drei Teile: einen, der reflektiert, einen der absorbiert und einen, der hindurchgelassen wird; nimmt man die Gesamtstrahlung als Einheit, so hat man also die Gleichung:

$$r + a + d = 1 .$$

Die extremen Typen von Empfängern sind hiernach: erstens der vollkommen spiegelnde Körper, zweitens der vollkommen durchlässige Körper und drittens der vollkommen absorbierende Körper; den letzteren bezeichnet man als den vollkommen schwarzen Körper. Als sich nun Kirchhoff in Gemeinschaft mit dem Chemiker Bunsen mit dem Sonnenspektrum und den Spektren der glühenden Dämpfe beschäftigte und insbesondre mit der damals ganz rätselhaften Tatsache, dass zahlreichen hellen Linien in den letzteren genau an der gleichen Stelle dunkle Linien in dem ersteren entsprachen (ein Zusammenhang, über den sich schon viele Denker den Kopf zerbrochen hatten), kam Kirchhoff auf den Gedanken, die Fraunhoferschen Linien möchten die Folge von Absorption sein, sie möchten also nicht so zu verstehen sein, dass die betreffenden Stoffe auf der Sonne fehlten (da müssten ja fast alle Stoffe auf ihr fehlen), sondern grade umgekehrt, dass sie im heißen Sonneninnern vorhanden sind, dass aber ihre Strahlung durch kühlere Schichten in der Sonnenperipherie ausgelöscht, also auf dem Beobachtungsschirm die hellen Linien in dunkle verwandelt werden; und durch einen einfachen Versuch mit zwei Natriumflammen von verschiedener Temperatur- und Leuchtbeschaffenheit konnte er diese Vermutung bestätigen. Diese ganze Überlegung aber war an folgenden Satz als Voraussetzung geknüpft: Jeder Körper absorbiert als Empfänger gerade diejenige Strahlung, d. h. denjenigen Wellenbereich, welchen er als Sender selbst ausstrahlt. Dieser Satz kommt uns heute so selbstverständlich vor, nämlich als einfache Formulierung des Phänomens der Resonanz (also ganz entsprechend der Erscheinung, dass von zwei Stimmgabeln die zweite auf die erste, angeschlagene, reagiert, wenn sie im Einklang mit ihr steht), dass man sich erst in die Kühnheit der damaligen Erkenntnis hineindenken muss. Von dieser speziellen Fassung zur allgemeinsten war nun der Schritt nicht mehr allzu groß, und so lautet denn die nächste Etappe: Das Verhältnis der Emission zur Absorption ist bei gleicher Temperatur und gleicher Wellenlänge der Strahlung für alle Körper gleich groß. Und schließlich die allgemeinste Fassung: Das Verhältnis der Emission zur Absorption ist von der Natur des Körpers unabhängig und lediglich eine Funktion der Wellenlänge $\lambda$ und der Temperatur T:

$$S / A = f(\lambda, T),$$

Speziell für den vollkommen schwarzen Körper (A = 1) gilt:

$$S_0 = f(\lambda, T).$$

Es sei bemerkt, dass der hier in Rede stehende vollkommen schwarze Körper in den Fällen, an die man zunächst denkt, also z. B. durch schwarzen Samt oder schwarzen Ruß nur sehr unvollkommen realisiert wird, in sehr weitgehender Weise aber durch einen Hohlraum mit kleiner Öffnung, z. B. durch ein vollkommen verfinstertes Zimmer, das man durch das Schlüsselloch mit dem Auge betrachtet. Der kirchhoffsche Satz ist, wie man weiß, der Ausgangspunkt einer ganzen Wissenschaft, der Spektroskopie, und zugleich einer der feinsten analytischen Methoden, der Spektralanalyse, geworden. Besitzt man doch zur Charakterisierung eines Stoffes kein feineres Mittel, als die Angabe seiner Linien im Spektrum mit ihren Wellenlängen, sodass man daraus sogar eine Längeneinheit aufgebaut hat. Die Auswirkungen der Spektralanalyse haben sich natürlich ganz besonders auf zwei Gebiete erstreckt: Astronomie und Chemie. In ersterer Hinsicht hat sie sich nicht auf die Sonne beschränkt, deren Konstitution nunmehr in weitem Maße verständlich gemacht wurde, sondern auch auf weitentlegene Himmelskörper, bei denen man bisher auf ihre Mechanik beschränkt gewesen war; doch davon wird nochmals die Rede sein.

In der Chemie gelang es sofort nach Erfindung der Spektralanalyse, zwei bis dahin unbekannte Elemente, Rubidium und Cäsium, zu entdecken, denen sich dann in den folgenden Jahrzehnten noch viele anschlossen, sodass gegenwärtig, wie schon im vorigen Kapitel ausgeführt wurde, das Bild nahezu vollständig ist. In der Physik selbst hat sich seitdem unser Wissen vom Spektrum in reichem Maße ausgestaltet, wobei zwischen Emissionsspektrum und Absorptionsspektrum, zwischen Linien- und Bandenspektrum zu unterscheiden ist und in neuerer Zeit besondrer Nachdruck auf das Problem der Linienserien, d. h. auf das Verhältnis der Wellenlängen der verschiedenen Linien eines und desselben Stoffes gelegt worden ist. In der Abb. 3.48 ist beispielsweise das Spektrum des Wasserstoffs in großen Zügen wiedergegeben (oben die Wellenlängen, unten die Frequenzen).

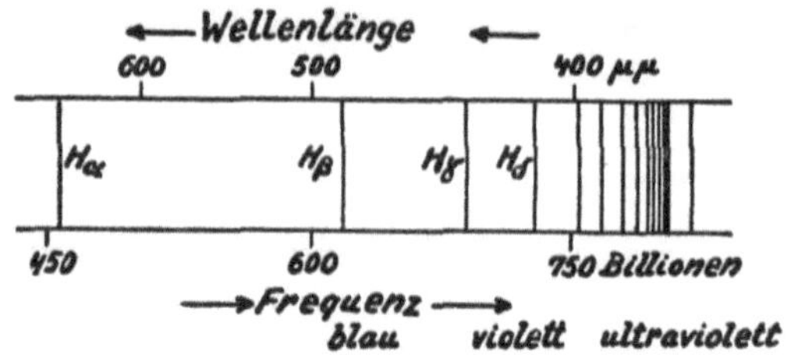


Abb. 3.48

Ein weiteres unter den Strahlungsgesetzen ist aus dem Bestreben entstanden, die Funktion f der beiden Variablen λ und T zu ermitteln und zunächst wenigstens die einfachere Aufgabe zu lösen, die über alle Wellenlängen integrierte Gesamtstrahlung als Funktion der Temperatur festzustellen. Diese Aufgabe ist von Stefan 1879 durch genaues Studium aller bis dahin vorliegenden Strahlungsmessungen gelöst worden (Stefansches Gesetz).

In der Abb.3.49 ist die Strahlung des vollkommen schwarzen Körpers als Funktion der Wellenlänge wiedergegeben, und zwar für 7 verschiedene absolute Temperaturen.

Das Stefansche Gesetz bezieht sich auf die Gesamtstrahlung in ihrer Abhängigkeit von der Temperatur; nunmehr ist auch die Wellenlänge, also die spezifische Art der in der Gesamtheit enthaltenen Strahlen, zu untersuchen. Schon die einfachste Beobachtung zeigt, dass mit steigender Temperatur nicht nur die Quantität der Strahlung immer größer wird, sondern auch die Qualität, d. h. die Frequenz, immer größer wird, also die Wellenlänge immer kleiner; so ist z. B. die Frequenz eines kalten Kohlestückes so klein, dass es noch nicht aufs Auge wirkt; bei steigender Temperatur fängt es an zu glühen, aber mit der kleinsten auf das Auge wirkenden Frequenz, d. h. mit Rotglut; dann folgt Gelbglut und zuletzt Weißglut. Der Prozess besteht also darin, dass mit steigender Temperatur zu den langwelligen immer kürzerwellige Strahlen hinzukommen; die Abb. 3.49 zeigt dementsprechend deutlich, dass das Optimum der Kurven von der untersten zur obersten immer weiter nach links rückt. Wilhelm Wien hat nun auf Grund theoretischer Erwägungen das Gesetz abgeleitet, dass die in der Gesamtstrahlung begünstigte Wellenlänge mit der absoluten Temperatur umgekehrt proportional ist, dass also die Formel gilt $\lambda\ T = \text{const.}$ Diese Formel ist zwar vielfach angefochten worden und hat sich auch experimentell nicht durchweg bestätigt, bietet aber immerhin eine sehr brauchbare Norm für die zwischen den beiden maßgebenden Faktoren bestehende Beziehung (Wiensches Verschiebungsgesetz).

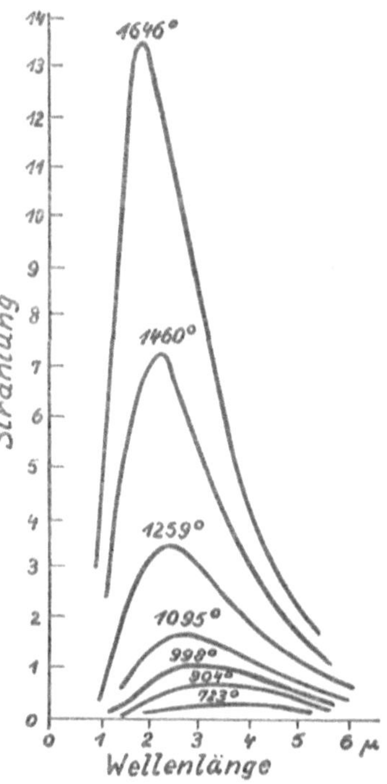

Abb. 3.49

Die letzte und entscheidende Aufgabe ist freilich auch hiermit noch nicht gelöst, nämlich die Auffindung der allgemeinen Beziehung zwischen der Strahlung S, der Temperatur T und der Frequenz f (bzw. der Wellenlänge λ). Diese Beziehung hat zuerst Lord Rayleigh (1900) zu finden unternommen, und zwar aufgrund der Gesetze der statistischen Mechanik, insbesondere aufgrund eines Satzes, der von vornherein einleuchtend erscheint und besagt: Im Zustand des Wärmegleichgewichts ist keine einzige Schwirrbewegung der Moleküle vor den andern ausgezeichnet, vielmehr ist die Energie dieser Bewegung auf alle Richtungen oder, wie man sagt, auf alle Freiheitsgrade gleich verteilt. Unter Zugrundelegung dieses Satzes von der Gleichverteilung der Energie wird nun eine Untersuchung angestellt, die gleichzeitig thermodynamischen Charakters (wegen der Energie) und elektrodynamischen Charakters (wegen der elektromagnetischen Natur der Strahlung) ist. Aber sowohl die Formel von Lord Rayleigh wie die auf breiterer Grundlage entwickelte Formel von Jeans (1909) hat einen entscheidenden Fehler; sie genügen zwar dem Wienschen Gesetz; aber die Energieverteilung im Spektrum geben sie nicht entfernt wieder. Und das liegt daran, dass sie vom Charakter einer sich einseitig verändernden Funktion sind (Exponentialfunktion mit negativem Exponenten, in dessen Nenner die Wellenlänge steht), während man hier notwendig eine Funktion braucht, die derartig zusammengesetzt ist, dass sie irgendwo ein Optimum aufweist. Nach den Formeln von Rayleigh und Jeans müsste die ganze Energie oder doch ihr größter Teil nach dem kurzwelligen Ende des Spektrums abwandern, es könnte auf die Dauer kaum eine Lichtstrahlung und noch viel weniger eine Wärmestrahlung geben. Nun sind aber die Formeln von Lord Rayleigh und Jeans auf den Grundlagen, auf denen sie aufgebaut sind, unanfechtbar, sie entsprechen durchaus den Auffassungen und Gesetzen der klassischen Thermodynamik und Elektrodynamik; der Widerspruch muss also sehr tiefe Wurzeln haben.

## 3.8 Quantentheorie

Das Rätsel um den Fehler in den Formeln von Rayleigh und Jeans hat erst Max Planck im Übergang des 19. zum 20. Jahrhundert gelöst. Er sah ein, dass der Fehler nirgends anderwärts liegen konnte, als in der Annahme der Gleichverteilung der Energie, und er gab diesen Satz deshalb auf; statt dass z. B. im einfachsten Fall auf jeden Freiheitsgrad der gleiche Betrag an Energie kommen sollte, wird er jetzt von der Wellenlänge in Abhängigkeit gebracht. Und das Ergebnis ist in der Tat eine Formel von dem gewünschten Charakter mit einem Optimum für ein bestimmtes $\lambda$. Diese wird Plancksche Strahlungsformel genannt hat die Probe durch das Experiment glänzend bestanden, am vollkommensten auf Grund der Messungen von Lummer und seinen Mitarbeitern. Aber wir müssen uns klar machen, was die Annahme für eine Umwälzung in unsern Anschauungen hervorruft. Denn, so lange die Energie, ihre Abnahme und Aufnahme, als stetige Größen angesehen werden, bleibt das Gleichverteilungsgesetz unantastbar; gibt man es auf, so macht man damit zugleich die Annahme, dass die Energie nicht mehr stetigen, sondern unstetigen Charakters sei, gerade wie die Materie auf Grund der Atomistik und die Elektrizität auf Grund der Elektronentheorie mit ihrem Elementarquantum. Man muss jetzt annehmen, dass die Energie nicht in unendlich kleinen und stetig aneinander gereihten Mengen abgegeben und aufgenommen wird, sondern in endlichen (wenn auch über alle Vorstellung kleinen und deshalb für alle groben Verhältnisse sich nicht geltend machenden) Quanten; oder, um mit einem Bild zu reden, dass die Energie aus den Körpern nicht abfließt, sondern abtropft oder (vielleicht noch besser), dass sie nicht stetig ausströmt, sondern, wie der Dampf aus der Lokomotive, auspufft. Das Energiequantum lässt sich auch zahlenmäßig sofort angeben, aber nicht als eine ein für allemal gegebene Konstante, sondern als eine mit der Frequenz direkt proportionale Größe:

$$Q = h \cdot f,$$

Hierin ist h das allgemeine Wirkungsquantum, also eine universelle Konstante, und zwar:

$$h = 6{,}626 \cdot 10^{-34}\ \mathrm{Js}\ (\text{Joule} \cdot \text{Sekunde}),$$

Der Wert ist so klein, dass auch Q selbst für die höchsten Frequenzen, die es gibt, noch immer eine sehr kleine Größe bleibt.

Damit ist die Strahlungslehre auf ihren Höhepunkt gelangt, und man könnte höchstens bemängeln, dass sie dieses Ziel nur durch eine ad hoc gemachte Annahme erreicht hat, eben durch die Einführung des Quantenbegriffs und der Quantenvorstellung. Aber diese Theorie hat sich in dem Jahrhundert ihrer Existenz, auch auf ganz anderen, weit abseits liegenden Gebieten physikalischer und chemischer Forschung als so fruchtbar und erfolgreich erwiesen, dass sie aus einer Spezialhypothese zu einer allgemeinen und gesicherten Theorie geworden ist und nicht nur das, sie ist zu einer tragenden Säule der modernen Physik geworden.

Bei alledem bleibt allerdings noch ein Hauptpunkt völlig unverständlich, nämlich die Frage, wie sich denn die beiden Teile der modernen Theorie der Physik miteinander vertragen und wie von dem einen Gebiet auf das andre scheinbar ganz getrennte überzugehen sei. Während die gesamte Strahlungslehre auf der Wellentheorie aufgebaut ist, endet sie doch überraschenderweise in einer Teilchentheorie und fügt zu den Protonen und Elektronen nun auch noch die Quanten hinzu, die man, in Erweiterung des Lichtbegriffs als Lichtquanten bezeichnen, also Strahlung aller Wellenlängen, vom ultraroten Anfang bis zu den ultravioletten, Röntgen- und Gammastrahlen darunter einordnen kann. Das Atom ist, wie wir sahen, ein Sonnensystem im kleinsten Maßstab, aber doch denselben mechanischen Gesetzen unterworfen; von ihm aber soll in irgendeiner Weise Strahlung ausgehen, also ein Vorgang, der auf der Wellen- und Quantentheorie basiert. Kurz gesagt, klassische Mechanik und Optik aller Wellenlängen stehen sich gegenüber, und keine Brücke führt von dieser zu jener. Alle Versuche, die Strahlungserscheinungen auf die Mechanik zurückzuführen, waren trotz allen darauf verwandten Scharfsinns gescheitert. Die eine Seite dieser Unstimmigkeit liegt klar zutage, die Schuld trägt die Optik, die länger als ein Jahrhundert hindurch ausschließlich auf der Wellenlehre aufgebaut wurde und, wie man zugeben muss, aufgebaut werden musste, um der Gesamtheit der im Laufe der Neuzeit entdeckten Erscheinungen gerecht zu werden, insbesondre der Interferenz, der Beugung und der Polarisation. Zwar hatte, wie wir wissen, schon Newton eine Emissions-, also Teilchentheorie aufgestellt; diese war aber aus den erwähnten Gründen vor einem Jahrhundert aufgegeben worden und jetzt zeigte sich, dass man darin zu weit gegangen war, und dass man damit die Optik hoffnungslos isoliert hatte. Da man nun jetzt über ein neues Hilfsmittel verfügte, über die Lichtquanten, so lag es nahe, diese die Rolle der Newtonschen Korpuskeln (Teilchen) übernehmen zu lassen.

Und nun die andre Seite der Angelegenheit: Noch niemals hatte man auch nur den leisesten Versuch gemacht, in die Mechanik die Idee der Wellen einzuführen (natürlich von den elastischen und akustischen Schwingungen abgesehen, die doch grob sinnlichen Charakters sind). So war es ein kühner Gedanke der Physik und insbesondre der Mechanik ein neues Kapitel anzufügen, das der Materiewellen; es ist von de Broglie entworfen, von Schrödinger u. a. ausgebaut worden. Hiernach ist das, was wir Bewegung nennen, z. B. die Bewegung eines Geschosses an der Erdoberfläche oder eines Gestirns im Weltraum oder eines Elektrons im Raum eines Atoms in Wahrheit eine Wellenbewegung, die von dem Körper ausgeht; natürlich eine Wellenbewegung, von der man nichts sieht und nichts hört, überhaupt nichts wahrnimmt, die aber doch in gewissen Fällen die größten Schwierigkeiten spielend beseitigen und die geheimsten Rätsel lösen kann.

Den Ausgangspunkt der neuen Theorie bildet eine seit Jahrhunderten bekannte, aber noch nie in ihrer weittragenden Bedeutung erkannte Beziehung zwischen zwei einfachen Sätzen, von denen der eine der Mechanik, der andre der Optik angehört und von denen jener von Maupertuis, der andre von Fermat herrührt. Beides sind sog. Minimalprinzipien; in der einfachsten Form sagt der eine aus: Die mechanische Geschwindigkeit zwischen zwei bestimmten Grenzorten ist für die wirkliche Bewegung ein Minimum (Maupertuis); und: Die reziproke Wellengeschwindigkeit eines optischen Systems zwischen bestimmten Grenzen ist für den realen optischen Fall ein Minimum (Fermat). Beide Prinzipien mussten übrigens seitdem erheblich revidiert werden, es besteht die Möglichkeit, dass die Integralsumme kein Minimum, sondern im Gegenteil ein Maximum ist, aber jedenfalls hat sie einen ausgezeichneten Wert (Minimum oder Maximum), d. h. sie ist, je nach den Verhältnissen, der kleinste oder der größte aller denkbaren Werte; dass das Fermatsche Prinzip ursprünglich nicht in dieser Form ausgesprochen wurde, weil damals die Wellentheorie des Lichts noch nicht herrschte, geht uns hier nichts an. Jedenfalls sieht man daraus, dass Mechanik und Optik unter ganz entsprechenden Prinzipien stehen, und zwar in dem Sinne, dass die optische Wellengeschwindigkeit zur mechanischen Fortschreitungsgeschwindigkeit im reziproken Verhältnis steht; in Formel, wenn man noch die Relativitätstheorie beachtet: $u = c^2/v$, wo u die mechanische, v die Wellengeschwindigkeit (beides veränderliche Größen) und c die verknüpfende Konstante, nämlich die Lichtgeschwindigkeit ist. Da nun u nach derselben Theorie selbst bei den schnellsten Bewegungen kleiner als c sein muss, muss v größer als c sein, d. h. die der mechanischen Bewegung zuzuordnende Welle muss Überlichtgeschwindigkeit haben. Es ergibt sich also das Bild: wenn ein Teilchen sich bewegt, so bildet sie in Wahrheit das Zentrum einer Welle, die sich mit ungeheurer, nämlich Überlichtgeschwindigkeit ausbreitet und folglich selbst in großen Räumen längst erloschen ist, ehe sie sich bemerklich machen kann. Trotzdem bewegt sich das Teilchen mit einer mehr oder weniger mäßigen Geschwindigkeit und auch diese kann man wellentheoretisch deuten. Die Wellengeschwindigkeit ist nämlich, wie Lord Rayleigh gezeigt hat, eine vieldeutige Größe; man muss zwischen Phasengeschwindigkeit (das versteht man gewöhnlich darunter), Signalgeschwindigkeit (bei einem ganzen Wellenzug, sie kommt für die Praxis der Signale in Betracht) und Gruppengeschwindigkeit G unterscheiden. Letztere ist wegen der Dispersion in dem betr. Medium von der Phasengeschwindigkeit verschieden. Sie wird also in den bisher üblichen Fällen etwas kleiner als v sein, in unserm Fall aber ist sie nicht nur erheblich, sondern ganz unverständlich klein, sie drückt nämlich v, also in unserm Fall eine Größe, die sogar c übersteigt, bis auf das selbst im äußersten Fall kleine u hinab: G = u.

Aus alledem folgt, dass die gesamte Mechanik in allen normalen Fällen völlig unverändert bleibt, nämlich zunächst immer dann, wenn man in der Optik von Wellen absehen, also die Strahlenoptik zugrunde legen kann, also in der großen Mehrzahl der Fälle; und dann weiter noch in einem großen Teile auch derjenigen Mechanik, der in der Optik schon Fälle entsprechen, bei denen die Wellentheorie sich leicht bemerklich macht. Erst wenn es sich um sehr kleine und schnelle Teilchen, z. B. um Elektronen handelt, führt die Theorie der Materiewellen zu besonderen Ergebnissen und kann dann allerdings eine Reihe von Schwierigkeiten der Quantentheorie bis zu einem gewissen Grad beseitigen. Es bleibt aber zu beachten, dass die Materiewellen gar keinen physikalischen Vorgang im klassischen Sinn darstellen und nach den Worten eines der Hauptbeteiligten nur eine fiktive und symbolische Bedeutung haben; deshalb braucht man auch die Unstimmigkeit, die darin liegt, dass nach der Relativitätstheorie die Lichtgeschwindigkeit die größte aller denkbaren Geschwindigkeiten sein soll, hier aber scheinbar Überlichtgeschwindigkeiten vorkommen, nicht allzu tragisch zu nehmen. Dazu kommt noch eines und das führt uns auf einen Punkt, der über die Grenzen der Naturforschung hinaus und ganz besonders in der philosophischen Welt viel Staub aufgewirbelt hat. Es ist nämlich im Zusammenhang mit der Quantentheorie der Elektronen nachgewiesen worden, dass man, unabhängig von der praktischen Genauigkeit der Messinstrumente, jene beiden Größen, die die Bahn eines Elektrons bestimmen, nämlich seinen Ort und seine Geschwindigkeit, niemals gleichzeitig genau angeben kann und dass, je genauer man den Ort angibt, desto ungenauer die Geschwindigkeit wird und umgekehrt; und Heisenberg hat sogar diese „Unbestimmtheitsrelation“ näher untersucht und gefunden, dass sie von der Größenordnung des Planckschen

Wirkungsquantums ist. Daraus hat man dann sofort auf einen Indeterminismus der Natur geschlossen und demgemäß geglaubt, das Kausalitätsprinzip aufgeben zu sollen. Dagegen ist zu bedenken, dass diese Unbestimmtheit nur in Bezug auf jedes einzelne Elektron gilt, dass hingegen für die Gesamtheit der Elektronen eine, wenn auch nur statistische Bestimmtheit tritt, und dass diese wegen der winzigen Größenordnung des Wirkungsquantums nur dann in Gefahr kommt, wenn man es mit unvorstellbar kleinen Räumen zu tun hat, dass man dagegen für mikroskopische Räume im gewöhnlichen Sinne des Wortes und nun vollends für makroskopische Fälle getrost davon absehen kann. In der Tat haben selbst die führenden Vertreter der älteren und vorsichtigeren Generation sich energisch und erfolgreich für die Kausalität eingesetzt, und zwar auch aufgrund von Erwägungen andrer Art als die obigen, auf die aber hier nicht eingegangen werden kann.

## 3.9 Resultate

Wenn wir jetzt unsre bisherigen Betrachtungen in ihren wesentlichen und besondern Zügen zusammenfassen, so werden wir auch die Gelegenheit wahrnehmen, um uns über den Gesamtcharakter des naturwissenschaftlichen Weltbildes klar zu werden und dabei zugleich den Einwand zu erörtern, der (trotz allem bereits gegen ihn Gesagten) zweifellos von vielen Lesern insgeheim erhoben worden ist: das hier gezeichnete Weltbild sei nicht naturwissenschaftlich im allgemeinen, sondern physikalisch und allenfalls noch chemisch im speziellen; es sei also gar zu eng gefasst und bleibe auf viele Fragen, die den Naturforscher ganz besonders beunruhigen, die Antwort schuldig. Nun ist zwar ausführlich dargelegt worden, dass und inwieweit jene beiden Grundwissenschaften die übrigen mit umfassen, insbesondere durch die exakte Ausgestaltung der beiden Fundamentalbegriffe: Stoff und Energie, um die sich doch auch in den Spezialwissenschaften der Naturlehre alles dreht. Indessen haben wir die Anwendung auf Fragen dieser Art zu machen großenteils noch nicht Gelegenheit gehabt; und das werden wir jetzt nachzuholen haben.

Um also mit Physik und Chemie anzufangen, so ist zunächst die entscheidende Tatsache hervorzuheben, dass nach Jahrhunderte währender Herrschaft die Masse auf den meisten Gebieten entthront worden ist und zugunsten eines andern Begriffes, der elektrischen Ladung, in den Hintergrund treten musste. Natürlich wird auf den meisten Gebieten der Chemie, insbesondere den praktischen Gebieten, die Masse rein äußerlich noch weiter die bisherige Rolle spielen und man wird getrost in diesen Fällen auch fernerhin die Waage statt des immerhin umständlicheren und heikleren Elektrometers benutzen dürfen; immer aber mit dem Vorbehalt, dass man, sobald irgendwelche Schwierigkeiten oder Unstimmigkeiten auftreten, den Umstand nicht aus dem Auge verlieren darf, dass die Masse nicht das letzthin Entscheidende ist und dass das Festhalten an ihr die Klärung entscheidender Fragen, z. B. auf dem Gebiet der Atommassen erschweren kann; und zwar besonders immer dann, wenn es sich um die Verhältnisse der Protonen und der Elektronen und ihre Beziehungen zueinander handelt. Nimmt man schließlich die Feststellung hinzu, dass nach der Relativitätstheorie die Masse nichts andres ist, als eine besonders konzentrierte Form von Energie ($m = E/c^2$), so wird man diese letztere in Verbindung mit der Ladung als die Universalherrscherin auf dem Gebiete naturwissenschaftlicher Geschehnisse erklären. Freilich ist diese Herrschaft aus zweierlei Gründen durchaus keine Tyrannis; denn erstens schreibt die Konstitution das Erhaltungsprinzip vor, es ist also dafür gesorgt, dass die Energiebäume nicht in den Himmel wachsen. Und zweitens (und das geht über die erste Einschränkung noch weit hinaus): Die Energie bleibt zwar ihrer rein zahlenmäßigen Quantität nach erhalten, sie wird aber, was ihre Wirksamkeit betrifft, dauernd mehr oder weniger entwertet, und damit ist die Welt einem vielleicht unvorstellbar fernen, aber sicheren Untergang ausgeliefert; einem Untergang, der nicht den Charakter einer Katastrophe hat, sondern eher mit dem Tod an Altersschwäche vergleichbar wäre. Die Energie ist zwar noch da und noch genau in derselben Menge, die sie ursprünglich hatte, aber sie hat nicht mehr die Kraft zu wirken; die Entropie fordert immer dringender ihr Recht und erreicht schließlich alles übersteigende Werte und alles andere steht still, hat gleiche Temperatur, gleiches Niveau, gleiche elektrische Spannung, gleiche stoffliche Konstitution. Übrigens kann man auch vom rein wissenschaftlichen Standpunkt über die Zeit des Eintritts dieses Weltendes etwas Bestimmtes aussagen. Denn nach den allgemeinen physikalischen Gesetzen gehen alle Veränderungen im Weltganzen desto langsamer vor sich, je geringer die Kontraste bereits geworden sind. Das beste Beispiel bietet dafür die Geschichte unsrer Erde: alle katastrophalen Erscheinungen, die sie betreffen, haben mit der Zeit ihre Intensität ganz wesentlich verringert; die geologischen, hydrologischen und atmosphärischen Vorgänge sind nach und nach milder, die Katastrophen seltener geworden, und es bildet sich ein Gleichgewichtszustand immer mehr heraus.

*„Erst groß und mächtig,*
*Nun aber geht es weise, geht bedächtig."*

Die Annäherung des Kosmos an den Endzustand, ist nicht wie eine fallende grade Linie, sie ist vielmehr eine Kurve, deren Gefälle sich allmählich mehr und mehr verringert, die also, wie man das mathematisch ausdrückt, sich der Nullachse nur asymptotisch nähert. Wenn hiernach das Ende theoretisch in unendlicher Ferne liegt, so kommt doch praktisch in Betracht, dass, wenn alle Kontraste einen gewissen Grad der Geringfügigkeit erreicht haben, das Uhrwerk der Welt tatsächlich stehen bleibt, grade wie irgendein Mechanismus, wenn der Antrieb zu klein geworden ist und ein neuer Antrieb nicht erfolgt. Das durch die Entropie heraufbeschworene Weltende liegt also, wenn nicht in unendlicher, so doch in unvorstellbar weiter Ferne.

### 3.9.1 Auswirkungen auf die Astronomie

Betrachten wir nun diejenige Wissenschaft, welche sich dem Naturganzen in seiner gewaltigen Größe widmet, die Astronomie. Da haben wir Gelegenheit, zur Relativitätstheorie zurückzukehren und ihre astronomischen Konsequenzen zu prüfen; denn die Astronomie ist wegen der Größenverhältnisse aller in ihr auftretenden Dinge das eine der beiden Gebiete, wo sie sich nachweisbar geltend machen kann (das zweite Gebiet, nämlich die Welt der äußerst kleinen Größen mit ihren entsprechend großen Geschwindigkeiten haben wir schon früher erledigt).

Nach der Relativitätstheorie hat das Newtonsche Gravitationsgesetz nicht mehr, wie drei Jahrhunderte hindurch, exakte, sondern nur noch angenäherte Gültigkeit, und es kann auch nur eine solche haben, schon weil die Geschwindigkeiten der aufeinander wirkenden Körper in ihm gar nicht vorkommen. Und zwar muss die Abweichung von der Newtonschen Gravitationsformel stets sehr klein, aber desto größer sein, je näher sich die gravitierenden Körper beieinander befinden. Die interessanteste Abweichung ist dabei die, dass die große Achse der Ellipse, die ein Planet um den Zentralkörper beschreibt, nicht stillsteht, sondern sich langsam herumdreht. Diese „Perihelbewegung“ ist nun bei dem der Sonne nächsten Planeten, dem Merkur, zwar immer noch sehr klein, aber sie liegt doch innerhalb der Messbarkeitsgrenzen; sie beträgt nämlich nach der Theorie 43 Bogensekunden im Jahrhundert; und genau dieser Betrag ist es, den die Relativitätstheorie nach Ausschaltung aller Fehlerquellen liefert.

Eine zweite Konsequenz der Relativitätstheorie ist die Abbiegung von der gradlinigen Fortpflanzung des Strahls, also die Krümmung, die auftritt, wenn ein Stern nahe bei einer starken gravitierenden Masse, z. B. der Sonne, vorbeigeht. Auch diese Wirkung ist übrigens sehr klein, und es bedurfte eingehender Berücksichtigung aller zu Fehlerquellen Anlass gebender Umstände, um zu einem gesicherten Ergebnis bei einer totalen Sonnenfinsternis zu gelangen; denn nur bei einer solchen kann man offenbar die betreffenden Sterne trotz der Nähe der Sonne beobachten, um dann ihre scheinbaren Standorte zu einer anderen Zeit mit ihren scheinbaren Orten in großer Entfernung von der Sonne zu vergleichen. Bei dieser Vergleichung treten begreiflicherweise von Neuem Fehlergefahren auf; aber nach mehreren, in den letzten Jahrzehnten stattgehabten Finsternissen und ganz besonders nach den Beobachtungen auf der Lick-Sternwarte im Jahr 1922 kann man sagen: auch hier bestätigt sich die Relativitätstheorie nicht nur qualitativ, sondern bis zu einem erstaunlichen Grad auch quantitativ. Am schwierigsten ist die Sicherung des dritten Beweises, der sog. „Rotverschiebung". Die Schwingungsdauer eines Lichtträgers ist nämlich nach der Relativitätstheorie in der Entfernung r von der gravitierenden Masse m im Verhältnis $(1 + m/r)$ größer.

Die betreffende Spektrallinie muss sich also um einen gewissen Betrag nach der roten Seite des Spektrums verschieben. Die Schwierigkeiten in der Ausdeutung und Ausrechnung des Ergebnisses konnten allerdings erst beseitigt werden, nachdem es gelang, die verschiedenen Spektrallinien nach dem Niveau ihres Ursprungs in der Sonnenatmosphäre zu ordnen; nachdem dies geschehen, ergab sich in der Tat eine auch quantitativ genügende Übereinstimmung mit den Forderungen der Theorie. Man kann also nach dieser dreifachen Prüfung mit gutem Gewissen sagen, dass die Relativitätstheorie sich auch in der Astronomie ausgezeichnet bewährt hat.

Im übrigen hat wohl kaum eine Wissenschaft in neuerer Zeit so umwälzende Fortschritte teils gemacht, teils wenigstens angebahnt, wie die Astronomie. Dabei mögen die durch die Fortschritte des Fernrohrbaus erzielten Entdeckungen: Uranus im 18., Neptun im 19., Pluto im 20. Jahrhundert, sowie die Gruppe der kaum noch zählbaren Planetoiden nur kurz erwähnt werden. Wichtiger ist die grundsätzliche Erweiterung unsrer Methoden und Errungenschaften; man kann sie kurz dahin präzisieren, dass diese Wissenschaft, was ihr Jahrtausende hindurch nicht gelang, nun endlich den Schritt von einer Mechanik des Himmels zu einer Physik des Himmels gemacht hat. Von Thales über Hipparch und Ptolemäus, über Kopernikus, Kepler und Newton bis zu den großen Astronomen des neunzehnten Jahrhunderts war es immer nur die Feststellung der Örter, Gestalten und Bewegungen der Sterne, um die es sich handelte, von den Detailbeobachtungen an besonders nahe gelegenen Himmelskörpern wie Mond und Sonne, Mars und Jupiter abgesehen. Und selbst das Problem der Bewegung der Sterne kann auf rein mechanischem Wege nur teilweise erledigt werden, nämlich nur insoweit es sich um Bewegung senkrecht zur Sehrichtung handelt; die Bewegung in der Sehrichtung selbst, die sog. Radialbewegung, bleibt der Erkenntnis durch die Mechanik verschlossen. Im Laufe der letzten Jahrzehnte ist nun die Himmelsmechanik in diesem engeren Sinne stark zurückgetreten gegenüber den Untersuchungen über Wärme und Temperatur, Lichtstrahlung und Lichtverteilung, über Radialbewegung, über innere chemische und physische Konstitution und ihren Änderungen. Also gegenüber alledem, was man die

Geschichte der Himmelskörper nennen kann; eine Geschichte, die sich freilich meist in Räumen und Zeiträumen abspielt, denen gegenüber die Geschichte unsrer Erde und des sie bevölkernden Menschengeschlechtes von beinahe lächerlich kleinem Ausmaß ist. Die ungeheure Verfeinerung aller Instrumente von den Fernrohren bis zu den Fotometern, Strahlungsmessern und Spektralapparaten hat es mit sich gebracht, dass wir jetzt, weit über das Sonnensystem hinaus, in Räume des Weltalls eingedrungen sind, von denen uns früher kaum eine brauchbare Kunde zukam. Unsre Sonne mit all ihrem Zubehör ist zwar für uns Menschen das weitaus wichtigste System, sie ist aber nur eine von vielen Sonnen und nicht einmal eine besonders große und sonst besonders ausgezeichnete. Die uns sichtbaren Sterne sind Glieder eines weiteren Systems, zu dem auch die Milchstraße gehört; und grade diese letztere ist es, welche in der Hauptsache die Form des ganzen Milchstraßensystems bestimmt, indem es uns längs des Randes einer platten Linse jene Fülle von Fixsternen vorführt, die wir in einem geschlossenen Ringe bewundern. Und weiter: Von solchen Milchstraßensystemen gibt es eine große Anzahl, und jedes dieser sog. galaktischen Systeme hat seine Besonderheiten für sich. Man weiß sogar, wo das Zentrum aller dieser Systeme liegt (in der Milchstraßenwolke im Sagittarius) und dass unsre eigene Sonne ganz am Rande dieses Systems liegt. Von besonderem Interesse ist die Untersuchung der Spektren aller dieser Gestirne und ihr Zusammenhang mit ihrer effektiven Temperatur bzw. mit ihrem Zustand einer Rot-Gelb-Weißglut; so kann man z. B. die mit großen Buchstaben bezeichneten Klassen und die entsprechenden Temperaturen in Tausenden von Graden unterscheiden. Dabei ergibt sich die Möglichkeit, die Entfernung auch solcher Sterne zu bestimmen, für welche die gewöhnliche Methode (Visierung von den Enden einer Standlinie aus) nicht mehr anwendbar ist; die neue Methode setzt nur die Kenntnis der Spektralklasse voraus und außerdem die, mit geeigneten Fotometern ermittelte relative oder absolute Helligkeit. Dadurch kommt man schließlich auch zur Schätzung zweier neuer Größen: der Größe der Sterne (Riesen und Zwerge) und ihres Lebensalters. Dabei zeigt sich denn, dass ein und derselbe Stern verschiedene Stadien durchmacht, und dass man entscheiden kann, in welcher Periode seines Lebenslaufs er sich befindet.

Am merkwürdigsten aber sind jene Nebelflecke, die wir mit unsern modernen Teleskopen mehr oder weniger in ihre Elemente auflösen können, und von denen die Spiralnebel nach Form und Verhalten, die rätselhaftesten, aber auch die aufschlussreichsten sind. Insbesondre hat sich herausgestellt (aufgrund der schon erwähnten Rotverschiebung der Spektrallinien), dass die Spiralnebel in radialer Bewegung begriffen sind, und zwar, das ist das Sonderbarste, sämtlich in dem Sinne, dass sie sich alle von uns entfernen, dass sich also die Welt ständig erweitert, und damit falls diese Tendenz dauernd bestehen bleibt, die Stabilität des Kosmos ernstlich bedroht ist. In gewissem Sinne setzt das natürlich voraus, dass wir aufgrund der Relativitätstheorie und des von ihr geforderten „sphärischen“ Raumes die Welt als endlich ansehen; und in diesem Fall können wir sogar den Radius der Kugel, die sie einschließt, grob bestimmen. Allerdings überschreitet er alle uns zugänglichen Vorstellungen, er kann nur in dem größten uns gegebenen Längenmaß, nämlich in Lichtjahren, ausgedrückt werden und macht dann die fantastische Zahl von mehr als 45 Milliarden Lichtjahren aus (nicht zu verwechseln mit dem Alter des Universums von 13,8 Milliarden Jahren; übrigens ist unsere Sonne von der Erde nur acht Lichtminuten entfernt). Und ebenso jenseits jeder Vorstellbarkeit liegt die Gesamtmasse der Materie, die sich innerhalb dieser Kugel in den verschiedensten Formen verteilt, als Sonnen höherer und niederer Ordnung, als Planeten, Trabanten, Kometen und schließlich als „interstellare Masse", auf die man aus verschiedenen Erscheinungen (z. B. der rätselhaften Höhenstrahlung) schließen muss; die sichtbare Masse der Gesamtwelt lässt sich auf $M = 10^{53}$ kg schätzen, also auf so viele Kilogramm, als sich durch eine Eins mit 53 Nullen angeben lässt.

Diese im höchsten Sinne makrokosmischen Betrachtungen regen in uns die verschiedensten Gefühle an. Auf der einen Seite regen sie uns unheimlich auf durch den Versuch, die Mannigfaltigkeit des Kosmos zu erfassen, in dem das Sonnensystem nur eines von vielen Sternsystemen, die Sonne nur eine von vielen Sonnen, die Erde nur einer von vielen Planeten und der Mensch nur eine von unzähligen Arten lebender Wesen ist; auf der anderen Seite das beruhigende, aber auch verhängnisvolle Gefühl, dass es in diesen unendlich großen Geschehnissen auf die den Menschen interessierenden Tagesereignisse nur wenig ankommt; denn schon nach einer winzigen Spanne Zeit sind sie gegenstandslos geworden. Es ist darum recht begreiflich, dass ein Amerikaner, der als Kandidat für das Repräsentantenhaus aufgestellt war und eine Wahlreise durch die Vereinigten Staaten machte, bei einem Besuch der berühmten Sternwarte auf dem Mount Wilson, den er zur Erholung in seine Reise einschaltete und auf der er sich dem Sinn nach etwa die obigen Darlegungen vortragen ließ, mit den Worten aufatmete: „Nun, wo es sich um solchen Raum und solche Zeiten handelt, ist es doch eigentlich ganz gleichgültig, ob Trump oder Clinton gewählt wird", und daraufhin seine Bewerbung zurückzog. Aber schließlich haben wir nicht das Recht, ihm in dieses Gefühl der Gleichgültigkeit zu folgen, wir müssen alle Aspekte des Weltbildes in uns aufnehmen und kehren deshalb in den beruhigenden, wenn auch nicht immer friedlichen Schatten unserer Mutter Erde zurück.

### 3.9.2 Auswirkungen auf die Lehre vom Leben

Was begreift alles unser physikalisch-chemisches Weltbild in sich, und wie weit reicht es in die Sphären anderer Wissenschaften hinein? Da ist es nun eine unsrer Hauptaufgaben, uns mit der Biologie, also der Lehre vom Leben (einschließlich Botanik und Zoologie, Anatomie und Physiologie) auseinanderzusetzen; das ist um so nötiger, als die Durchdringung dieser Gebiete zwar mit der Chemie im Laufe der Zeiten immer reicher, mit der Physik aber auch jetzt noch recht dürftig geblieben ist. Wir müssen also fragen: Wie verhält sich der Gegenstand der Biologie, also die lebendige Substanz, und was hat sie Besonderes für sich, was sie aus der anorganischen Substanz emporhebt? Auf das, was wir hierüber früher schon gesagt haben, wollen wir nicht wieder zurückkommen, sondern sogleich an die Hauptfrage herangehen: Wie verhält sich die lebende Substanz zu den beiden Hauptsätzen der Physik? Dass sie in ebenso vollkommner Weise dem Erhaltungsprinzip gehorcht, wie die anorganische, ist schon betont worden; auch Wärmeerscheinungen, wie das Fieber, der Unterschied zwischen Kaltblütern und Warmblütern usw. ändert hieran nichts. An dem Verhalten gegenüber dem Erhaltungsprinzip kann also die Besonderheit der lebendigen Substanz nicht liegen. Wie aber verhält es sich mit dem zweiten Hauptsatz, also mit der Entwertung der Energie oder der Zunahme der Entropie? Da müssen wir nun etwas weiter ausholen.

Die Weltuhr ist, so können wir sagen, vor langer Zeit einmal von übermächtiger Kraft aufgezogen worden. Wie das geschah, dafür gibt es die Urknall-Theorie, deren Besprechung hier aber zu weit führen würde. Die Welt hat im Urknall einen Energieinhalt mitbekommen, und seitdem läuft sie nach den Naturgesetzen automatisch ab; zwar wird dieser Ablauf durch einzelne Aufzugserscheinungen (die immer durch eine gewisse Energie-Steuer belastet sind) im einzelnen unterbrochen, läuft aber im großen ganzen unerbittlich ab. Das Jugendzeitalter der Welt nach dem Urknall hat nur wenig Hunderttausend Jahre gedauert, seitdem ist sie im Zustande des Alterns, und im gesamten Kosmos gibt es nichts, was hiervon abweicht, es gibt insbesondre nichts, was man mit dem beliebten Wort der kosmologischen Evolution charakterisieren könnte.

Evolution oder „Entwicklung" gibt es nur in bestimmten Teilsystemen, hauptsächlich in dem der lebendigen Substanz, von der wir mit Sicherheit nur wissen, dass sie auf unsrer Erde, und zwar an ihrer Oberfläche, hier aber in den mannigfaltigsten Stadien und Formen verbreitet ist, während ihre Annahme auf allen übrigen Weltkörpern Vermutung oder Fantasie ist. Was nun diese Entwicklung des Näheren angeht, so ist sie von zweierlei Art: Erstens eine individuelle oder ontologische, kraft deren ein Individuum, sei es Pflanze, Tier oder der Mensch im Besonderen, von der Geburt an sich eine gewisse Zeit lang bis zu einem Optimum emporarbeitet; dann aber ist der Höhepunkt erreicht und nun beginnt die langsame und schleichende Periode des Alterns, das schließlich zum Tode führt. Was das vom Standpunkt der beiden Hauptsätze bedeutet, wissen wir bereits: Der Tod tritt entweder nach dem ersten Hauptsatz ein, wenn nämlich nicht hinreichend für die Erhaltung der Energie gesorgt wird, oder nach dem zweiten Hauptsatz, wenn es nämlich nicht gelingt, die Energie, auch wenn sie erhalten bleibt, in hinreichender Wirksamkeit zu erhalten. Aber von diesem individuellen Sinn abgesehen hat die Entwicklung noch einen höheren und großzügigeren Sinn: Die phylogenetische oder Artenentwicklung, kraft deren sich die Arten, Geschlechter, Familien und Klassen der organischen Systeme fortwährend verändern. Zwischen beiden Strömen der Entwicklung besteht, wie man weiß, ein gewisser Parallelismus; er findet in dem Haeckelschen biogenetischen Grundgesetz, das freilich den Namen eines Gesetzes nur sehr unvollkommen verdient, seinen kurzen Ausdruck. Dass die gedachte Veränderung im Sinne einer Vervollkommnung, also einer Höherentwicklung, erfolgt, ist bekanntlich einer der Grundgedanken des Darwinismus. Er hat, wie man weiß, trotz alles dessen, was für ihn spricht, an der Frage der Vererbung erworbener Eigenschaften (Epigenetik) zu scheitern gedroht; und wenn auch zur Behebung dieser Schwierigkeiten zahlreiche Ideen aufgestellt worden sind, z. B. die Unterscheidung zwischen Körperplasma und Keimplasma, die Idee der plötzlichen Veränderungen oder Mutationen, so ist doch mancher entscheidende Punkt in der Darwinistischen Theorie auch heute noch kaum verständlich.

Übrigens gibt es, neben der Darwinschen, noch eine andre phylogenetische Entwicklungstheorie, die gegenüber jener kaum aufgekommen und nicht einmal in weiteren Kreisen bekannt geworden ist: die Snellsche. Sie legt das Hauptgewicht darauf, dass auch im Tierreich der Ablauf das allgemein Charakteristische ist; die Nachkommen sinken unter das Niveau der Ahnen herab; aber es gibt einige wenige unter diesen Nachkommen, die die Kurve weiter in die Höhe führen; sie sind die Fortführer des Darwinschen Stammes, alles übrige ist Snellscher Abfall (Abb. 3.50). Natürlich greifen Ontogenese und Phylogenese so vielfach ineinander über, dass man sie stets im Zusammenhang betrachten muss; und das geschieht auch bei den meisten Entwicklungstheorien, die in älterer und neuerer Zeit aufgestellt worden sind. Hier sollen nur zwei von ihnen kurz erwähnt werden, die von Wilhelm Roux begründete Entwicklungsmechanik, die man zu einer allgemeinen Entwicklungsphysik ausbauen könnte; und die von Gregor Mendel schon in der Mitte des vorigen Jahrhunderts begründete, aber erst viel später in ihrer großen Bedeutung erkannte und in weiten Kreisen experimentell gepflegte Mendelsche Theorie mit ihren verwickelten Abänderungs- und Rückfallgesetzen.

Bei alledem bleibt die für uns interessanteste Hauptfrage gänzlich unberührt, die Frage nämlich, wie die Unstimmigkeit zwischen dem zweiten Hauptsatz und dem Entwicklungsgedanken zu verstehen sei. Beide sind

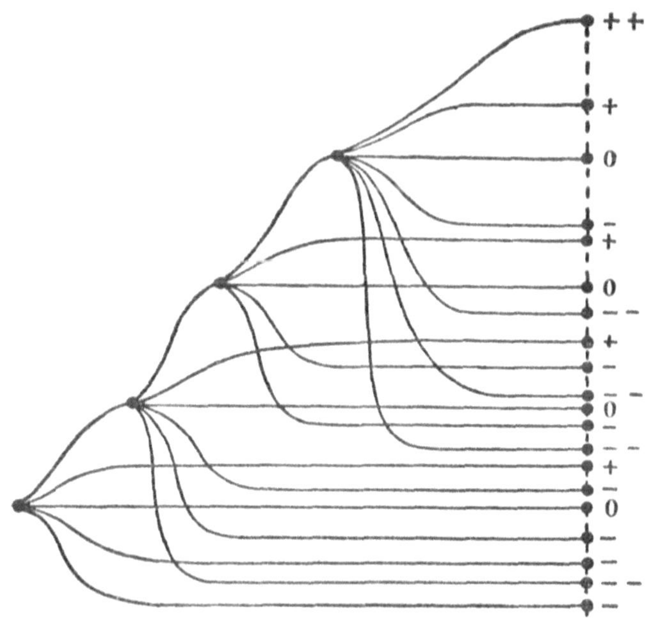

Abb. 3.50

unbestreitbare Wahrheiten; und wenn es richtig ist, dass es in der Welt zwar unzählige Unwahrheiten, aber nur eine Wahrheit gibt, so bleibt das Rätsel unlösbar.

Nun, in der Tat gibt es zwei (wenn nicht noch mehr) verschiedene Typen von Wahrheit; und grade von den beiden Hauptsätzen der Physik gehört der eine zu dem einen, der zweite zu dem anderen Wahrheitstypus; und das müssen wir nun, an Früheres anknüpfend, uns etwas deutlicher vorstellen. Nehmen wir zwei große Glasgefäße, gefüllt mit demselben Gas, aber das eine im heißen, das andere im kalten Zustand. Nach der herrschenden Theorie, nämlich der kinetischen Gastheorie, bestehen dann beide Gase aus wirr durcheinander schwirrenden Teilchen, nur mit dem Unterschied, dass in dem heißen Gas das Optimum der sehr verschiedenartigen Schwirrgeschwindigkeiten sehr viel höher liegt als in dem kalten Gas. Öffnet man nun den Hahn des Verbindungsrohrs zwischen den beiden Gefäßen, so werden naturgemäß zwar langsam schwirrende Teilchen in das heiße, aber sehr viel mehr schnell schwirrende in das kalte

Gefäß gelangen, die Temperaturen beider Gefäße werden sich also bis zu einem gewissen Grad ausgleichen.

Stellt man nun aber an dem Hahn einen abstrakten und fantasiereichen Diener auf, den von Maxwell erfundenen „Dämon", der aus dem heißen Gefäß nur die am langsamsten schwirrenden Teilchen, aus dem kalten Gefäß nur die am schnellsten schwingenden Teilchen passieren lässt, so wird offenbar jener, dem Ausgleichsprinzip entsprechende Erfolg vereitelt, das heiße Gas wird noch heißer, das kalte noch kälter werden. Diese Durchbrechung des Entropiesatzes ist aber offenbar daran geknüpft, dass die Gasteilchen sehr verschiedene individuelle Geschwindigkeiten haben und nur das Gas im Ganzen eine Durchschnittsgeschwindigkeit und eine ihr entsprechende Temperatur besitzt; wenn alle Teilchen des heißen Gases dieselbe und ebenso alle Teilchen des kalten Gases dieselbe (nur niedrigere) Geschwindigkeit hätten, dann wäre auch der Dämon außerstande, den Kontrast zu steigern (und ohne Steigerung des Kontrastes, gibt es auch keine Zunahme der Energie als Ganzes). Kurz gesagt: das Entropieprinzip beruht nicht, wie das Energieprinzip, auf einer strengen, sondern nur auf einer statistischen Wahrheit. Einer solchen aber entspricht es zwar, dass im allgemeinen das Wahrscheinliche geschieht, es widerspricht ihr aber nicht, dass ganz selten auch einmal das Unwahrscheinliche geschieht; jeder Lotteriespieler rechnet nicht auf die Wahrscheinlichkeit, sondern gerade umgekehrt auf die Unwahrscheinlichkeit, dass grade er das große Los gewinnen werde.

Der große Physiker Boltzmann hat ausgerechnet, dass die ...

> *Entropie in der Hauptsache nichts anderes ist, als der Logarithmus der Wahrscheinlichkeit des betreffenden Zustandes.*

Da nun im Allgemeinen jeder Zustand in einen wahrscheinlicheren übergeht, ergibt sich naturgemäß eine ständige Zunahme der Entropie.

Natürlich ist der Maxwellsche Dämon nur ein Bild für die möglicherweise in den Körpern schlummernden, noch unbekannten Kräfte, die mit den Energien an sich nichts zu tun haben und nur als sog. auslösende Kräfte tätig sind (wie man z. B. mit einem leisen Druck des kleinen Fingers einen schweren Felsen, der auf seiner Unterlage nur eben aufliegt, zu Fall bringen kann). Besonders aber kann man über die Wahrscheinlichkeit des Geschehens gar nichts Sicheres mehr aussagen, wenn die Verhältnisse über einen gewissen Grad der Komplikation hinausgehen. Das ist nun nirgends in solchem Maß der Fall, wie bei der lebendigen Substanz, bei der jede Vervollkommnung der optischen Instrumente immer aufs neue die Wunder der Struktur offenbart hat. Es liegt also der Gedanke nahe, der Lebensenergie unter bestimmten Verhältnissen geradezu eine ektropische Wirksamkeit (= der Entropie entgegenwirkend) zuzuschreiben, wofür kein Geringerer als Helmholtz in seinem letzten Lebensjahr kurze, aber kaum missverstehende Andeutungen gemacht hat. Seitdem haben sich die Beobachtungen, dass im System der Zellen ganz andre Gesetze gelten als in der anorganischen Physik, immer mehr erweitert. Und wie wir heute wissen, wirken in der Zelle Regulationsprozesse, welche die Produktion aller im Körper benötigten Proteine und sonstigen Biomoleküle organisieren und steuern. Die einfachen Naturgesetze treten hier nur im Rahmen der komplexen Prozesse auf. Man könnte, im Zusammenhang mit zahlreichen alltäglichen Beobachtungen, geradezu auf den Gedanken kommen, es sei die Bestimmung der lebendigen Substanz, das entropische Geschehen im Zaum zu halten und für die begrenzte Zeit des Lebens zu überwinden.

# 4 Geheimnisvolle Prozesse in den Systemen der Natur

Wie wir in den vorangegangenen Kapiteln gesehen haben, ist ein Naturgesetz die unveränderliche, eindeutige Art und Weise eines Geschehens. In der exakten Wissenschaft kommt hinzu, dass ein Naturgesetz eine Beziehung zwischen mathematischen Größen von physikalischer Bedeutung ist. Es lässt sich nur in einfachen Fällen bequem und einwandfrei durch Worte aussprechen, meist aber besser durch eine oder mehrere Funktionen (Formeln), sei es durch Gleichungen oder Ungleichungen. Das bedeutet, das Naturgesetz ist ein Abstraktum (= Nichtgegenständliches). Beispiele für ein Naturgesetz sind das Newtonsche, das Ohmsche, das durch die Maxwellschen Gleichungen ausgesprochene Gesetz. Viele Gesetze werden am anschaulichsten durch grafische Darstellungen. Gesetze von grundlegender erkenntnistheoretischer Bedeutung werden Prinzip, andererseits solche von geringerer Exaktheit oder Sicherheit Regeln genannt. Ein Gesetz verdient nur dann diesen Namen, wenn es keine Ausnahmen zulässt, es sei denn, dass diese Ausnahmen ihrerseits wieder gesetzmäßig formuliert werden. – In der Quantenphysik bezieht sich die naturwissenschaftlich geforderte unveränderliche, eindeutige Art des Geschehens auf Wahrscheinlichkeiten und den statischen Charakter der Vorgänge, nicht aber auf einzelne Ereignisse, die infolge von Fluktuation in spezifischem Rahmen veränderlich sind.

Die einem Naturgesetz übergeordnete Einheit ist ein Naturprozess. Als Prozess definiert man die Gesamtheit von aufeinander einwirkenden Vorgängen in einem System, durch die Materie, Energie oder Information umgeformt, transportiert oder gespeichert wird. Soweit sich diese Vorgänge in exakter mathematischer Form beschreiben lassen, handelt es sich um Funktionen. Der entscheidende Punkt ist aber, dass Prozesse immer etwas Physikalisches sind. Selbst wenn nur Information umgeformt wird, dann gehört dazu immer ein physikalischer Prozess, der diese Umformung durchführt. Damit ist der Prozess das zu einem Naturgesetz gehörende Konkretum (= Dingliches).

Prozesse sind wiederum Teil einer noch höheren Organisationsstufe dem System. Unter einem System versteht man die nach einem aufgaben-, sinn- oder zweckbezogenen Gesichtspunkt erfolgte Zusammenfassung von Dingen, Funktionen, Relationen oder Erkenntnissen zu einem einheitlichen Ganzen, und zwar so, dass deren Elemente aufeinander bezogen oder miteinander verbunden sind. Dem System kommt dinglicher Charakter zu, es ist ein Konkretum.

In den folgenden Kapiteln werden wir sehen, dass in der Natur die Naturgesetze nicht in Form einfacher Prozesse wirken, sondern in höchst komplexe Systeme eingebunden sind. Die Systeme der Natur sind im Regelfall sogar so komplex, dass eine Beschreibung als Gesamtes meist nur noch in Form von Worten gelingt. Doch das ist ja genau die Form, die in diesem Werk praktiziert wird und so soll jetzt hier aufgedeckt werden, welche geheimnisvollen Prozesse in Systemen der Natur wirken.

## 4.1 Das allgemeine Streben nach einem Optimum

Was immer von den Bestandteilen der Welt unserer Betrachtung zugänglich geworden ist, überall tritt derselbe Eindruck entgegen: Alles ist unstabil, alles ändert sich, bis ein Ausgleich erreicht ist. Diese Erfahrung haben nicht wir allein gemacht. Seit dem berühmten panta rhei des Heraklit hat die Menschheit immer wieder in neuen Ausdrucksformen im Glück die Veränderlichkeit des Seins beklagt und im Leid aus ihr Trost geschöpft. Diese Erfahrung war und ist in den naiven Gemütern noch sicher auf lange hinaus die stärkste Stütze des Entwicklungsglaubens.

Das eine Mal endete nämlich die Unstabilität, sobald das Optimum eines Zustandes erreicht war. Die stete Beweglichkeit einer Talwand dauert an, bis ihr Optimum, nämlich der Böschungswinkel von 45° erreicht ist, worauf ohne Hinzutreten neuer Kräfte das Rutschen des Gerölles aufhört. Diese Erfahrung, von der bei Anlage von Eisenbahn- oder Flussdämmen täglich Gebrauch gemacht wird, macht diesen Satz sicher. Es ist aber so, dass auch das erreichte Optimum der Einzelteile ihnen noch keine Dauer verschafft, dass sie auch dann steter Änderung unterworfen sind, bis nicht ein neuerlicher Ausgleich höherer Stufe erreicht ist. Die Untersuchungen, namentlich der dänischen Botaniker und des Deutschen Schimper haben gezeigt, dass eine stete Änderung der Vegetationen stattfindet, auch ohne dass klimatische oder geologische Änderungen solches provozieren. Die einzelnen Pflanzenindividuen passen sich aneinander an, und die Arten schließen sich zu Vereinen zusammen, von deren Existenz wohl schon jeder das Eine oder Andere erfahren hat, und sei es nur in der Form, dass es ihm aufgefallen ist, dass Brennnesseln fast stets mit Melden, Hirtentäschel und Disteln beisammenstehen oder Kuckuckslichtnelken mit Hahnenfüßen und Günsel, oder dass Waldmeister nur unter Buchen wächst. Wer kein Botaniker ist, schaue sich das große „Rasenstück" des Dürer einmal auch darauf hin an; da ist ein natürlicher „Pflanzenverein" in unübertrefflicher Treue gemalt.

Aber die Pflanzenvereine sind nicht stabil. Die der Moore wandeln sich allmählich — schon binnen einem Menschenalter ist das möglich — in die der sauren Wiesen. Das Caricetum, wie der Botaniker eine saure Wiese benennt, geht über in eine trockene Wiese von süßen Gräsern oder in eine Heide. Und auf der Heide melden sich dann bald Strauch und Baum, und es entsteht eine Parklandschaft. Doch auch sie bleibt nicht erhalten. Die Holzgewächse gewinnen das Übergewicht, ohne dass jedoch die Stauden und Kräuter, ja nicht einmal die Gräser und Moose ganz verdrängt werden. Es entsteht ein Wald, der sich, wenn man ihn daraufhin betrachtet, wie ich auf das Angelegentlichste allen meinen Lesern empfehlen mag, als ein vollkommener Ausgleich der Individuen und Arten, der Einzelvereine und Formationen erweist, als eine Harmonie der Teile. Und der Wald ist dann ein Schlussverein. Er hat absolute Dauer aus sich selbst und kann nur durch äußere Kräfte, die gewaltiger sind als er, und dann nicht dauernd vertrieben werden. Im Aztekenreich hat der Mensch die Wälder gerodet, um seine Städte anzulegen, aber was sehen wir heute dort? Das Aztekenreich ist vergangen, der Wald aber ist geblieben. Tief verborgen im Dunkel, überwuchert vom Grün, steht noch ein Tempel da und dort mit Götterfratzen und zerfallendem Turm, aber unberührt breitet sich wieder der Götter überdauernde gewaltige Wald darüber. Und genau so wird in einer fernen Zukunft auch der heute vertriebene Wald wiederkehren und grünen auf den Ruinen der europäischen Großstädte. Da steht ein Beispiel vor uns, in dem nicht das Optimum das Ende der Entwicklung nach sich zog, sondern erst etwas, was wir Harmonie nennen wollen. Wie ist nun dieser Widerspruch auszugleichen? Gerade das gewählte Beispiel erscheint sehr vorteilhaft, um an ihm den tieferen Sinn von Optimum und Harmonie, dem wir nun offenbar auf der Spur sind, verstehen zu lernen. Es gibt nämlich, wie die Pflanzenvereine erweisen, eine Integration der Optima. In einer Vielheit, oder um in der spezifischen Sprache der objektiven Philosophie zu reden, in einem komplexen System erreichen die einzelnen Teile, auch wenn sie selbst schon optimal durchgebildet sind, ihr Optimum in höherem Sinn erst durch den harmonischen Ausgleich miteinander, der also zugleich wieder ein Optimum der höheren Integrationsstufe darstellt. Man sieht daraus, dass jede Integrationsstufe ihr Optimum hat, welches der Entfaltung auf dieser Stufe ein Ziel setzt und Entwicklungen stets nur dann auslöst, wenn dieses Optimum durch einwirkende, fremde Kräfte gestört wird. Das Geschehen in einem Kristall ist steten Wandlungen so lange ausgesetzt, bis er nicht die seiner Art entsprechende Größe erreicht hat. Dann steht sowohl die Gestaltung wie das Wachstum still, unter Umständen Jahrmillionen lang. Wird er aber verletzt, dann setzen bei dem Vorhandensein geeigneter Mittel sofort Regeneration und damit wieder Wachstumsvorgänge ein, bis wieder der Ausgleich völlig geschlossen ist. Hierauf steht neuerdings alles still. In einer Lösung, in der Elemente und labile Verbindungen von noch freien Valenzen, also solche, die nicht das Optimum ihres Seins erreicht haben, vorhanden sind, erfolgen chemische Neubildungen (welche die Entwicklungstheoretiker konsequent auch Entwicklung nennen müssten). Dann ruht der Chemismus, bis wieder neu hinzutretende Substanzen das Gleichgewicht der Affinitäten stören und einen Neuausgleich provozieren. Ein Tierembryo entfaltet in raschem Wachstum alle in ihm liegenden Fähigkeiten und stellt dann die ontogenetische Entwicklung ein, wenn er „voll entwickelt" ist, d. h. das Optimum der in ihm liegenden Gestaltungsfähigkeit erreicht hat. Wird das Tier aber lädiert, dann beginnen in Gestalt von Regenerationen neuerdings Entwicklungen, die nur bis zur Heilung der Wunden andauern.

In allen diesen Fällen gehen aber die „Entwicklungen“ weiter unter der Herrschaft des Integrationsgesetzes, indem Kristalle, Substanzen und chemische Verbindungen sowie Organismen als Bestandteile von Systemen stets hineingerissen sind in deren Unstimmigkeiten und die sie regelnden Ausgleichsvorgänge. Die Kristalle werden zu Bestandteilen von Gesteinen und teilen deren Schicksale, die Stoffe unterliegen den Gesetzlichkeiten des Irdischen, die Organismen sind Glieder von Biocoenosen (d. h. Vereinigungen von Lebewesen, die voneinander abhängig sind) nach Art der Wiesen, des Planktons, des Edaphons, der Auwälder usf., und so werden sie mitgerissen in den Wirbel solcher Änderungen, wie vorhin das Werden der Wälder aus den Moosen und Heiden als ein Beispiel für viele betrachtet wurde.

In mannigfachen Stufen setzt sich das fort. Tier- und Pflanzenvereine gehören zu Formationen; Edaphon und Pflanzensiedlung mit der ihr entsprechenden Tierwelt, einen sich zu Lebensbezirken, die instinktiv schon vor der Wissenschaftsanalyse des Menschen Sprachgeist richtig zu sondern gelernt hat, wenn er von Wüste, Steppe, Wiese, Wald und Moor, Sumpf und Alpenmatte u. dgl. sprach. Diese wieder verschmelzen in den Begriffen der großen biogeografischen Regionen wie der Paläarktis, Nearktis, der neotropischen oder indochinesischen Region, in Begriffen wie Mediterraneum, Makaronesien oder der Subarktis. Weitere Stufen sind der Erdball als Ganzes und das Sonnensystem, mit dem praktisch, wenn auch nicht theoretisch, die Grenzen der Einsicht in diese Gesetze erreicht sind.

Jeder Teil muss in diesen Systemen in seinem Verhältnis zu den anderen Teilen neuerdings sein Optimum suchen, und er sucht es auch, allerdings nicht aktiv, sondern jeder ist durch die Einwirkungen der anderen so lange Störungen ausgesetzt, bis endlich ein Gleichgewicht hergestellt ist. Der Wald sucht sich wohl über die ganze Erde auszubreiten, aber Meer und Gebirge setzen ihm Grenzen, desgleichen das Klima in dem Maße der Niederschläge und der Dauer der Vegetationszeit, ebenso der Mensch mit seinen Kräften usf., bis endlich ein Ausgleich hergestellt ist, der ihm die bestmögliche Existenz gewährt.

Wenn man nun dieses übereinander getürmte System der Optima verfolgt, entdeckt man, dass auf einer bestimmten Seinsstufe zum ersten Mal dieser Ausgleich die Gestalt eines stets in sich wiederkehrenden Kreises besitzt. Das ist die Stufe des Weltsystems. Bis zu ihm hat jede der untergeordneten Stufen ihr besonderes Optimumgesetz und damit ihr eigenes „Entwicklungstempo". Diese sind voneinander sehr verschieden, und darum scheint oft eine „Entwicklung“ abgeschlossen, während in Wirklichkeit da nur ein anderes, viel langsameres Ausgleichstempo anhebt. Auch der Böschungswinkel von 45° einer Talwand, von dessen Beispiel diese Zergliederung ausging, ist kein Dauerzustand; das Tal ist weiteren Erosionswirkungen, den Hebungen und Senkungen, also den geologischen Kräften höherer Stufe ausgesetzt, unter deren Einfluss es sich wieder, aber nur in säkularer Folge ändert. Und wenn man nun anhebt, die Erscheinungen in diesem Sinne durchzudenken, so endet das mit der Einsicht, erst wenn Teile nicht nur als Einzelne ihr Optimum erreicht haben, sondern auch als System in ein optimales (harmonisches) Verhältnis zueinander getreten sind, dann sind (und dann auch nur innerhalb dieses Systems) die Störungen ausgeglichen. Schon im Weltsystem wird erkennbar, dass alle Störungen nur im Kreise laufen (die Entwicklung ist ein Kreis); erst wenn die Begriffe Kosmos (Welt) und Bios (Erleben) miteinander auch in ein harmonisches Verhältnis gelangt sind, dann erfolgt der große letzte Ausgleich, das Unveränderliche, Wirkliche. Das Sein ist dann für das Erleben vollendet, es ist ewig. Das ist es wohl, was Nietzsche meint mit dem dichterischen Wort: Die große Stunde des Mittags ist da — und Goethe mit dem: Natur in sich, sich in Natur zu hegen und die großen Erleuchteten des deutschen Stammes mit der „Unio mystica in Gott". Am Ende der Entwicklung steht also erst die Harmonie. Harmonie aber ist nur zwischen Teilen möglich, und jeder dieser Teile muss sich erst optimal entfaltet haben.

Das ist das Verhältnis von Optimum, Harmonie und Transmutation oder „Entwicklung". Dieses Verhältnis bedingt nun eine eigentümliche Konstellation im Weltgeschehen, nämlich erhebliche Unterschiede in der Dauer. Von dem

Obersten, der Zeitlosigkeit des Erlebens[10] und der absoluten Dauer des Kosmos, die unser Sprachgebrauch als Ewigkeit bezeichnet, bis zur flüchtigen, kaum aufblitzenden Erscheinung eines radioaktiven Elementes oder einer Sternschnuppe ist eine Stufenleiter der Unbeständigkeit mit unzählbar vielen Sprossen ausgespannt, die zu den hervorstechenden Charakterzügen des Welterlebens gehört. Ununterbrochen bestätigt das tägliche Erlebnis, dass von zwei Dingen gleicher Kategorie das eine früher seinen Zustand ändert oder gar aus dem Sein schwindet als das andere. Von vielen gleichzeitig ausgesäten Fichten erreichen nicht alle das fünfzigste Jahr, allerdings unvergleichlich mehr, als Menschen der gleichen Generation. Die Geschichte bezeugt uns, dass das Römerreich fast tausend Jahre dauerte, merkwürdigerweise so lange, wie das römische Reich deutscher Nation, während das deutsche Kaiserreich sich nicht einmal 50 Jahre lang zu halten vermochte und das chinesische Reich fast ganz unverändert 2500 Jahren bestand. Die Pyramiden von Gizeh stehen unverändert seit mehr denn fünf Jahrtausenden, die von Dähschur oder jene im Faijum, die viel jünger sind, haben sich schon längst in einen Trümmerhaufen verwandelt. Die Bank von England häuft ihre Goldbarren seit dem Jahre 1694, also seit mehreren Jahrhunderten, die österreichisch-ungarische Bank musste bereits nach 103 Jahren liquidieren. Von den sieben Spinnen, die ein Biologe in seinem Flussbad täglich in ihrem Leben und Treiben beobachtete, lebten nach einem Monat nur mehr sechs; eine war verschwunden, wohl ausgewandert, aber die restlichen sechs waren in diesem Monat auch sehr ungleich gediehen. Drei waren fett und groß geworden und hatten ihr an günstigen Stellen angebrachtes Netz voll Fliegen und Mücken, zwei waren so geblieben, wie sie waren, und hatten nur je eine Fliege gefangen, und eine, die ihr Rad zu innerst ausgespannt hatte, saß noch nach vier Wochen dünn und wesenlos, mager und hungrig darin und wartete unerschütterlich und vergeblich. Sie wird sicher weder solange leben, noch so viele Nachkommen haben wie die anderen.

10 Man bedenke, dass die Begriffe Zeit und Raum für das Erleben keinen Sinn haben. Alles „Erleben" (die Vorstellung) ist unbeschränkt und an keine Zeit gebunden. Daher die Göttergaben der beschwingt über alles hinwegeilenden Fantasie.

Diese Unterschiede in der Dauer sind eine der tiefsinnigsten Erscheinungen im gesamten Weltgeschehen. Versucht man die Erscheinung zu analysieren, so findet man als Erstes, dass zwei Faktoren jede Dauer bestimmen: der Zustand und die Verhältnisse der Umwelt und der Zustand und die Verhältnisse des Individuums

Sehr bald wird aber klar, dass die Dauer vornehmlich vom Individuum abhängt, wenn zwischen ihm und seiner Umgebung der Zustand der Harmonie herrscht. Wird diese gestört, leidet darunter die Dauer des Einzelnen. Als Beispiel diene eine Pflanze, welche übermäßigen Regengüssen, Dürre, zu großer Hitze oder Kälte, zu wenig Licht ausgesetzt ist, vom Sturme umgerissen oder vom Blitz getroffen wird. Von dieser Seite aus steht also die Dauer ganz unter der Herrschaft des Harmoniegesetzes. Der andere Faktor hängt, wie sich beim ersten Nachdenken herausstellt, von den Funktionen des Individuums ab. Funktioniert es so, dass sich bald eine Harmonie mit seiner Umwelt herstellt, gelangt es dadurch bald zu seinem Optimum, und ist nun in seiner Dauer weit günstiger gestellt, als wenn es gegen die Seinsgesetze, die in die Harmonie münden, tätig ist. Denn dadurch entstehen stets aufs Neue Disharmonien, welche zu ihrem Ausgleich wieder neuer Änderungen bedürfen, die aus dem Energiekapital des Individuums bestritten werden müssen, dieses daher früher erschöpfen als ohne solche Prozesse. Wird dagegen die Harmonie zur Umwelt hergestellt, dann wird die Dauer nur mehr von den Gesetzen des Systems, dem das Individuum angehört, und jenen Störungen begrenzt, denen die Integrationsstufe der Umwelt ausgesetzt ist.

Letzten Endes ist also der in der Macht des Individuums liegende Faktor ausschließlich die Art seiner Funktion. Ist diese durchwegs optimal eingestellt, wird die Dauer in den meisten Fällen länger sein, als bei einer nur teilweise vorteilhaften Funktion. Ein solches Individuum wird in seiner Dauer — oder wenn es Fortpflanzung und Wirkungen auf die Umwelt hat —, auch in seiner Vermehrung und seinen Wirkungen bald günstiger gestellt sein als seine Mitbewerber im Sein. Es wird übrig bleiben, die anderen werden vergehen. Übersetzt man diesen Gedankengang aus seiner abstrakten Farblosigkeit in ein anschauliches, und zwar gleich in das uns am nächsten interessierende Beispiel, nämlich ins Menschenleben, so müsste er folgendermaßen aussehen:

Abhängig ist der Mensch nach dieser Ansicht zunächst von seiner Umwelt, d. h. den Gesetzen des Weltalls, zu denen - auch das Gesetz eines eigenen Systems, nämlich die durch die Physiologie, seine Herkunft usw. bedingte Lebensdauer gehört. Er muss daher mit einer unvermeidlichen Begrenzung der Lebensdauer und Wirksamkeit aus diesen Gründen rechnen, und dazu mit den von außen kommenden Störungen, mit Unglücksfällen, Elementarereignissen und dergleichen von der Umwelt und nicht von ihm abhängigen Faktoren. In diesem Rahmen hängt nun seine „Lebensdauer", Wirksamkeit und Macht durchaus wieder von der Art seiner Funktionen ab, sowohl den physiologischen wie den geistigen. Sind diese optimal, d. h. entwickelt er sich zum Optimum seiner Art, das sich in Harmonie mit seiner Umwelt in jedem Sinn zu setzen weiß, mit anderen Worten, benützt er seinen Verstand, um die Weltgesetze zu erkennen und zu befolgen, dann wird er auch ein gesunder, schaffensfroher und schöpferischer Vollmensch sein, der reichlich geistige oder leibliche „Nachkommen“ hinterlässt und das Leben bis an seine systembedingten Grenzen auslebt. Handelt er nicht im Einklang mit den Weltgesetzen, vielleicht weil er sie aus irgendwelchen Gründen missachtet, dann muss sein Leben disharmonisch verlaufen, er wird zur Ursache stets neuer Änderungen d. h. Krisen werden, die seine Kräfte zersplittern und vorzeitig erschöpfen. Früher als es in seiner Natur und in den äußeren Verhältnissen lag, muss er vom Schauplatz seiner Tätigkeit verschwinden, die niemals reine Befriedigung bot. Das ganze Heer von Menschenleid in allen seinen Formen, jeweils variiert nach der Art seines Vergehens gegen die Weltgesetze, umschwebt sein Leben, und jenes schreckliche Wort uralter Weisheit von den Sünden der Väter, die noch gerächt werden am siebenten Kindeskind, wird auch für seine Nachkommen zur Wahrheit. So wie er selbst eine stete Quelle von Störung und Unruhe für seine Mitmenschen und seine gesamte Umwelt ist, und so wie in jedermanns Leben, auch wenn man selbst es so optimal gestaltet wie nur möglich, dennoch die Störungen einer disharmonischen Mitwelt und die Sünden der Ahnen als „Schicksal“ eingreifen. In diesem Beispiel steckt das Fundament der objektiven Ethik und der größte, in jedem Augenblick des Lebens goldene Früchte tragende praktische Nutzen der objektiven Philosophie für jedermann.

## 4.2 Der Weltselektionsprozess

Der Selektionsprozess, dem nachzuspüren jetzt unser Ziel ist, macht den Eindruck jenes Mittel zu sein, das dem Optimum in der Natur automatisch zu seinem Sein verhilft.

Wie sind nun die Gesetze dieser Weltselektion beschaffen? Es ist klar, dass, wenn das Weltgeschehen durchgängig ein selektives Geschehen wäre, dass dann zunächst in der Physik und Chemie nicht jede, sondern nur gewisse Möglichkeiten von Beziehungen verwirklicht wären, mit anderen Worten, dass der Raum und die Energiefelder diskontinuierlich erfüllt sein müssten. Die Materie müsste in diesem Fall eine atomistische Struktur besitzen, an gewisse Formen, d. h. an Singulationen (Vereinzelungen) gebunden sein, der Energieaustausch könnte nicht stetig, sondern müsste quantenweise erfolgen, alles Geschehen wäre an einen Rhythmus, an Wellen und Periodizität gebunden und könnte nicht in ununterbrochenem Zug abfließen. Tatsächlich ist nun aber die Welteinrichtung dermaßen beschaffen, woraus als notwendige Folge die Tatsache einer gewissen Auslese hervorgeht. Tatsächlich bedeutet schon die Existenz von Natur- und geistigen Gesetzen (Gesetze der Informationsverarbeitung), dass nicht jede Beziehungsmöglichkeit in dem Weltsystem verwirklicht ist, sonst müsste die Zahl dieser Beziehungen, vulgo Gesetze (die ja nur der Ausdruck für stets wiederkehrende Beziehungen sind) unendlich groß sein, was sie ja bekanntlich nicht ist.

In der Zahlenreihe 1, 2, 4, 8, 16, 32 ist ebenso wie im Quantengesetz, die Tatsache selektiven Weltseins ausgedrückt, indem beispielsweise zwischen den natürlichen Zahlen der Reihe noch unendlich viele rationale liegen, welche bei der Auslese, die sich in dem Prozess des Rechnens und im physiko-chemischen Geschehen ausspricht, einfach durchfielen, und deren sich die Infinitesimalrechnung zwar bedient, aber nur als Hilfsmittel, mit dem ausdrücklichen Vorbehalt, dass die Differenziale zwar „unendlich klein werden", aber niemals unendlich klein sein können.

Ich weiß nicht, ob sich Physiker schon einmal klar gemacht haben, dass sie in ihrer Wissenschaft das Selektionsgesetz nicht entbehren können; in der physikalischen Literatur scheint es zumindest keine Anzeichen dafür zu geben, dass sie es wissen, obwohl sie für gewisse Vorgänge selbst den Ausdruck „selektive Prozesse" geprägt haben, also das von der objektiven Philosophie Behauptete zugeben. Alle leuchtenden Gase und Metalldämpfe besitzen z. B. eine „selektive Emission" farbiger Strahlen im Spektrum, d. h., sie senden entweder Linien oder Banden (d. s. breite Streifen) von bestimmter Lage und Farbe im Spektrum aus. Wenn man aber weißes Licht durch Dämpfe, also farbige Flammen sendet und ein Spektrum davon entwirft, dann wird gerade das Licht von der Farbe der gleichen fraunhoferschen Linie absorbiert, die der Dampf selbst emittiert. Der selektiven Emission steht also auch eine selektive Absorption gegenüber.

Ein ähnlicher Selektionsprozess ist der Chemophysik auch von den semipermeablen Membranen bekannt, die im Organismus sowohl pflanzlicher wie tierischer Natur vorhanden sind und in der Plasmahaut jeder Zelle eine ausschlaggebende Rolle in der Ernährung spielen. Wären die Zellwände in unseren Darmzotten nicht halbdurchlässige Häute von ganz bestimmten, auswählenden Eigenschaften, so wäre jede Resorption des Speisebreis unmöglich gemacht. Im Laboratorium lässt sich das mit Pergamenthäuten, die gleicher Natur sind (wegen ihres tierischen Ursprungs), nachahmen. Es zeigt sich dann, dass sie den einen Stoff diffundieren lassen, den anderen aber nicht, dass also ein ganz ausgesprochener Selektionsprozess aktiv ist. Diese Erscheinung kennzeichnet auch die Pflanzenzelle, deren straffe Konstitution (der Turgor) nur dadurch zustande kommt, dass das Plasma selektiv gewisse Stoffe durchlässt, andere dagegen zurückbehält. Die Tatsachen der Osmose, die dabei entwickelten mächtigen Druckkräfte sind ebenso viele Beweise zugunsten der selektiven Plasmabetätigung. Durch die Plasmahaut der Pflanzenzelle geht Wasser sehr leicht hindurch, während die Kristalloide nicht hindurchwandern, sondern den Eintritt in das Plasma versperrt finden. Dagegen diosmieren (= osmotischer Stoffaustausch durch eine semipermeable Wand in beide Richtungen) alle Kristalloide, ähnlich wie durch eine Tierblase, durch die Zellhaut, die wieder den Kolloiden den Austritt versperrt. Sollen die Kolloide in Korrespondenz treten können, muss die Zellhaut durch Tüpfel und feinste Poren durchbrochen sein. Das gesamte Pflanzenleben wäre mithin unmöglich, wäre es nicht auf den Grundgesetzen des in der Osmose verborgenen Selektionsprozesses aufgebaut.

Die selektive Tätigkeit der Katalysatoren in den chemischen Reaktionen ist seit Langem bekannt. Die Tatsache, dass es solche Stoffe gibt, die gleich dem fein verteilten Platin die Reaktionsgeschwindigkeit der kalten Gase ganz außerordentlich steigern, gehört an sich schon in den Bereich des Selektionsgesetzes, wie alles, was die Ungleichheit in der Welt befördert, umsomehr, als es sich dabei keineswegs um bloße Energietransformation handelt, wie bei allen anderen energetischen Prozessen. Will man die Fahrgeschwindigkeit eines Zuges oder eines Schiffes steigern, muss man die dazu nötige Energie dem fossilen Brennstoff oder der Elektrizität oder sonst wem entnehmen; man vermindert also irgendwo den Energievorrat der Welt und transportiert die Energie bloß anderswohin. Anders bei den Kontaktverfahren. Die Geschwindigkeitssteigerung der chemischen Reaktion erfordert, wie der Fabrikant, der auf diese Weise Schwefelsäure herstellt, sehr wohl weiß, theoretisch gar nichts, denn sie braucht keinen Aufwand an Energie.

Ein Selektionsprozess ist es auch, wenn aus allen möglichen Gruppierungen von Molekülen in den Kristallen nur 230 Raumgittermöglichkeiten realisiert sind und durch das Zonengesetz nur 32 Arten von Kristallklassen und sieben Gattungen von Symmetrie.

Dem Geografen ist es längst geläufig, dass das Relief der Festländer durch die gegenseitige Konkurrenz der Täler und der Berggipfel geprägt wird (vgl. hierzu Abbildung 4.1). Die Erosion kann Täler nur dadurch schaffen, dass sie die jeweils den Fallgesetzen entsprechenden Wasserbewegungen ausführt, wie denn überhaupt, wenn der Begriff Gesetz selbst schon den der Selektion in sich schließt, in allen Anwendungen der Naturgesetze dann das Selektive wiedergefunden werden muss und wir uns diese Arbeit eigentlich sparen könnten, wenn es uns nur darauf ankäme, die Tatsache der Selektion selbst festzustellen. Da es uns aber nicht nur auf die Feststellung der Selektionsgesetze, sondern auch auf das Verständnis der Welterscheinungen anhand der Weltgesetze ankommt, kann es doch nicht unterlassen werden, die merkwürdigen Phänomene der

Abb. 4.1: Susita river canon. Foto: US Fisch and Wildlife Service. CC0

Talbildung, der Enthauptung der Flüsse, der Anpassung der Talnetze an die Gebirgssysteme näher zu betrachten.

Das fließende Wasser wirkt nun auf seine Unterlage vornehmlich durch die mitgeschleppten festen Bestandteile, wie wenn eine Säge wirken würde oder das Gestein mit Hacke und Spaten bearbeitet wäre. Flüsse können dadurch, wie z. B. die Kander am Thuner See in der Schweiz gezeigt hat, schon binnen weniger Wochen wilde Schluchten von 40 m Tiefe schaffen, in denen der Fluss täglich an 40.000 Kubikmeter Gesteinsmaterial in den See schleppt. Nur ist diese ganze Arbeit je nach dem Charakter des Gesteins, in dem sie ausgeführt wird, in ihren Wirkungen höchst verschieden, und das bewirkt den selektiven Effekt. Eine Zusammenstellung von Angaben hierüber wird volle Beweiskraft auch für die schärfste Kritik besitzen. Ich entnehme sie dem Werk von Neumayr-Sueß Erdgeschichte (3. Aufl. 1920):

- Der Fluss Sineto (Sizilien) hat durch Lava seit 300 Jahren ein Bett bis 35 m Tiefe und 16 m Breite genagt.
- Die Kander (Schweiz) hat in wenigen Wochen in Schottern eine Schlucht von 40 m Tiefe erodiert.
- Die Salzach (Salzburg) hat in offenbar hartem Gestein in 30 Jahren ein Bett von 1,5 m erodiert.
- Der gleiche Fluss hat in Schutt in 8 Jahren eine 2 m tiefe Schlucht ausgenagt.
- Die Düna (Kurland) hat in Kalk und Dolomit in 34 Stunden ein Bett von 1—3 m Tiefe aufgerissen.

Überdenkt man diese Angaben mit unserer Logik, so erkennt man daraus, dass die Erosion sich um so mehr dem Optimum nähert, einen je größeren Wert der Bruch Gesteinshärte/Wasserkraft[11] besitzt. Da aber im Flusslauf bei gleichbleibender Wassermenge der Wert „Wasserkraft" ununterbrochen wechselt, wird das Relief des Tales ungleich. Nicht nur dass das Längsprofil eines Gewässerlaufes stets eine im Oberlauf steilere, im Unterlauf flachere Kurve darstellt, sondern auch das Querprofil wird differenziert. Wo optimale Erosion stattfindet, nämlich senkrecht erodierende Wirkung im Wasserfall, wandert dieser nach rückwärts; es

11 Dieser Wert setzt sich zusammen aus den Faktoren: Wassermenge, lebendige Kraft des Wassers durch die Neigung des Bettes, wobei natürlich die Wassermenge die im Profil des Flusslaufes in einem gleichbleibenden Zeitmaß durchflutet, verstanden wird.

entsteht eine intensive „geografische Entwicklung", die so lange dauert, bis der Ausgleich geschaffen, nämlich die Schlucht durchsägt und der Wasserfall aufgehoben ist (das Ende aller Wasserfälle: Die Schlucht oder Klamm, am großartigsten im Coloradogebiet in Nordamerika). Wo nur langsam die Wasser einschneiden, werden die Gehänge flacher, von Schutt überrieselt, das V des typischen Erosionstales wird immer weniger spitz, das Tal wird seitlich ausgeweitet, es entstehen Mäander, aus dem V- wird ein immer weiteres U-Profil. So passt sich das Talnetz der Erosion an, die aus Hochebenen Gebirgslandschaften (Täler ohne Berge) schafft nach Art des Isartales oder teilweise des Elbsandsteingebirges oder nach Art der Canon-Landschaft am Rio Colorado in Arizona (siehe Abb. 4.2), wo der große Canon in 320 km Länge bis 1800 m tief ist und das „Erhabenste“ genannt wurde, was es auf Erden gibt.

Abb. 4.2: Grand Canon, Foto Jon Sullivan, CC0

Durch diese Ungleichheit werden die Täler selektiert; die Täler werden verlagert, Nebentäler schneiden manchmal Haupttäler an, große geologische Decken werden bis auf wenige Reste entfernt, oft, wie es in den Alpen der Fall ist, wo über den Kalk- und Urgesteinszonen alle jüngeren Decken längst fehlen, wahrhaft denudiert, und die Unterlage wird je nach der Härte des Gesteins selektiv zu einem Relief umgestaltet. Ein prachtvoller Wettbewerb der Flüsse tritt ein, indem die Gewässer, welche den tiefer liegenden Ausgleichspunkt haben (die tiefere Erosionsbasis), mit ihrem steileren Gefälle rascher nach rückwärts einschneiden, wie man das an manchen Nebenflüssen des Neckars sieht, die auf diese Weise Gebiet von der weniger rasch erodierenden Donau eroberten, ihr Tal anzapften oder, wie das die Geografen nennen, die Donau enthauptet haben. Neumayr sagt hierüber: Es bestehe ein allgemeines Bestreben, die Flüsse allmählich auf den tiefsten Linien zu vereinigen. In unserer Sprache heißt das, durch die Selektionstätigkeit der Erosion wird deren Ausgleich angestrebt.

Auf diese Weise wird in allen Ländern und Gebirgen das Relief geprägt als Ergebnis eines Wettbewerbes der Flüsse, der in jedem Berg, in jedem Gratturm und Grat nur die Restfälle übrig lässt. Das ist die Erklärung, warum jedes Gebirge seine Haupt- und Nebenzüge besitzt, warum es in einer Gruppe, diese wieder in einem Hauptgipfel kulminiert, warum das Ganze eine konkurrierende Gesellschaft von Tälern und Bergen darstellt, die sich ständig umbildet bis zu ihrem endgültigen Ausgleich. Und das ist zugleich ein Symbol für alle komplexen Systeme, an denen Kräfte angreifen. Überall entwickelt sich aus den Differenzen automatisch ein Wettbewerb, der zu den dauerhaftesten Ergebnissen führt.

An jedem Tag voll Frühlingswolken erblickt man dieses auswählende Gesetz hingeschrieben in den flüchtigen Zug der Wolkengestalten, die stets das Resultat eines großartigen Selektionsprozesses sind. Es findet ein Wettbewerb um die Form der Wolken statt, der nicht ruht, bis nicht Harmonie in der Atmosphäre hergestellt ist. Es ist mir stets einer der größten Naturgenüsse gewesen, von Bergeshöhe dem geheimnisvollen Schauspiel des Wolkenwerdens und -Vergehens zuzusehen, diesem steten Kampf von Ausscheidung und Aufsaugung, von Wind und Sonne, dem Ringen um die Form der Wolke, die so wunderbar plastisch die leiseste Einwirkung verrät. Und als Lohn dieser Andacht ging mir in der wimmelnden Gestaltenfülle dieser stumm sich drängenden Geisterheere eines Tags das Geheimnis aller

Formgestaltung auf als des Ausgleichs der miteinander ringenden Kräfte und damit die Idee der Weltselektion, wie sie hier niedergelegt ist.

## 4.3 Der soziale und biologische Selektionsprozess

Die Weltselektion, aus der die Form jeder Materie und jedes Seins hervorgeht, von den im Nebelschleier der Erkenntnisgrenzen tanzenden Elektronen und Quanten, von Kristall und Gebirge bis zur weiß schimmernden Wolke und dem bunten, lebensbewegten Heer von Tier und Pflanze, ja bis zu den Werken von Menschenhand und den Gestaltungen, die Menschengeist ersinnen kann, hat aber im Grunde genommen nichts zu tun mit dem Begriff Selektion, wie ihn der Darwinismus der sechziger Jahre des 19. Jahrhunderts fasste und volkstümlich machte als ein plump mechanisches Geschehen, das die Entstehung von Sinn und Geist aus dem Sinnlosen jedem Strohkopf fasslich macht.

Zudem muss man berücksichtigen, dass die biologische Selektion nur einer von drei Prozessen ist, welche insgesamt erst zur Entwicklung der Arten führt. Unter Evolution versteht man die Entwicklung (des Höheren, Zusammengesetzten aus dem niederen, Einfachen). Die biologische Evolution ist die Entwicklung der Lebewesen im Verlauf der Stammesgeschichte. Die chemische Evolution ist die erdgeschichtliche Entstehung organischer Moleküle aus anorganischen. Die kosmologische Evolution ist die Entwicklung des Universums aus dem Urknall. – Ein Evolutionsprozess besteht aus drei einfachen Schritten. Zuerst entsteht Neues, möglicherweise noch nie Dagewesenes. Im zweiten Schritt wird das Neue mit Vorhandenem kombiniert und zur Auswahl dargeboten. Im dritten und letzten Schritt wird eine Auswahl unter dem Dargebotenen getroffen. Die Auswahl kann passiv durch Wechselwirkung mit der Umwelt geschehen oder aktiv unter der Berücksichtigung der individuellen Neigung, bestimmte Ziele zu verfolgen (= Bedürfnisse). In der Biologie heißen die drei Schritte: Mutation, Rekombination und Selektion.

Wir sehen also, dass es nicht die Selektion allein sein kann, die zur Entwicklung neuer Arten führt. Darauf wird im

Folgenden immer wieder hingewiesen werden, wenn ausschließlich der Selektionsprozess betrachtet wird.

Der ursprüngliche Selektionsgedanke, wie er namentlich von Charles Darwin unter dem Einfluss der malthusschen Ideen gleichzeitig von R. Wallace, dann als „struggle for life" besonders scharf von dem englischen Zoologen Th. Huxley formuliert und durch Haeckel verbreitet und verbreitert wurde, enthält Richtiges und Übertriebenes, Wahrheit und Irrtum in so innigem Gemisch, dass es nur bei weit ausholender Analyse möglich ist, die Stellung der objektiven Philosophie zur darwinschen Selektionstheorie zu präzisieren.

Die vordarwinschen Grundlagen dieses Gedankens gehen zunächst auf den englischen Theologen und Geschichtsforscher Thomas Robert Malthus (1766—1834), im Besonderen auf sein Hauptwerk: „Essay on the principles of the population" zurück, das in London im Jahre 1798[12] erschien. Dort formulierte er das an seinen Namen geknüpfte und in seinen Grundzügen noch immer allgemein anerkannte Gesetz, das besagt: Die Bevölkerung habe die Tendenz, sich rascher zu vermehren als die Menge der gewinnbaren Nahrungsmittel. Dadurch setze eine Zurückdrängung der Bevölkerung durch Moral, aber auch Laster und Elend ein. Dem natürlichen Vermehrungstrieb des Menschengeschlechts stünden als „checks", als Hemmnisse sowohl Wirkungen der Natur, wie die bei Übervölkerung sich besonders steigernden Krankheiten, als auch menschliche Handlungen zur Herstellung des Gleichgewichts, wie Auswanderung oder Kriege gegenüber. In der Kritik an dieser Anschauung tat sich besonders der deutsche positivistische Philosoph Eugen Dühring hervor, der einwandte, dass ja mit Zunahme der Bevölkerung auch die „Bevölkerungskapazität" größer werde und mit ihr der Spielraum der Ernährung wachse. H. Spencer dagegen betonte, dass bei allen Völkern mit wachsender geistiger Tätigkeit die Fruchtbarkeit abnehme. Schließlich blieb aus der Diskussion ein gemäßigter Neomalthusianismus übrig (J. St. Mill, Mantegazza, Kautsky), dessen sich sowohl die sozialistische wie die imperialistische Doktrin mit Eifer bediente, die eine, um daraus die Notwendigkeit der „Verelendung der Massen" abzuleiten, die

12 Deutsch in zweiter Auflage zu Berlin 1900.

andere, um aus der Übervölkerung des Landesbodens die Notwendigkeit von Landzuwachs, sei es durch das Schwert, sei es durch Kolonisation erfolgen zu können.

Tatsächlich kann auch die objektive Philosophie nicht leugnen, dass jedes Volk, jedes lebende Wesen in seiner Fortpflanzung vorzugsweise durch die Umwelteinflüsse beschränkt wird, die freilich auch wieder auf seine Physiologie zurückwirken. Im Allgemeinen bewegt sie sich in progressiver Richtung, während an sich der Nahrungsbestand durch keine Notwendigkeit gezwungen wird, zuzunehmen oder abzunehmen, jedenfalls in seinem Quantum sich nicht parallel mit den auf ihn angewiesenen Organismen verhält. Unter Umständen wird er rascher anwachsen, wie z. B. die Raupen in einem Raupenjahr zunächst einmal schneller zunehmen als die auf sie angewiesenen Singvögel; ebenso oft wird es sich aber ereignen, dass das Nahrungsquantum rapid sinkende Tendenz zu einer Zeit hat, in der die Fortpflanzungstätigkeit überaus rege ist. Man denke an Heuschreckenschwärme, die den Vögeln mühelos Futter verschafften, sie zu nochmaligem Brüten veranlassten und dann eine verdreifachte oder verdoppelte Vogelbevölkerung vor einen Notstand stellen, wenn die alten Schwärme vertilgt sind und neue nicht mehr nachkommen. Unser Selektionsgesetz, das in jeder Vielheit, auf die eine Kraft wirkt, tätig ist, muss dann die Zahl der Vögel in der Richtung eines harmonischen Ausgleiches zur Nahrungsmenge drängen, wenn die Vögel nicht andere Anpassungswege durch ihren Intellekt einschlagen.

Nicht anders mit der Pflanzenwelt. Sie, die durch Ausläufer, Sporen und Früchte im Allgemeinen die Tierwelt an Fruchtbarkeit um ein Bedeutendes überbietet, würde dem gegenseitigen Wettbewerb um den Boden in einem ungemein scharfen Maß ausgesetzt sein, wenn gerade sie nicht mit einer unerschöpflichen biotechnischen Erfindungskraft ihre Sporen und Früchte mit „Verbreitungseinrichtungen“ der verschiedensten Art ausrüsten würde. Wem sind sie nicht bekannt, diese wunderbaren Schleuderfäden, mit denen Schleimpilze und Lebermoose ihre Sporen weit auswerfen, oder die „Vogelfrüchte", strotzend, voll saftigen Fleischs, angetan mit grellen Farben, gefüllt mit Zucker und aromatischen Stoffen, damit die Vögel sich gnädig herbeilassen, solche Früchte, nachdem sie ihren Tribut verzehrt haben, zu verschleppen, eine Einrichtung, die wir als Usurpator stören, wenn wir die Sperlinge von unseren Kirschen und anderem Obst verjagen.

Wer von den Naturfreunden kennt nicht die merkwürdigen Flügel der Ahorne, die Luftschiffeinrichtungen der Ringelblumen und ihrer Verwandten, die Kletten, die Schwimmeinrichtungen, kurz das ganze biotechnische Museum pflanzlicher Verbreitungseinrichtungen, alle dazu bestimmt, der Selektion den Boden zu entziehen! Und in diesem Licht erwacht auch ein ganz neues Verständnis für die Brutpflegeinstinkte und die Mutterliebe im Tierreich. Der Mistkäfer Copris, der um sein Ei eine gewaltige Nahrungspille aus Mist anfertigt, die Ameisen und Bienen, die mit Hingebung ihre Brut schützen und füttern, die kleinen Sandwespen, die sich zu Tode arbeiten, um ihre Nachkommenschaft den verderblichen Wirkungen des nackten Kampfes ums Dasein zu entziehen, die nestbrütenden Vögel, die junge Menschenmutter, die lieber selbst darbt und ihr Leben ungescheut aufs Spiel setzt ihrem „Kleinen“ zuliebe, das alles sind nicht Gegenargumente gegen das malthussche Gesetz, sondern Mittel des Organismus, um die Selektion, die sich sonst schärfer bemerkbar machen würde, aufzuheben, weil sie eben tatsächlich fühlbar ist.

Etwas ganz Wichtiges ist damit festgestellt. Wie ein Schreckgespenst schweben Selektionsprozesse unaufhörlich über allem Lebendigen. Da aber die Lust zum Leben nach Ewigkeit verlangt, so ist im Leben selbst der Notstand und damit die Verschiedenheit begründet, in die die Selektionsprozesse eingreifen können. Aber diese Ausmerzungsdrohung erklärt nicht das Vorhandensein des Teleologischen[13], dessen wahrer Zweck sich nun plötzlich als „antiselektive Wirkung“ entpuppt und tatsächlich auch eine gewisse Milderung der Ausmerzung der nicht optimalen Fälle erreicht. Diese wird um so wirksamer sein, je höhere Stufen diese Intelligenz erreicht. Im Bereich des Menschen erhält sich dadurch eine Bevölkerung, die im 19. Jahrhundert in Europa in Relation zum Nahrungsangebot bedrohlich angewachsen war und dann wirklich jene Notstände und Krisen heraufbeschworen hat, die Malthus als mechanische Folge der Volksvermehrung

13 **Teleologie** ist die Lehre, die beschreibt, dass Entwicklungsprozesse an Zwecken orientiert sind und durchgängig zweckmäßig ablaufen.

ausgibt. An der relativen Übervölkerung gewisser europäischer Länder, im Besonderen von England, Belgien, Deutschland und Italien ließ sich damals ebenso wenig zweifeln wie daran, dass Russland, Ungarn, Spanien, Frankreich und mit Ausnahme gewisser nordamerikanischer und chinesisch-japanischer Distrikte die ganze Erde ohne Krisen und Kriege noch eine weit zahlreichere Menschheit als die 1650 Millionen ernähren könnte, auf die man sie schätzte. Wichtiger als Maßnahmen gegen Übervölkerung (neomalthusianische Propaganda) sind daher, vom Standpunkt der ganzen Menschheit gesehen, Verbreitungseinrichtungen, also der Weg, den die Pflanze eingeschlagen hat. Eine größere Überbevölkerung, wie sie ein Blütenfeld, etwa eine der sogenannten Steinbrech-Matten der Alpen oder der polaren Region, kann man sich wohl kaum vorstellen, und dennoch vollzieht sich deren Vervielfältigung bei der Fruchtung ganz ohne nennenswerte Krise infolge der nahezu vollkommenen Verbreitungseinrichtungen.

An der längeren Dauer der dem Optimum ihrer Art näherkommenden Lebewesen — so definiert die objektive Denkungsart das Selektionsgesetz in der Biologie — kann nicht gezweifelt werden. Und zwar aus folgendem Grund: Grundbedingung einer aussiebenden Wirkung ist Ungleichheit der Eigenschaften. In homogenen Systemen stellt sich keine Selektion ein.

Nun ist die lebende Materie auf jeder ihrer Integrationsstufen ein komplexes System. Ob man die kleinsten belebten Einheiten, Waben und Fäden oder das Zellorganell oder die Zellen selbst betrachtet, überall walten Differenzen, welche verschiedene Grade von Vollkommenheit und damit Dauer bedingen. Deshalb können Selektionsprozesse nicht ausbleiben.

Wo dagegen ein aktiver wirklicher Kampf der Organismen gegeneinander stattfindet, hat das an sich mit dem Selektionsgesetz, wie es in diesem Text verstanden wird, nichts zu tun. Wenn ein Löwe oder Storch, die beide streng auf die unbeschränkte Herrschaft in ihrem Jagdgebiet halten, einen Rivalen, der eingedrungen ist, überfällt und nun ein Kampf auf Leben und Tod beginnt. Oder, wenn die Knöllchenpilze eine Wurzel befallen und es ihnen gelingt, auf ihr Fuß zu fassen und die Pflanze dann die Pilze verdaut. Oder, wenn die mächtigen, alten Bäume im Wald den in ihrem Schatten stehenden lichtgedrückten Nachwuchs nicht aufkommen lassen, bis nicht der Sturm einen der Waldesalten fällt, worauf der Kümmerling die Erbschaft im Lichtraum antritt und nun das durch rasches Wachstum nachholt, was er jahrelang versäumte. Dann sind das nicht gesetzmäßig wiederkehrende, sondern gelegentlich vorkommende Handlungen, und es gibt außer den gleich zu erwähnenden Geschlechtskämpfen keine regelmäßige Konkurrenz unter den Tieren und den Pflanzen.

Darin hat sowohl Pauly recht, wie einer der scharfsinnigsten Kritiker des Auslegegedankens, der russische Zoologe Fürst Peter Kropotkin, der mit vielem Glück an einem reichen Beobachtungsmaterial bewiesen hat, dass dem unfreiwilligen Wettbewerb eine absichtliche „gegenseitige Hilfe" wenigstens im Tierreich gegenübersteht. Er zeigte, dass kranke Tiere von anderen gepflegt, blinde dauernd gefüttert werden, dass überall im Tierreich jeder Funken von Intelligenz dazu benützt wird, die natürliche Ungleichheit zu vermindern und dadurch der Ausmerzung der weniger Tüchtigen so entgegenzuarbeiten, wie das auch der primitive Mensch mit Geschlechtergilden, Sippen, Blutsfreundschaft, der mittelalterliche durch Werke der Barmherzigkeit, durch Zünfte und Gilden, der moderne durch Staatsgefühl und sozialen Gemeinsinn übt.

Der Kampf ist auch unter den Pflanzen, auf die sich Kropotkins Werk nicht erstreckt, die Ausnahme; die Anpassung, Vereinigung, die gegenseitige Hilfe ist die Regel. Nicht nur untrennbare Gemeinschaften entstehen dadurch gleich den Flechten und anderen Symbionten, sondern die einen unterstützen auch ganz in freier Existenz die anderen, von denen sie neben manchem Übel auch wieder Vorteile empfangen. Ein derartiges Verhältnis besteht z. B. zwischen den Bäumen und den Moosen. Die Bäume rauben durch ihr Laub den Moosen zwar das Licht, daran passen sich jene an und lernen es ertragen. Aber sie empfangen von den Bäumen auch den ihnen wichtigen Schutz vor der prallen Sonne und sind dadurch vor dem Vertrocknen geschützt; sie gewähren wieder den Bäumen einen Wasservorrat in ihrem Rasen, ohne den kein Wald auf die Dauer bestehen kann. Moose und Bäume kämpfen also nicht gegeneinander, sondern unterstützen sich.

Wo irgendwelche Pflanzen in dichtem Verein durcheinanderstehen, wird man die Situation verwirklicht finden, dass die Blätter sich nicht gegenseitig unterdrücken, sondern „Mosaike" bilden, nicht nur interindividuell, sondern auch Art gegen Art. Das Verhältnis an einer Hecke oder an einem Bachrand liegt nun nicht etwa derart, dass zwischen den großen plumpen Blättern der Ampferarten oder Pestwurzen das feine Laubwerk der Milzkräuter oder das noch feinere der Geranien und Hundspetersilie zuerst alle möglichen anderen Formen versucht, bis nach und nach alles ausgemerzt wird, was nicht Licht genug erhält, — ganz im Gegenteil: Die Pflanzen weichen solchen Kämpfen um den Lichtraum aus, indem sie entweder als Spreizenklimmer, wie es eben die Geranien oder die Mieren sind, sich aus dem Gewirr sie verdunkelnder Blätter herausheben oder durch Ranken zum Licht klettern nach Art der Walderbsen oder mit besonderer Vorliebe ihre Blattstiele von Fall zu Fall so optimal verlängern, dass jedes Blatt doch zu seinem Recht kommt oder, wie es der Efeu liebt, nach Bedarf die Blattgestalt aktiv ändern. Oben im Licht hat er zugespitzt eiförmige Blätter, unten im Schatten treibt er die bekannten dreilappigen. Nicht Kampf, sondern Anpassung mit ihren Helferinnen: Tropismen, besondere Organe, teleologische Handlungen dominieren, und Kampf ist erst das Letzte, wenn alles andere versagt hat.

Und was oben im Licht, das geschieht auch unten in der Wassertiefe. Überall sieht man die Bildung von Gemeinschaften, um sich den „Daseinskampf" zu erleichtern. Stunden eines unbeschreiblichen Vergnügens habe ich damit verbracht, Lebensgenossenschaften nach Art der auf den Abbildungen 1.1 und 4.3 dargestellten, in südlichen Meeren zu studieren, und immer wieder habe ich mich überzeugt, dass auch hier Intelligenz auf allen Stufen der Individuation danach strebt, dem auszuweichen, was nach der Darwinschen Lehre das Gesetz wäre, das sie geschaffen hat. Ein solch großer Spirographiswurm mit seiner stattlichen, hohen Röhre, aus der er seinen bunten Kranz heraussteckt, ist ein kleines Wirbelzentrum in den stillen Ecken der adriatischen Häfen, von dem eine bunte Gesellschaft von Lebensgenossen profitiert.

Es ist nicht etwa so, dass das ganze Hafenwasser ursprünglich belebt war von Polypen, Würmern, Schnecken,

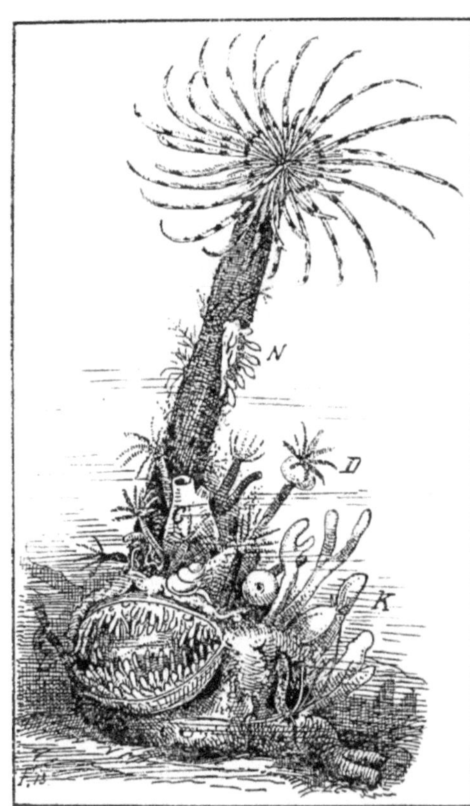


Abb. 4.3 Ein stark bewachsenes Exemplar von Spirographis Spallanzani von einem der Triester Hafenmole (Verkleinert). N = eine kleine Nachtschnecke. D = ein Röhrenwurm Dasychone. K = Kalkschwämme. C = ein Manteltier (Cione). Z = eine nestbauende Muschel (Lima) in ihrem Nest. Illustration: Francé, CC0

Manteltieren und Muscheln, und dass nur jene, die im Schutz eines großen Röhrenwurmes standen, übrig blieben, sondern alle die Kleinen sind als Larven tapfer umhergeschwommen und haben sich den Lebensplatz ausgesucht, nicht etwa als Huxleysche Gladiatoren der Natur, um gegeneinander zu kämpfen, sondern in hübscher Anpassung an die Lebensgewohnheiten des anderen, jeder auf der Spähe nach Abfällen und noch nicht ausgenützten Vorteilen, in deren Genuss er sich setzen, und auf die er sein Dasein aufbauen kann. Was der große Wurm übrig lässt, darin teilen sich die Kleinen (D), die seine Stielröhre besiedeln. Es fällt noch genug für sie ab, und sie profitieren mehr von seinen großen und kräftigen Wirbeln als den eigenen schwachen, die sie anstellen könnten. Was von ihnen verschmäht wird, genügt immer noch für die Mündchen der Kalkschwämme (K), die deswegen gern an solchen Orten siedeln. Die winzigen Polypen und Moostierchen sind auch noch für Brosamen dankbar, und auch die große Limamuschel (L) hat ihr Nest nicht deshalb aufgeschlagen, um die anderen zu ruinieren, sondern handelt wie ein kleiner Krämer, der die Messe besucht, weil schließlich, wo viel Leben ist, es auch für ihn mehr Verdienst gibt. Nur die Nacktschnecke (N) ist ein

Räuber in diesem Idyll, da neben der gegenseitigen Hilfe und Eintracht es natürlich auch nicht an Krieg und Zwietracht fehlt. Man darf eben nicht in das andere Extrem verfallen und glauben, es gebe auch gar keine Ausmerzung. Wohl vereinigen sich Krabben und Anemonen sowie Schwämme zu Lebensgemeinschaften aufs friedlichste. Selbst beißen sie einander und raufen wie die Bauernjungen. Es gibt weder Symbiose noch Kampf allein; das Leben benützt alle beide.

Ein besonders beliebtes Mittel der Organismen, der Selektion entgegenzuwirken, ist die Auswanderung. Die Pilzhüte, die aus dem Mycel einer Spore entstehen (Abb. 4.4) stehen nur scheinbar miteinander in Wettbewerb.

Gewiss, sie machen einander den Platz streitig. Aber es ist ganz gleichgültig, welcher von ihnen zuerst „reift". Es hat keiner und auch die Art hat keinen Vorteil davon, dass einer zuerst seinen Lebensgang früher vollende. Im Gegenteil, das Nacheinanderfertigwerden bedeutet den Nutzen. Denn jeder streut, wenn er ausgewachsen ist, seine vielen Tausend Sporen in die Lüfte. Sie wandern aus, erfüllen einen ganzen Horizont mit ihrem Leben und weichen dadurch dem Wettbewerb und der Selektion nach Möglichkeit aus. Diese Auswanderung zur Sabotierung der Auslese ist den Biologen schon frühzeitig in die Augen gefallen, denn bereits einer der ersten Darwinisten, M. Wagner, gründete seine Migrationstheorie darauf.

Trotzdem bleibt — und es ist notwendig, das immer wieder zu betonen — ein Rest von Wettbewerb übrig, eben jener, den das Teleologische (Zweckmäßige), die Intelligenz im Lebensreich, nicht zu beseitigen vermochte, und der als Sieb wirkt.

Aktiv ist die gegenseitige Hilfe, die Anpassung, die Auswanderung, passiv ist die Selektion.

Die Ungleichartigkeit bedingt verschiedene Dauer, und übrig bleiben diejenigen, die am meisten den Linien der Weltgesetze folgen. Dem sind auch wir unterworfen. Über das ist nun einmal nicht hinwegzukommen. Nur ist diese von den Fantasien gereinigte Selektion kein schöpferisches Prinzip, sondern nicht mehr und weniger als die große Walze, die unnachsichtig die Welt so lange einebnet, bis sie homogen und dadurch haltbar ist. Und es ist kennzeichnend für die

Abb. 4.4 Der Wettbewerb der Pilzhüte des Parasolschwammes. Zeichnung: A. Schmalfuß, CC0

ganze Artung des Menschengeschlechtes, dass man diese einfache und selbstverständliche Sachlage beileibe nicht aus logischem Zwang eingesehen hat, sondern erst Schritt für Schritt unter steten Zweifeln und Kämpfen, unter dem Druck eines mit unsäglicher Mühe erarbeiteten Beweismaterials.

Besonders an eine Vorstellung klammerten sich die Verteidiger der „schöpferischen Selektion". Das ist die Mimikryerscheinung[14] (Abb. 4.6). Jahrzehnte hindurch war sie das Paradebeispiel des mechanistischen Darwinismus. Es ist zunächst ganz unleugbar, dass der Mimetismus in jedem Fall „lebensverlängernd“ wirkt, wenn auch oft in jenem ganz merkwürdigen Sinn, den zuerst der Münchener Philosoph Erich Becher aus der belebten Natur herausgefunden und als Anzeichen einer über die individuellen Fähigkeiten der Reizverarbeitung hinausgehenden Anpassung gedeutet hat. Tatsächlich sind nicht nur die von ihm als Beispiel gewählten Gallen, sondern auch viele von den durch „Schreck- oder Warnfarben“ geschützten Insekten in der Lage, sich für die Interessen von anderen Individuen allerdings der gleichen Art aufzuopfern. Wanzen sind im Allgemeinen durch solche feurige, metallisch schimmernde oder gelbrote Farben ausgezeichnet, dazu durch schlechten Geschmack und stinkende Säfte, und man kann oft genug sehen, wie ein junger Vogel gierig nach ihnen schnappt, den fetten Bissen aber sofort unter allen Zeichen des Ekels ausspuckt. Die Warnfarbe hat dem Individuum gar nichts genützt, denn es ist doch zerhackt worden, wohl aber nützt sie allen anderen, ähnlichen Wanzen: Das Todesopfer

14 Die große Ähnlichkeit der gestaltlichen farblichen Muster gewisser Tier- und Pflanzenarten mit den Mustern anderer Arten wird als Mimikry bezeichnet.

ist eine Art heroischer Tat für das Volk gewesen, die Anpassungsursachen reichen also über das individuelle Leben hinaus. In anderen Fällen, so bei der bekannten Trutzstellung des Abendpfauenauges (Smerinthus ocellatus, Abb. 4.5), die Weismann so besonders hervorhebt, kann man sich wirklich unmittelbar überzeugen, wie sich z. B. Hühner abschrecken lassen.

Abb. 4.5: Abendpfauenauge. CC0

Aber das ist ja keine Mimikry; das sind teleologische Vorgänge, Instinkt oder Intellekthandlungen, deren Absicht es ist, die Selektion auszuschalten, ihr zu entgehen. Und ob die berühmte Insektennachahmung der Orchideen (Abb. 4.6) Mimikry sein soll und mit dem Innenleben der Pflanzen zusammenhängt, kann heute niemand sagen. Tatsache ist nur, dass alle derartigen Blüten von den Insekten nicht zur Befruchtung gewählt werden, also gerade durch sie nicht fortgepflanzt werden können, wie es die Selektionslehre verlangt. Schöpferisch wirkt Selektion in keinem Fall dieser Mimetismen, weil diese alle schon da sein müssen, bevor die bestgelungenen übrig bleiben können. Immer ist sie nur imstande, das zu entfernen, was als Störenfried des Strebens nach einem Optimum entgegenstand.

Was das Gleichgewicht stört, wird durch die Selektion eliminiert — sie findet demnach gar keine Handhabe, um die Mimikryerscheinungen hervorzubringen. Im Gegenteil, die besten und übertriebenen Fälle, also auch die mimetischen Orchideen, müssen durch sie entfernt werden, haben also schon deshalb zweifellos eine andere Entstehungsursache. Immer ist das Verhältnis, soweit man die Natur beobachten kann, sodass durch die Selektion ein gewisses Gleichgewicht erzeugt wird, indem das Selektionsgesetz jedem zu leben gestattet, der nicht gegen die Harmonie verstößt. Wie auch der deutsche Zoologe Richard Hesse, der an die darwinsche Theorie glaubt, sehr richtig sagt: Wir bemerken von Kampf ums Dasein wenig, wir folgern ihn nur theoretisch. Die

Abb. 4.6 Orchideenblüten als Beispiel von konvergenter Gestaltung des tierischen und pflanzlichen Organismus. Aus Haeckels „Kunstformen der Natur“.

Störenfriede der Harmonie werden durch Regulationen in der Lebensgemeinschaft ausgemerzt.

Ein allgemein bekanntes und hübsches Beispiel ist das übermäßige Auftreten von Mäusen nach einem milden Winter und trockenem Lenz. Diese Abweichung vom meteorologischen Gleichgewicht pendelt bekanntlich durch Ausschläge nach der anderen Seite so gründlich aus, dass im 100-jährigen Durchschnitt das Klima konstant erscheint. Die Folgeerscheinung aber, nämlich die Mäuseplage bringt sofort günstige Ernährung und damit Vermehrung der Mäusefeinde, der Mäusetyphusbazillen, der Bussarde, Eulen usw. im Gefolge und damit die Ausmerzung der Mäuse, bis wieder das Gleichgewicht hergestellt ist. Freilich folgt danach auch wieder die Aussiebung der Mäusebussarde.

## 4.4 Selektion durch aktive Entscheidung

Ein berühmt gewordenes Beispiel für die Zusammenhänge, unter denen sich die Selektion abspielt, ist die Tatsache, dass in der Nähe der Dörfer der Klee besser gedeiht als fern von ihnen. Das hängt in folgender Weise zusammen. Die Katzen leben in den Dörfern; es gibt dort keine Wildkatzen. Die Katzen jagen die Feldmäuse, diese wieder rauben in den Erdnestern der Hummeln Honig und Larven. Die Hummeln dagegen suchen die roten Kleeköpfchen wegen ihres Honigreichtums mit Vorliebe auf. Also je weniger Mäuse, desto mehr Hummeln, je mehr Katzen, desto weniger Mäuse. So schloss Darwin, der auf diesen klassischen Fall von Selektion aufmerksam machte, und vergaß dabei, dass sich darin nicht so sehr ein mechanisches Gleichgewichtsgesetz ausspricht, als vielmehr ein klassischer Fall von Selektionssabotage durch die aktiven Entscheidungen der Tiere und nicht durch passiv erlittene Einwirkungen der Umwelt.

Die Hummeln selektieren die roten Kleeköpfchen nicht, sondern suchten sie, wenn keine in der Nähe der Dörfer wären, auch in den fernen Gemarkungen auf; desgleichen werden die Feldmäuse in kornreichen Jahren die immerhin gefährlichen Hummelnester weniger behelligen. Es spricht also nicht eine starre mathematische Gesetzmäßigkeit aus diesen Vorgängen, sondern biologische Anpassung, eine Biotechnik, nämlich eine künstliche Auslese durch die aktive Entscheidung der Organismen, die mit dem Selektionsgesetz an sich nichts zu tun hat. Dieses würde sich vielmehr darin äußern, dass in einem schlechten Kleejahr die Katzen weniger Junge kriegen und dadurch selektiert werden. Das ist ein Moment, das die Literatur zur

Selektionsfrage noch gar nicht aus dem Gesamtkomplex der Fragen herausgeschält und genügend beachtet hat. Die Entscheidung, soweit er sich in der Natur äußert, nimmt auf eigene Faust Auslesen vor und kompliziert und stört so autoteleologisch das passiv-selektive Weltgeschehen. Indem die aktive Entscheidung stets auf ein Objekt gerichtet erscheint, ist diese ja bereits dem innersten Wesen seiner Funktion nach selektorisch.

Hinter Schopenhauers Annahme eines allgemeinen Willens in der Natur, steckt — aus seinem Beweismaterial ist es wohl ersichtlich — die Ahnung des Weltselektionsgesetzes, dessen Wirkungen er vielfach in seine Willensbegriffe verkleidet. Einmal darauf aufmerksam geworden, bemerkt man, dass die Rezeptoren oder Sinnesorgane die Organe dieser Willensselektion sind. Indem ich einen Gegenstand ins Auge fasse, habe ich ihn selektiert, jeder Ton, den ich unterscheide, ist eine Selektion aus vielen — ja im Begriff „unterscheiden" verrät mir schon die Sprache die Mechanik meiner dabei stattfindenden Auslesen. Natürlich muss das auf die Sinnestätigkeit hin in Tätigkeit gesetzte Denken und Erkennen dann ebenso selektiv beschaffen sein. „Denkbar" ist ein Wort, das nur in diesem Sinn verstanden werden kann. Unsere Seinsbeschaffenheit selektiert bereits die Umwelt; unser Erkennen ist seinem Wesen nach ein Herausheben nur gewisser Elemente aus dem gesamten Weltkomplex. Nur durch Selektion bilden wir den Begriff Naturgesetz.

Da die Selektion nicht nur die Vorbedingung für die Erkenntnis der Naturgesetze ist, sondern auch für das naturgesetzliche Geschehen selbst, ist die Selektion die Voraussetzung alles Weltgeschehens.

> *Selektion gehört zur Einrichtung, zu den Vorbedingungen der menschlichen Erkenntnis überhaupt; sie gehört zu den Eigentümlichkeiten der biozentrischen Erkenntnisfähigkeit. So ist sie eine Funktion, die nach einem Optimum strebt, und als Biotechnik ausgeübt wird, die von uns und von allem, teleologische (d. h. zweckmäßige) Zusammenhänge herstellen kann.*

Unsere Psyche arbeitet so gut wie jede andere Person im Weltsystem in einem egozentrischen Sinn der mechanischen Panselektion entgegen. Es ist ihre Aufgabe, die Ungleichheiten auszugleichen, die Nachteile, die durch Vererbung oder Umweltänderung eintreten, zu vermindern, indem sie auf biotechnischem Wege „Anpassungen" schafft, vor der Selektion die Punkte beseitigt, an denen diese angreifen könnte; es ist mit Hilfe von Sinnesorganen, Empfindungen, Vorstellungen und deren Verknüpfung ihr Zweck, sich über mögliche Gefahren zu orientieren, damit die Selektion sabotiert werden kann. Darum selektiert sie selber in einem nach einem Optimum strebenden Sinn.

Man werfe nun einmal mit diesen Gedanken im Kopf einen Blick auf das Menschenleben, einen auf das Gebaren von Tier und Pflanze. Selekteure sind wir alle jeden Tag mit jeder Tat und jedem Schritt. Da eilen die Abiturienten zur Prüfung. Sie werden selektiert auf die Eignung als künftiger Akademiker und Beamter hin. Unsere Freundin heiratet nach langem Suchen und Schwanken. Sie wäre entrüstet, wollte man ihres Herzens Nöte und Freuden so gefühllos benennen, trotzdem hat sie nichts anderes getan; indem sie unter drei Bewerbern endlich einem den Vorzug gab, hat sie geschlechtliche Zuchtwahl getrieben.

Jeder, der diese Zeilen liest, kritisiert sie nach seinem Verstand; was tut er dabei? Er selektiert das ihm brauchbar Erscheinende und gibt danach dem Buch Dauer in seiner Umwelt, oder er beachtet es nicht weiter, es existiert dann für ihn nicht mehr.

Was ist Forschung und Wissenschaft überhaupt? Ein stetes Durchsuchen der Welt nach „brauchbaren" Zusammenhängen und Tatsachen zum Aufbau eines gewünschten Systems.

Was macht der Kaufmann und sein Kunde? Beide wenden ständig das Selektionsgesetz an, sollten es daher kennen. Der Kaufmann selektiert seine Angestellten auf Eignung, seine Lieferanten, den Markt seiner Erzeugnisse, die Ware; sein ganzes Talent besteht überhaupt nur in selektiven Fähigkeiten, der Kunde aber wählt den Kaufmann und seine Ware in einer Gegenselektion nach anderen Gesichtspunkten.

Der Rechtsanwalt liest im Tatsachenmaterial seines Falles die wesentlichen Züge aus, er gruppiert ihn danach (darum haben ja beide Gegenanwälte Argumente und zumeist beide auch richtige vorzubringen), dann selektiert er das Gesetzbuch auf die zusagenden Paragrafen.

Das gesamte bürgerliche Leben ist nichts als eine fortgesetzte Anwendung der Selektionsgesetze. In ihm sticht namentlich noch eine Form dieser Betätigung besonders hervor, sie möge uns daher noch einen Augenblick Geduld abringen. Das ist die Selektion des Künstlers.

Gerade das Kunstschaffen hat in verschiedenen Zeiten seiner Selbstbesinnung und überwiegend im Expressionismus von sich geglaubt, es sei ganz auf seine eigene, innere Autonomie gestellt, von göttlicher Freiheit und den Weltgesetzen entrückt. Aber noch nie ist ein Kunstwerk zustande gekommen, wenn es nicht auf das Genaueste den Weltgesetzen gemäß erschaffen wurde und ihnen entsprach. Zu diesen gehört auch die Selektion, mag sie den Künstler bei seinem Schaffen noch so unbewusst leiten. In jedem Kunstwerk wird eine Welt aufgebaut; entweder, indem man versucht, Abbilder der „wirklichen", d. h. der Welt der Sinneseindrücke in Wort, Formen, Farben oder Tönen zu schaffen oder aber ein verfremdetes Abbild der inneren Welt des Künstlers wiederzugeben. Stets ist die Schöpfung ein komplexes System, kann daher der Gesetze dieser Systeme nicht entraten. Zu ihnen gehört während des ganzen Schaffensprozesses die Selektion. Sie ist es, die in den ausgezeichneten kunsttheoretischen Analysen R. H. M. Holzapfels, als die Exklusion bezeichnet wird.

Und ähnlich wie der menschliche Intellekt, arbeitet auch jeder andere Organismus bis hinab zu dem aller einfachsten. Es hat seinerzeit in der Biologie großes Aufsehen erregt, als man bei Amöben, Flagellaten und sonstigen Infusorien die Fähigkeit der Nahrungswahl entdeckte. Monas amyli, ein winziges Geißelzellchen, durchzieht die Welt seines Wassertropfens rastlos. Hundert essbare Dinge stoßen ihm auf; es verschmäht sie alle, aber Stärkekörner, die es findet, werden sofort angenommen. Von ihnen allein lebt diese Monade. Vampyrella Spirogyrae bohrt Grünalgen an. Aber es vermeidet alle bis auf die Spirogyra-Arten. Gewisse Bakterien lassen sich nur durch Apfelsäure locken, andere nur durch Zitronensäure. Der Begriff der „elektiven Ernährung“ ist den Biologen seitdem längst geläufig. Das ist nebenbei gesagt, ein Beweis, dass auch den einfachsten Lebewesen das

„urteilende Prinzip“, diese selektive Fähigkeit par excellence, nicht abgeht.

Die Pflanzen zeigen sie in ihrem Wurzelleben genau so wie die Einzeller. Selektion spricht sich aus in der Bewegungswahl, die sie, die Bewegungsunlustigen, mit größter Bedächtigkeit ausführen. Ein Beispiel für die Bewegungswahl ist das Wintergrün (Pyrola, Abb.4.7). Die später so mächtig auswachsenden Griffel entwickeln sich früher als die anderen, die Blüte ist also protogyn (= hat unterschiedliche Reifezeitpunkte). Wenn aber die Befruchtung unterbleibt, dann erfolgt eine Bewegungswahl der Staubfäden, um der Selektion vorzubeugen. Ein Staubfaden krümmt sich über die Narbe und führt autogamisch die Befruchtung aus.

Eine andere Art von „Bewegungswahl“ vollführt der Griffel in der Blüte des Fingerhutes (Digitalis). Die Blüte ist diesmal proterandrisch (zwittrig), und die Wahl liegt in dem Rhythmus der Wachstumsbewegungen. Die Staubfäden wachsen rasch und entfalten sich, während der Griffel ohne merkliches Wachstum bleibt. Erst wenn jene ausgeblüht haben, beginnen seine Wachstumsbewegungen und die Entfaltung. Auch in diesem Fall wird der Selektion vorgebeugt; würde nämlich die Pflanze nicht so handeln, dann käme es zu einer Selbstbefruchtung, die erfahrungsgemäß auf die Dauer wachsende Sterilität nach sich zieht. Im obigen Beispiel wurde die Autogamie (= Selbstbefruchtung) erzwungen, in diesem wird sie verhindert, es wählt also die Pflanze von Fall zu Fall das Mittel, um der Selektion zu entgehen. Sie übt eine Auswahl. In der gesamten Blütenbiologie kehrt aufseiten der Pflanze die gleiche Sachlage und Handlungsweise wieder; vonseiten der Insekten, Vögel und Schnecken aber wird die Selektion wieder in einer so zielbewussten Weise geübt, dass sie seit Langem als das Musterbeispiel aller selektiven Biotechnik gelten.

Seitdem der deutsche Schullehrer Sprengel unter dem eisigen Schweigen der Zeitgenossen die Befruchtung der Blüten durch Insekten entdeckte, hat sich hieraus eine umfangreiche Zweigwissenschaft entwickelt, deren Beweismaterial viele Tausende von Fällen umfasst. Ganz zielbewusst suchen Bienen, Hummeln und Falter bestimmte Lieblingsblumen auf (man denke nur an den Hummel-

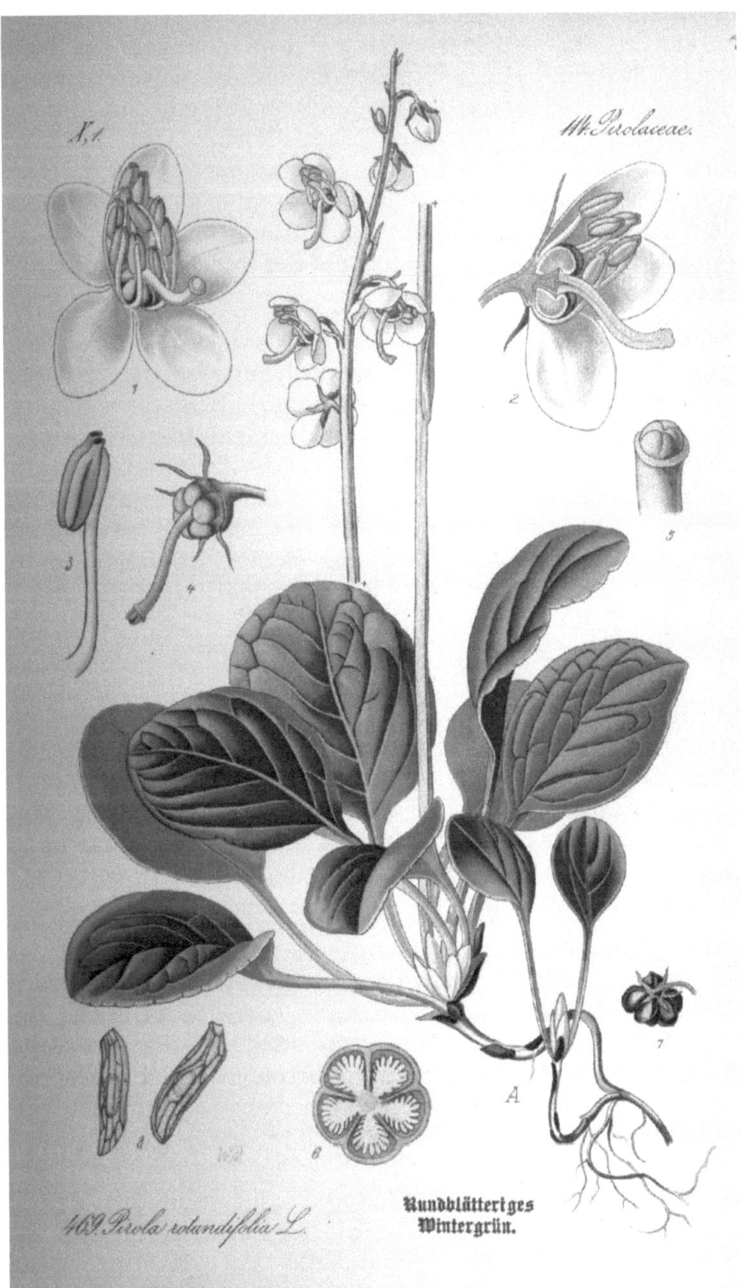


Abb. 4.7: Wettbewerb der Blütenentwicklung bei einer Pyrola rotundifolia.

und Bienenbesuch von Klee und Linde), die sich auch wieder an sie in den wunderlichsten Formen angepasst haben, durch Farben, Honigsporne, Einstäubungsvorrichtungen, Düfte der herrlichsten und der ekelhaftesten Art (der faule Uringeruch des blühenden Efeus), nur um ihnen die Selektion zu erleichtern. Das geht so weit, dass z. B. aus ihrer Heimat entfremdete Pflanzen wie die Vanille in unseren Glashäusern mangels ihrer gewohnten Befruchter so lange keine Frucht ansetzten, bis sich der Mensch zu ihrer Bedienung bequemte.

Wenn die Selektionslehre glaubt, dass durch diese Wahltätigkeit der Insekten die Blumenwelt ihre heutige Schönheit, den Farbenschmelz und den Wohlgeruch erworben hat, so muss kritische Besinnung den Entscheid hierüber von der genauen Kenntnis des „Weltbildes der Insekten“ abhängig machen. Jedenfalls aber selektieren die Insekten nach ihren Trieben, und die Blumenwelt ist ein Spiegelbild des Insektengeschmacks. Eine von der aktiven Entscheidung und dem Weltbild der Tierseele (dem informationsverarbeitenden Teil des Regulationssystems) abhängige Zuchtwahl üben auch alle Männchen aus, die sich auf die Brautschau begeben, und alle Weibchen, die ihre Huld verschenken. Darwin wusste das, und in seiner Theorie der „geschlechtlichen Zuchtwahl“ hat er die Tatsache vielleicht sogar überschätzt. Erstaunlich ist dabei, wie man die so leicht erkennbare Tatsache, dass hierbei nicht das mechanische Gesetz bloßer Ausmerzung des nicht Optimalen waltet, sondern die speziellen Triebe bzw. Bedürfnisse der betreffenden Tiere, so völlig übersehen konnte.

Der sexuelle Dimorphismus, die Zwiegestalt der Geschlechter, bald sehr wenig ausgesprochen wie bei den Fröschen, beinah aufs Höchste ausgeprägt, wie beim Hirschkäfer (Lucanus) (Abb. 4.8) oder den Paradiesvögeln, wird bei vielen von ihnen zur Paarungszeit noch gesteigert. Diese Erscheinung beschränkt sich nicht etwa auf die Hochzeitskleider von Fischen und Molchen, sondern ist auch bei niederen Krebsen vorhanden, ja selbst im Pflanzenreich ist sie nicht unbekannt. Wenigstens sieht man zur Zeit der Fortpflanzung selbst an Windblütlern, wie z. B. der weiblichen Haselblüte, das prachtvolle Rot, das im ganzen Lebensbereich die Herzensfarbe der Sexualtriebe ist. Diese „Schönheit“ scheint ihren Ursprung also in inneren Er-

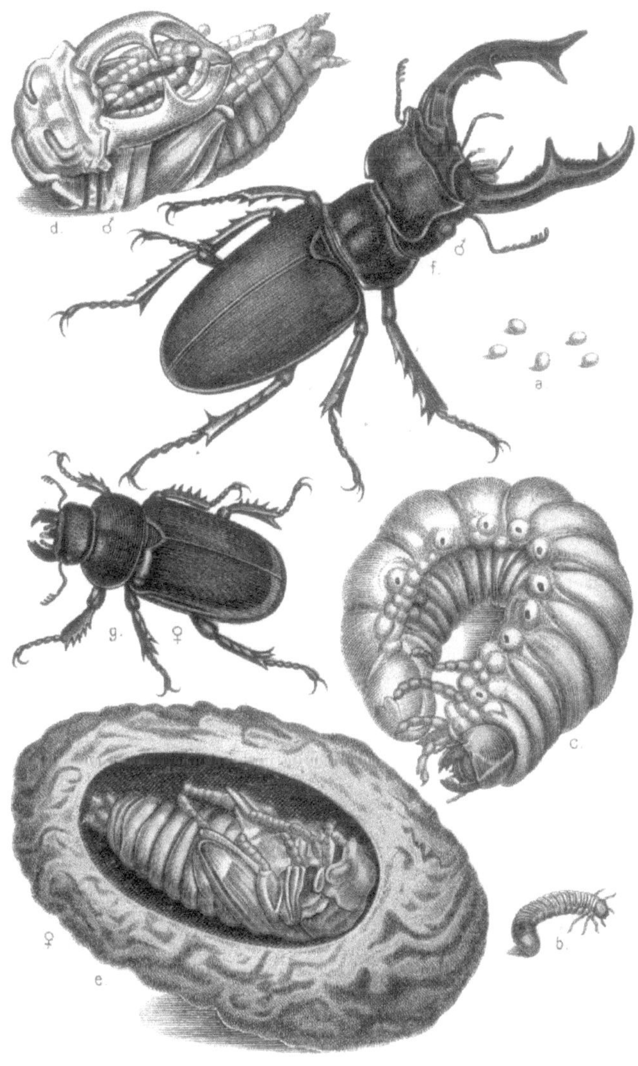


**Lucanus cervus L., Hirschkäfer.** a) Eier, b u. c) Larven, d u. e) männl. u. weibl. Puppe, letztere im geöffneten Cocon, f u. g) Männchen u. Weibchen. (Kopie nach Taf. IV im 2. Band der „Insekten-Belustigung" von Aug. Joh. Rösel von Rosenhof. Nürnberg, 1749.)

Abb. 4.8: Die Metamorphose der Insekten

regungszuständen, vielleicht in den erotisierenden Hormonen der Organismen zu besitzen.

Bekanntlich ist auch der Mensch diesem sexuellen Dimorphismus unterworfen; das männliche Geschlecht zeichnet sich durch Größe, Körperkraft und die nach der Pubertät sich meldende Bartbildung aus, das weibliche durch die (in ihrer Entstehungsursache noch unerklärten) Brüste, die langen Haare und den zarteren, rundlichen Bau. Und tatsächlich spielen diese Momente bei der Paarungswahl auch eine sehr bedeutende Rolle. Der erotische Schönheitsbegriff hat sich nach ihnen gebildet, und dass schöne Mädchen mehr umworben werden als reizlose, ist eine Binsenwahrheit. Dass aber die schönen Mädchen und noch mehr die schönen Männer nicht gerade unbedingt mit dem Begriff Menschheitsoptimum zusammenfallen, braucht ebenso wenig zergliedert zu werden. Und genau so ist es in der Tierwelt auch. Die Geschlechter regen sich an diesen Merkmalen zur Begattung an, das ist alles.

Nur bei einigen höheren Tiergattungen, den Hirschen, den Auerhähnen und derlei hat man sich überzeugt, dass unter den vor einem Parterre von Weibchen kämpfenden oder tanzenden oder sich als Rezitator (Laubenvögel) produzierenden Männchen ausgewählt wird, aber für gewöhnlich nimmt jedes Weibchen den Mann an, der sich ihm zur Paarungszeit nähert. Und man wird doch nicht im Ernst behaupten wollen, dass der beste Balzer oder Tänzer oder Sänger oder der bunteste Paradieshahn der „Zweck“ im Wallen eines Naturgesetzes sein könne. Die geschlechtliche Zuchtwahl ist nichts als einer der vielen Beweise, dass auch die Tiere selektieren können, aber sie ist von keiner größeren Bedeutung.

Was nun die Tiere so vielfältig können, das hat auch der Mensch von je geübt. Nicht nur in den nun schon zur Genüge erörterten Beziehungen, sondern auch an Tieren und Pflanzen, die er sich in bestimmter Hinsicht heranzüchten wollte. So wie Wissen und Schaffen eine selektive Biotechnik ist, so sind auch die Besonderheiten der Tiere und Pflanzen, mit denen sich der Mensch umgibt, kein Natur-, sondern ein Zivilisationsprodukt, entstanden durch künstliches Auswählen und dadurch am Leben Erhalten der von ihm gewünschten Eigenschaften.

Legte ein Schafzüchter besonderen Wert auf feine Wolle, so suchte er mit rastlosem Bemühen aus den Herden Böcke und Schafe, die das zarteste Vlies besaßen, und kreuzte sie. Nach der Mendelregel waren dann Kinder zu erwarten, welche ebenfalls zarte Wolle tragen. Indem er das Verfahren fortsetzt, kann er Rassen von erstaunlich hoher Einseitigkeit heranzüchten. Oder er kann auf Mastfleisch hin selektieren oder auf Hornlosigkeit; kurz, man hat auf diese mühsame, aber einfache Art aus wild wachsenden Gräsern und Sträuchern Getreide, Zuckerrüben, Gemüse, Zentifolien, aus wilden Tieren den Haushund, die Rinder, die hunderterlei Taubenrassen, Geflügel, kurz einen großen Kreis von Gefährten herangezüchtet, ein Kulturprodukt an die Stelle der Natur gesetzt. Den Entscheid, welche Eigenschaften und wie viel Rassen man „auslesen" konnte, fällte dabei natürlich nicht der Mensch, sondern es fällten ihn die Tiere und Pflanzen selbst. Daher gibt es z. B. von der Hausgans nur ganz wenig Rassen, umsomehr aber von den Hunden oder den Kanarienvögeln; die Hausgans ist kaum variabel, die anderen umso mehr.

Dieses Verfahren hat Darwin wohl gekannt und geübt und in Gedanken auf die Natur und die ganze Welt übertragen. Ohne Bedenken stellte er einen Begriff „Natürliche Zuchtwahl" auf, den er identisch nahm mit der künstlichen Zuchtwahl der Züchter.

Es entging seiner Bedachtsamkeit dabei, dass alle „gezüchteten" Tiere einseitige Geschöpfe sind, deren Organismus wohl trachtet, die gestörte Harmonie ihres Eigenschaftskomplexes regulatorisch wieder herzustellen, weshalb auch, wie jeder Züchter weiß, die „Rückschläge" (Atavismen nannte man sie missverständlich) auf die Stammesart umso beharrlicher und häufiger sind, je höher gezüchtet die Art ist, dass es ihnen aber nicht gelingt, die volle Harmonie wieder zu gewinnen, weshalb alle seit alters her bekannten Kulturpflanzen und Kulturtiere höchst empfänglich für Krankheiten und so wie der Mensch kaum jemals robust gesund sind. Der Weinstock, die Zuckerrübe oder das Rind sind gute Beispiele hierfür; die ersteren zwei sind diejenigen Pflanzen, welche von den meisten Pflanzenkrankheiten befallen werden, wie denn auch das Getreide unter epidemischer Erkrankung durch den Getreiderost leidet; die Kuh dagegen nimmt sogar bereits an der sinkenden Fruchtbarkeit und den Erschwerungen des Gebäraktes, die im Menschengeschlecht üblich sind, teil.

Aber auch abgesehen von dieser unzulässigen Übertragung einer menschlich unvollkommenen Technik auf das gesamte Naturgeschehen und dem Übersehen der Tatsache, dass jede irgendwann vorkommende, allzu scharfe Selektion korrigiert wird im Sinne des Ausgleiches, steckte in den darwin-wallaceschen Gedankengängen noch eine Täuschung, welche die nachfolgende Kritik auf das Schärfste herausgearbeitet hat. Das ist der Irrtum, als ob die künstliche Zuchtwahl etwas Neues erzeugen könnte, dazu bedarf es nämlich noch zweier weiterer Evolutionsprozesse (vgl. S. 180). Mit einer bemerkenswerten Unreinheit des Denkens setzten diese Engländer, die das spitze Epigramm, mit dem Nietzsche sie bedachte, wohl verdienen, allein den Zufall als schöpferisches Prinzip in die Selektionstheorie ein und zwingen dadurch, im Namen des Selektionsgesetzes sich auf das Entschiedenste dagegen zu verwahren.

Die auch von Haeckel übernommene Darwinsche Selektionslehre nimmt an, dass alle Nachkommen eines Elternpaares untereinander und gegen die Eltern ungleich sind. Das ist eine Beobachtungstatsache; ihre Beachtung entspringt auch dem richtigen Gefühl dafür, dass Selektion immer nur in heterogenen Systemen ihre Angriffsfläche findet. Aber die Selektionisten täuschen sich über die Tragweite dieser Veränderlichkeit. Sie machten die willkürliche, daher unzulängliche Annahme, dass alles das, was sie erklären wollten, nämlich die verschiedenen Eigenschaften, schon da seien als zufällig entstandene Abänderungen in der Nachkommenreihe, die nun die Selektion im Sinn des Optimalen nur mehr heraus zu isolieren braucht. Und das ist falsch. Dieses Irrtums halber bekämpfte man und kritisiert man noch heute die Selektionslehre der Darwinisten. Und auch die objektive Denkungsart wendet sich davon ab und weiß sehr wohl, dass Selektion in dem Sinn ein ohnmächtiges Prinzip sei, weil sie nur Bestimmungen über die Erhaltung des im Sinne der Weltgesetze Liegenden trifft, nicht aber selbst der Schöpfer der Welt ist.

Für den aber haben sie die Materialisten gehalten, die eine Generation hindurch triumphierend verkündeten, nun sei es verständlich geworden, wie die Welt, wie der Geist entstanden sei. Sie seien aus der Nichtwelt, also dem Nichts, aus dem Nichtgeist, also dem Unsinn rein mechanisch herausselektiert worden.

Das ist heute längst und schon vor der objektiven Philosophie berichtigt worden. Erstens hat die Mendelregel gezeigt, nach welchem Gesetz die kleinen Abänderungen der Nachkommen sich verteilen, und woher sie stammen. Sie deckte das Würfelspiel der Vorfahrenmerkmale auf. Andererseits aber haben höchst mühsame und gewissenhaft ausgeführte Untersuchungen — die Namen Johannsen[15], Galton und Quetelet, ein Däne, ein Engländer und ein Belgier stehen darin an der Spitze — erwiesen, dass diese kleinen Abänderungen in langen und reinen (d. h. nicht durch Kreuzung verwirrten) Fortpflanzungsreihen wieder verschwinden. Man bezeichnete sie deshalb als Fluktuationen, weil sie die unveränderlichen Typen gleichsam umtanzen (vgl. Abb. 4.9) in einem Reigen, der sich niemals ändert.

Wenn man die soeben genannte Abbildung studiert, ist sie der Niederschlag folgender Beobachtungen. Man denke sich einen beliebigen Pflanzen- oder Tierbestand, eine „Population", wie das die Selektionstheoretiker nennen, und wir untersuchen nun die vorhandenen Abänderungen, z. B. an einer Ernte weißer Bohnen die Samen mit schwarzen Flecken. Wir werden bald Varianten finden, die wir nun der Größe nach geordnet in eine Variationsreihe einordnen. Bald stellt sich dann heraus, und das ist bei allen variationsstatistischen Untersuchungen so, mögen sie sich auf was immer beziehen, dass es bestimmte Variantengruppen gibt, von denen einige sehr zahlreich sind. Diese nennt man die „Mode" der betreffenden Abänderung (z. B. Schuhform, die „man" trägt), wobei die Formen, die zwischen den Extremen den „Mittelwert" halten, sich sehr häufig mit der Mode decken. Je extremer die Abweichungen sind, desto seltener sind sie auch.

Dieser Erfahrungskomplex wird unter dem Namen des Queteletschen Gesetzes begriffen. Man hat es bestätigt gefunden an der Fruchtlänge von Pflanzen, an den Kleidermoden, am Hirngewicht des Menschen, in der Häufigkeit von

15 Der dänische Botaniker und Genetiker **Wilhelm Johannsen** (1857 – 1927) prägte den Begriff „Gen" als Träger der Vererbung.

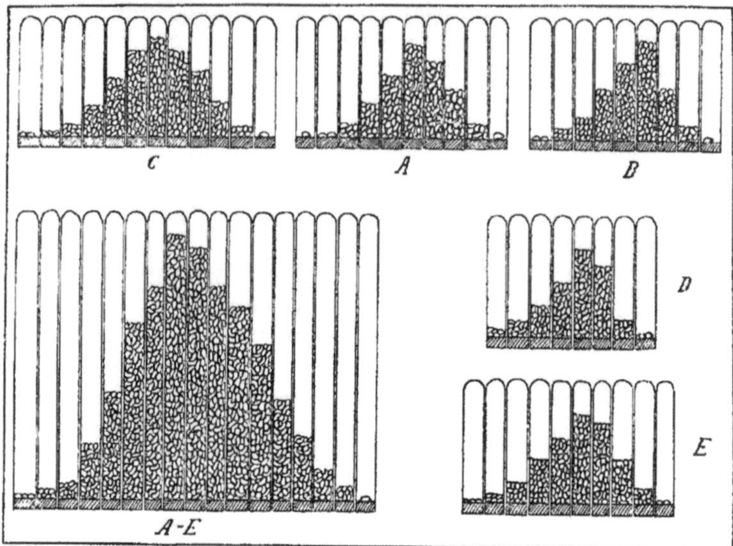


Abb. 4.9 Diagramm von fünf reinen Linien (A, B, C, D, E) einer Bohnenrasse, die in Probierzylinder sortiert sind nach den Merkmalen. Jedes Merkmal zeigt dieselbe Variationskurve. Die Bohnenreihe A—E ist eine aus der Summe der fünf reinen Linien gebildete Population, deren Variantenverteilung mit der der reinen Linien übereinstimmt. Die Variation hebt sich aber wieder auf und führt zu keiner dauernden Änderung der Eigenschaften. (Nach Johannsen)

mathematischen Fehlern [Gaußsches Fehlergesetz, ausgedrückt durch die binomische Formel $(a + b)^n$], kurz, es hat sich als allgemeines Charakteristikum des Seins erwiesen. Die Ergebnisse solcher variationsstatistischer Untersuchungen, aufgetragen auf ein Koordinatensystem, wobei die Werte auf die Abszisse, die Zahl der untersuchten Individuen auf den Ordinaten eingetragen sind, ergeben Kurven wie die dargestellte, die meist symmetrisch sind und nur einen Gipfel aufweisen. Sie machten das je nachdem schreckliche oder tröstliche Resultat sinnfällig, dass das Mittelmäßige in allem die Majorität hat, also das Sein bestimmt.

Johannsen wählte nun aus solchen reinen Populationen von Bohnen einzelne aus, befruchtete sie mit sich selbst (um eben Kreuzung zu vermeiden) und unterwarf ihre Nachkommen wieder der variationsstatistischen Prüfung. Wieder ergab sich eine entsprechende, natürlich kleinere Kurve. Und so lässt sich der ganze Bestand in solchen Kurven weiterzüchten, die zusammengenommen wieder die große Galton-Kurve ergeben.

Wenn man also die Selektion in einer Richtung konsequent fortsetzt, werden die Variationsmöglichkeiten immer geringer (gemäß dem galtonschen Rückschlaggesetz), niemals wird Selektion eine Steigerung der Variabilität hervorrufen. Sie liest eben nur das Vorhandene aus, aber sie schafft nichts Neues. Sie arbeitet rein negativ. Damit war auf mathematisch exakte Weise bewiesen, was sich die Logik schon längst sagte, dass die darwinsche Selektionstheorie modifiziert werden muss. Nicht die Selektion allein bereichert die Welt der Organismen an Merkmalen, das tun nur die Mutationen, und diese entstammen dem Innenleben. Und bei der Mutation handelt es sich um eine eigene Art der Naturgesetzlichkeit, deren weitere Ausführung allerdings den Rahmen dieses Textes sprengen würde.

Der Begriff des Selektionsgesetzes muss einen anderen Inhalt haben, als ihn die materialistische Generation prägte. So rundet sich nun dieser Gedankengang zu Einsichten, die jeder Kritik standhalten, weil sie nichts als eine Beschreibung des in allem Geschehen Wiederkehrenden sind.

# 5 Resumee

Im anfänglichen Kapitel haben wir gesehen, wie die Philosophen und die Wissenschaftler sich Jahrtausenden mühten zu einem einheitlichen Weltbild zu gelangen, bis es schließlich insoweit einen prinzipiellen Fortschritt und einen Durchbruch zur heutigen Auffassung gab, dass die Naturwissenschaft den Standpunkt des naiven Realismus verlassen hat und mit der Möglichkeit rechnet, das, was sie erkennt, sei gar nichts Endgültiges und Wirkliches.

Diese Erkenntnis ist insoweit ein gewaltiger Fortschritt, als dadurch der Weg frei war für die Gewinnung neuer Erkenntnisse und diese fielen dann auch reichlich an, nämlich so, wie sie im Kapitel 3 „-Das offensichtliche Wirken von Gesetzen der Natur -" beschrieben wurden.

Doch die dort dargestellte physikalische Welt ist nicht die ganze, obwohl sicher überall in unserer Welt Physik wirkt. Und so stellten wir im Kapitel 4 „- Geheimnisvolle Prozesse in den Systemen der Natur-" fest, dass kaum etwas in der Welt dauernden Bestand hat, alles irgendwie im Fluss ist und in beständiger Änderung. Was sind die Ursachen?

Wir sahen, dass nicht einfache Naturgesetze, sondern ganze Prozesse, auch informationsverarbeitender Art, für die Unbeständigkeit verantwortlich sind. Die Prozesse enthalten Funktionen, die wir als Naturgesetze ansehen und diese streben offensichtlich ein Optimum an, das in Harmonie mit der Umgebung und der Welt steht. Solange das Optimum nicht erreicht ist, gehen die Prozesse weiter. Harmonie scheint das Ziel dieser Prozesse zu sein, und das führt letztendlich zu einer aussiebenden Wirkung, deren Funktion wir kurz als das Selektionsgesetz bezeichneten und die Ausführung des Gesetzes durch Prozesse einfach als Selektion.

Wir stellten dann fest:

> *Die Grundbedingung einer aussiebenden Wirkung ist Ungleichheit der Eigenschaften. In homogenen Systemen stellt sich keine Selektion ein.*

Aus den Betrachtungen ergab sich, dass eigentlich jedes Naturgesetz (jede Funktion der Natur) selektive Wirkung hat. Das „selektive Prinzip" muss also noch vor den Naturgesetzen existieren. Unter anderem sahen wir auch, dass das gesamte Pflanzenleben unmöglich wäre, wäre es nicht auf den Grundgesetzen des in der Osmose verborgenen Selektionsprozesses aufgebaut. Diese Aussage bedeutet letztendlich, dass es ohne Selektion kein Leben auf der Welt gäbe. Selektion ist Teil des Urgrundes vom Sein.

Das Selektionsgesetz, wie es in diesem Text verstanden wird, unterscheidet sich allerdings vom darwinschen Selektionsgesetz, denn das letztere muss für seine evolutionäre Wirkung noch um die Prozesse „Mutation“ und „Rekombination“ (vgl. S. 180ff) ergänzt werden. Wir haben dagegen in dieser Schrift, die Funktionen eines kompletten evolutionären Prozesses unter dem einen Begriff „Selektionsgesetz“ zusammengefasst.

Bei der Anwendung des Selektionsgesetzes auf die Biologie sahen wir, dass Lebewesen, und zwar schon die einfachsten Lebensformen, fähig sind, aktive Entscheidungen zu treffen, die dem blinden Walten des Selektionsgesetzes entgegenwirken. Die Fähigkeit der Nahrungsauswahl, d. h., der „elektiven Ernährung“ gilt als ein Beweis, dass auch die einfachsten Lebewesen selektive aktiv wirkende Fähigkeiten, nämlich das „urteilende Prinzip“ besitzen.

Aber nicht nur die niedersten Tiere, auch die Pflanzen scheinen zur aktiven Entscheidung fähig, wie etwa das Beispiel des Wintergrüns (siehe Abb. 4.7, S. 197) zeigt.

Unbestreitbar ist die Verschiedenheit der Individuen in Bezug des Erreichens ihres Optimums auf jeder Integrationsstufe des Seins, soweit sie sich noch zu komplexen Systemen zusammenschließen. Unbestreitbar ist auch die Tatsache, dass je nach dem Grad, in dem ein Seiendes dem bestmöglichen Sein näher steht, es mehr Aussicht auf Dauer hat. Der bessere Schwimmer wird sich länger auf dem Wasser halten können als der schlechte, das härtere Gestein ist widerstandsfähiger als das weiche gegen die Abnützung, das den Menschen mehr bietende Buch bleibt länger im Gebrauch als das unverständliche oder rasch veraltende. Es bestimmt also der Grad, wie gut das Optimum erreicht wird, die Dauer. Das ist zwar kein zwingender Schluss, aber eine Erfahrungstatsache von, wie in diesem Abschnitt gezeigt wurde, so allgemeiner Bestätigung, dass sie zur praktischen Gewissheit wird.

Eine notwendige Konsequenz dieser Tatsache aber ist, dass schon durch das bloße Walten der Zeit infolgedessen nicht alles in einem gegebenen Erlebnismoment Vorhandene erhalten bleibt. Die Welt zerfällt in eine Stufenfolge von Dauerhaftigkeiten, deren Gesetz lautet: Die Dauer regelt sich nach der Annäherung an das Optimum alles Seins an die Harmonie der Welt. Nur diese letzte Seinsform hat absolute Dauer. Das verstehe ich unter Selektion. Da aber das Optimum durch Prozesse und den enthaltenen Funktionen erreicht wird, so bestimmt deren Art über die Dauer der Seinsstufen und eine Funktion ist im Zusammenhang mit der Natur nichts anderes als das, was wir als Naturgesetz bezeichnen.[16]

Soweit in den Funktionen Wahlfähigkeit, also ein Intellekt sich ausspricht, ist es diesem Intellekt anheimgegeben, die Funktionen des Individuums in der Richtung auf längere Dauer und Reibungslosigkeit zu regeln.

Da der Mensch diese Wahlfähigkeit wenigstens teilweise besitzt, liegt es in seiner Hand, sich jeweils so zu verhalten, wie es dem jeweiligen Optimum seiner Situation entspricht. In den unbewussten Funktionen wird das Optimum ohnedies nicht unbegrenzt aufrechterhalten, ebenso veranlasst der nicht absolut harmonische Zustand der Umwelt oft genug Störungen, die dem System ebenfalls ein Ende bereiten können. Wenn aber auch die wählbaren Handlungen gegen das Optimumgesetz gerichtet sind, treten Entwicklungen und Änderungen ein, die entweder das Handeln wieder optimal gestalten oder die Dauer des Lebens abkürzen.

So ist es in des Menschen Hand gegeben, entweder durch sein Handeln und Wirken das Weltoptimum, die große Harmonie ihrer Verwirklichung näher zu führen oder deren Werden zu verzögern. Im letzten Fall gerät er in widersinnige Bewegung zur allgemeinen Richtung des Weltgeschehens, und der Teil zerreibt sich am Ganzen. Im ersteren Fall wird der Mensch nach einem zwar nicht absolut, aber relativ weit reibungsloseren Dasein auch nach dem Zerfall seiner Integrationsstufe einen für jedes weitere Sein günstigeren Weltzustand vorfinden.

---

16 vgl. Schlick, M. u. Sedlacek, K.-D., *Naturphilosophie: Das Wesen von Naturgesetzen und die Erklärung des Lebens;* Norderstedt (2015); S. 15.

So ist er eingeordnet in ein System, das durchgängig die Dauer alles Geschehens nach dessen Annäherung an die Weltgesetze sortiert. Selektion thront wie ein gerechter und unbestechlicher Richter über der Welt und duldet nur das im Sein, was den Gesetzen dieses Seins gemäß ist.

# BUCHTIPPS

Abrupte Klimaschwankungen seit 2000 Jahren

Lokale und kosmische Ursachen eines Klimawandels. Herausgeber: Sedlacek, Klaus-Dieter (Hrsg.). Innerhalb der letzten zwei Jahrtausende sind verschiedene abrupte Klimaschwankungen nachweisbar. Der fortwährende Wandel des Klimas verzeichnete allein fünf große Klimaepochen und zahlreiche ...

Allgemeine moderne Psychologie

Allgemeine moderne Psychologie Systematische Einführung in die Wissenschaft psychischer Prozesse Autor: Messer, August Man hat mit Recht drei Hauptwurzeln der Psychologie unterschieden: die praktische Menschenkenntnis, den religiösen Seelenglauben und die biologische Lebenserklärung. Psychologie als ...

Anleitung zum Roman-Schreiben

Wie man anfängt, einen Plot entwickelt und eine gute Geschichte erzählt. Autor: Wilde, Oliver J. Sie wollen einen Roman schreiben? Das ist toll! Aber begnügen Sie sich nicht damit, nur einen Roman ...

Äquivalenz von Information und Energie

Die Grundbausteine der Welt – Neuausgabe – Autor: Sedlacek, Klaus-Dieter. „Es stellt sich letztendlich heraus, dass Information ein wesentlicher Grundbaustein der Welt ist", versicherte der durch sein Quantenteleportationsexperiment bekannte Prof. Zeilinger in ...

Besseres Gedächtnis

Wie man es stärkt, trainiert und einsetzt. Autor: Atkinson, Wilhelm Walker. Viele Menschen scheinen zu glauben, dass Erinnerungen einfach kommen und nicht gefördert werden können. Aber der Trugschluss einer solchen Vorstellung wird ...

Der erdgeschichtliche Klimawandel

Den wahren Ursachen von Klimaschwankungen auf der Spur. Autor: Wilhelm Bölsche , Klaus-Dieter Sedlacek (Hrsg.). Der Klimazustand während der letzten Jahrhunderttausende ist im Wesentlichen auf den Einfluss von Sonneneinstrahlung zurückzuführen, die ...

Der verborgene Mechanismus des Weltgeschehens

Der verborgene Mechanismus des Weltgeschehens Neue Erkenntnisse über die Gestalten biotechnischer Systeme der Welt Autoren: Sedlacek, Klaus-Dieter; Francé, Raoul H. Seit Jahrtausenden ist die Menschheit bestrebt, die Welt, in der sie lebt, erkennen ...

Die geheimnisvolle Kultur der alten Kelten

Von Druiden, Fürstensitzen und der Lebensart unserer frühgeschichtlichen Vorfahren. Autor: Grupp, Georg Die Kelten zeichneten sich aus durch hohes handwerkliches Können, Handelsbeziehungen bis in den Süden Europas und tollkühnem Mut, der den ...

Die Kultur der Azteken

Mit einem Anhang Große Landesausstellung Baden-Württemberg „Azteken" im Lindenmuseum. Autor: Prescott, William. „Von dem ganzen ausgedehnten Reich, das einst die Herrschaft Spaniens in der Neuen Welt anerkannte, ist kein Teil an Wichtigkeit ...

Die Lebenskraft

Wie Enzyme, Bewusstsein und quantenbiologische Effekte das Leben regulieren Autoren: Sedlacek, Klaus-Dieter; Wrobel, Norbert Der Begründer der Quantenmechanik und Nobelpreisträger Erwin Schrödinger beschäftigte sich unter anderem mit der Frage: „Was ist Leben?" ...

Die letzten Ursachen

Das Buch der Naturerkenntnis. Hrsg.: Sedlacek, Klaus-Dieter. Die klassischen physikalischen Theorien, zum Beispiel die klassische Mechanik oder die Elektrodynamik, haben eine klare Interpretation. Den Symbolen der Theorie wie Ort, Geschwindigkeit, Kraft beziehungsweise ...

Die verborgene Ordnung des Weltsystems

Neue Erkenntnisse über die schöpferischen Kräfte der Natur. Autor: Francé, Raoul Heinrich. Wie zeigt sich die verborgene Ordnung des Weltsystems? Woher kommt die Erfindungskraft, die den Wohlstand bei uns sichert? Ist sie ...

Durchblick Chemie

Praktische Grundlagen und Einführung in die anorganische, organische und Biochemie Klaus-Dieter Sedlacek, Lassar Cohn, Walther Löb Wollen Sie in unserer modernen Welt mitreden? Dann brauchen Sie den Durchblick! Dazu gehören auch Grundkenntnisse ...

Einfach logisch denken!

Oder die Gesetze des Denkens. Autor: Atkinson, Wilhelm Walker In diesem Buch werden die Methoden und Prinzipien der korrekten Anwendung des Denkvermögens aufgezeigt, und zwar auf eine einfache und klare Weise, ohne ...

Einsteins Relativitätstheorie ganz ohne Mathematik

Spezielle und allgemeine Relativitätstheorie Paul Kirchberger , Klaus-Dieter Sedlacek (Hrsg.) Man wird nicht selten gefragt, ob man eine Schrift wisse, die in die Einsteinsche Theorie für Laien so einführen könne, dass ...

Epigenetik-Experimente

Neuvererbung oder Beweise für die Vererbung erworbener Eigenschaften? Autor: Kammerer, Paul Der Biologe Paul Kammerer wurde durch seine Aufsehen erregenden Experimente zur Epigenetik berühmt. In einer seiner Versuchsserien verwendete er zwei Arten ...

Es begann mit Feuerskraft

Das Werden des Menschen und seiner Kultur. Autor: Neumann, Carl Wilhelm . Seit Anbeginn seiner Tage war der Mensch keineswegs der stolze Beherrscher der Natur, als den er sich heute mit Recht ...

Exotische Reise durch Persien

Abenteuerlicher Bericht aus einer fremdartigen Welt des 19ten Jahrhunderts. Autor: Loti, Pierre. „Wer mit mir kommen und die Zeit der Rosenblüte in Ispahan sehen will, der mache sich gefasst auf die Gefahren ...

Freizeitvergnügen Sternenhimmel mit bloßem Auge

Wie man Sternbilder auffindet ohne Instrumente. Autor: Kirchberger, Paul. Der Anblick des gestirnten Himmels ist das Größte, das uns die Natur zu bieten vermag, und kein empfängliches Gemüt kann sich seinem Eindruck ...

Geld vernünftig ausgeben

Über die richtige Art von Sparsamkeit Autor: Marden, Orison Swett Im Inhalt behandelte Punkte: – Wirtschaft ist keine Schikane, sondern das planvolle Handeln zur Befriedigung von Bedürfnissen. – Kapital ist der kleine Unterschied zwischen ...

Gestalt-Psychologie

Einführung in die neue Psychologie vom Begründer der Gestaltpsychologie Kurt Koffka , Klaus-Dieter Sedlacek (Hrsg.) Kurt Koffka hat als forschender Psychologe für dieses Buch zur Einführung in die Psychologie einen besonderen ...

Homöopathie und Praxis

Naturheilkundliche alternative Medizin für den mündigen Patienten. Autor: Voorhoeve, Jacob. Der Zweck des Buches ist es, den Leser mit der homöopathischen Heilweise näher bekannt zu machen. Unter Wahrung des wissenschaftlichen Charakters gibt ...

Im dunkelsten Afrika

Die legendäre Emin-Pascha Expedition. Autor: Stanley, Henry M. Im Sudan, der ab 1821 unter die Herrschaft der osmanischen Vizekönige von Ägypten gekommen war, brach 1881 der Mahdiaufstand aus. Nach dem Abzug der ...

Jenseits der Erscheinungen

Erkennbarkeit und Realität der Quantennatur. Autor: Schlick, Moritz. Es ist kein Zweifel, dass echte Erkenntnis der transzendenten Welt sehr wohl möglich ist. Die Wendung, zu der die Physik der letzten Jahre bzw. Jahrzehnte ...

Kleines Wörterbuch der Natur-Philosophie

1200 Begriffe, die man kennen sollte, kurz und prägnant. Herausgeber: Sedlacek, Klaus-Dieter. „Ein neues Wörterbuch der Natur-Philosophie? Wozu soll das gut sein? Schließlich gibt es doch ein riesiges, umfangreiches Internetlexikon in aller ...

Klimaänderungen und Klimaschwankungen

Ursachen, historische Fakten und kosmische Einflüsse, sowie ein Anhang „Mittelalterliche Warmzeit“ Eduard Brückner, Julius Hann , Klaus-Dieter Sedlacek (Hrsg.) Größere Klimaänderung und Klimaschwankungen können nicht ohne einen tiefgehenden Einfluss auf das ...

Kultur erleben mit dem Wohnmobil in Frankreich

Vierzig kulturelle Highlights, Park- und Übernachtungsplätze sowie Navigations-Koordinaten Klaus-Dieter Sedlacek (Hrsg.) Dieser Wohnmobilführer ist anders. Er hilft uns, Kulturerlebnisse zu einem Genuss werden zu lassen. Er enthält die Beschreibung von vierzig kulturellen ...

Leben aus Quantenstaub

Leben aus Quantenstaub Elementare Information und reiner Zufall im Nichts als Bausteine einer 4-dimensionalen Quanten-Welt Autoren: Wrobel, Norbert; Sedlacek, Klaus-Dieter Obwohl bereits vor mehr als hundert Jahren die Quantenphysik Gestalt annahm, setzte sich ...

Leben in der Warmzeit der Erde

Aus den Urtagen vor dem heutigen Klimawandel Wilhelm Bölsche , Klaus-Dieter Sedlacek (Hrsg.) Der Weltklimarat schlägt Alarm. Die Lage spitzt sich zu: Die Erde erwärmt sich immer mehr. In diesem Buch geht ...

Leben nach dem Leben

Die Befreiung des Bewusstseins von den Fesseln der Zeit Klaus-Dieter Sedlacek Für uns Menschen hat die Frage nach dem zeitlichen Ende unserer Existenz eine hohe Bedeutung. Die Antwort, die der Glaube sucht, ...

Leonardo da Vinci

Seine naturwissenschaftlichen Studien und genialen Erfindungen Hermann Grothe , Klaus-Dieter Sedlacek (Hrsg.) Leonardo da Vinci versuchte, ein Phänomen zu verstehen, indem er es genau beobachtete und bis ins kleinste Detail beschrieb ...

Liebesbeziehungen und deren Störungen

Lebensführung nach den Grundsätzen der Individualpsychologie. Autor: Alfred Adler , Klaus-Dieter Sedlacek (Hrsg.). Um einen Menschen ganz kennenzulernen, ist es notwendig, ihn auch in seinen Liebesbeziehungen zu verstehen … Wir müssen …

Massenpsychologie am Beispiel Jan Bockelsons

Geschichte eines Massenwahns mit einer Einführung von Sigmund Freud Friedrich Reck-Malleczewen , Klaus-Dieter Sedlacek (Hrsg.) Der Begriff Massenhysterie oder auch Massenwahn bezeichnet eine starke emotionale Erregung in großen Menschenmengen. Auch massenhaft ...

Meine erste Weltumseglung

Tagebuch einer epochalen Expedition James Cook , Klaus-Dieter Sedlacek (Hrsg.) James Cook unternahm seine erste Weltumseglung im Rahmen einer wissenschaftlichen Expedition, um den Durchgang des Planeten Venus vor der Sonnenscheibe – …

Mit der Beagle um die Welt

Bericht meiner Forschungsreise zum Galapagos-Archipel Charles Darwin , Klaus-Dieter Sedlacek (Hrsg.) Auszug aus Darwins Reisebericht: Ich habe die Reise mit zu tief empfundenem Entzücken gemacht, als dass ich nicht jedem Naturforscher empfehlen ...

Naturphilosophie

Das Wesen von Naturgesetzen und die Erklärung des Lebens. Neubearbeitung. Autor: Schlick, Moritz. Die Naturphilosophie verhält sich zur Naturwissenschaft wie die Philosophie im Allgemeinen zur Wissenschaft überhaupt. So ist es die Aufgabe ...

Optische Täuschungen

... und Illusionen, sowie ihre Ursachen. Autor: Reuss, August von . Optische Täuschungen bzw. Illusionen können nahezu alle Aspekte des Sehens betreffen. Es gibt Illusionen aller Art, Lichtblitze, Farbreize, Tiefenillusionen, geometrische Illusionen, ...

Peking – Paris im Automobil

Die legendäre 16.000 km – Rallye 1907. Autor: Barzini, Luigi. „Gibt es jemanden, der diesen Sommer eine Fahrt per Automobil von Peking nach Paris unternehmen wird?", fragte die Pariser Zeitung Le Matin ...

Phänomen Naturgesetze

Phänomen Naturgesetze Das Geheimnis hinter den Erscheinungen der Welt Autor: Sedlacek, Klaus-Dieter Was uns an den beinahe mythischen Denkern der antiken Welt so fasziniert, ist die wundervolle, abgeschlossene Einheit ihres Weltbildes. Mit welcher ...

Psychologische Verkaufskunst

Denk- und Handlungsweisen, Vorgangsweise und Abschluss. Autor: Atkinson, Wilhelm Walker. In der Psychologie der Verkaufskunst gibt es zwei wichtige Elemente, nämlich (1) Die Psyche des Verkäufers; und (2) die Psyche des Käufers. Das zu verkaufende ...

Quantenbewusstsein

Quantenbewusstsein Natürliche Grundlagen einer Theorie des evolutiven Quantenbewusstseins Autoren: Wrobel, Norbert; Sedlacek, Klaus-Dieter Seltsam sind die physikalischen Gesetze, die unsere Welt wirklich beherrschen: Es sind die Gesetze einer makroskopischen Quantenwelt, in der alles ...

Supervereinigung

Wie aus nichts alles entsteht. Ansatz einer großen einheitlichen Feldtheorie. – Neuausgabe -. Autor: Sedlacek, Klaus-Dieter. Unter Physikern herrscht allgemein Übereinstimmung darin, dass die fundamentale Wirklichkeit unserer Welt aus Feldern besteht. Bei ...

The great god Pan / Der große Gott Pan – zweisprachig

Horror story English – German / Horror Geschichte Englisch – Deutsch. Autor: Machen, Arthur. The Great God Pan is a horror and fantasy novel by the Welsh writer Arthur Machen. Machen was ...

The nature of the physical world

The Gifford Lectures 1927 Sir Arthur Eddington , Klaus-Dieter Sedlacek (Hrsg.) In these lectures the author Eddington discusses some of the results of modern study of the physical world which give ...

The Philosophy of Physical Science

TARNER LECTURES 1938 – CAMBRIDGE Sir Arthur Eddington , Klaus-Dieter Sedlacek (Hrsg.) It is often said that there is no „philosophy of science", but only the philosophies of certain scientists. But ...

Treibhauseffekt und Klimawandel

Energiewende, ja bitte, aber nicht wegen CO2. Von Sedlacek, Klaus-Dieter (Hrsg.) Dieses Buch dokumentiert zum Thema Klimawandel und CO2 teils unbequeme wissenschaftliche Fakten bzw. Meldungen und die dazugehörigen Quellen. Sie sind eingeladen, ...

Unsterbliches Bewusstsein

Raumzeit-Phänomene, Beweise und Visionen – Taschenbuchausgabe Klaus-Dieter Sedlacek In diesem Buch geht es weder um Glauben noch um Esoterik, sondern um Beweise. Glaubwürdige, wissenschaftliche Beweise, die in eine Form gepackt sind, dass ...

Wege zur Physikalischen Erkenntnis

Meine wissenschaftliche Selbstbiographie, Reden und Vorträge Max Planck , Klaus-Dieter Sedlacek (Hrsg.) Diese erweiterte Neuauflage des Buchs „Wege zur physikalischen Erkenntnis" enthält neben der wissenschaftlichen Selbstbiographie folgende Vorträge: Die Einheit des physikalischen ...

Wie intelligent sind Pflanzen?

Sensationelle Einblicke in die geheime Seite des pflanzlichen Wesens Autoren: Wagner, Adolf; Sedlacek, Klaus-Dieter In diesem Buch behandeln die Autoren Fragen zum Thema Intelligenz und Bewusstsein bei Pflanzen und geben Antworten. Der ...

Wie man seinen Verstand benutzt

Und seine Willenskraft stärkt. Ein praktisches Handbuch der Psychologie. Autor: Atkinson, Wilhelm Walker. Der Mechanismus der psychischen Zustände – die geistige Maschinerie, mit deren Hilfe wir fühlen, denken und wollen – ...

Zeichnen für Einsteiger

Achtzehn Lektionen in naturalistischem Zeichnen. Autor: Furniss, Dorothy. Magst du die Malerei? Ist Zeichnen für dich interessant? Hast du einen Bleistift, eine Schachtel Kreide oder einen Malkasten? Denn wenn du auch nur ...